混响室设计与应用

程二威　陈亚洲　王平平　贾　锐
曲兆明　周　星　赵　敏　著

国防工业出版社
·北京·

内 容 简 介

本书系统介绍了混响室基本理论、新的混响室实现技术及其应用。本书分为3篇，共9章，主要内容包括混响室腔体谐振理论、频率搅拌混响室、边界形变混响室、混响室环境下腔体/材料屏蔽效能测试、混响室环境下场线耦合规律等。

本书可供电磁兼容测试工程师和开发人员参考，也可作为高等院校电磁兼容测试、电磁场与微波技术等专业本科生和研究生以及相关领域科研人员的参考书。

图书在版编目(CIP)数据

混响室设计与应用/程二威等著.—北京:国防工业出版社,2024.6.—ISBN 978-7-118-13417-9

Ⅰ.O423

中国国家版本馆CIP数据核字第20244MR088号

※

国防工業出版社出版发行

(北京市海淀区紫竹院南路23号　邮政编码100048)

天津嘉恒印务有限公司印刷

新华书店经售

*

开本 710×1000　1/16　**印张** 16½　**字数** 294千字

2024年6月第1版第1次印刷　**印数** 1—1500册　**定价** 96.00元

(本书如有印装错误,我社负责调换)

国防书店:(010)88540777　书店传真:(010)88540776

发行业务:(010)88540717　发行传真:(010)88540762

前　言

电磁环境根据时变特性可以分为瞬态电磁脉冲环境和连续波电磁环境，其中连续波是构成一切电磁环境的基础，也是考核电子设备电磁安全性常用的电磁环境。目前常用的连续波模拟平台主要为开阔场、电波暗室、横电磁波传输小室等，这些场地提供的电磁环境的共同特点是单一辐照方向的均匀平面波电磁环境。然而有些电子设备的工作环境都是在腔体内部，如方舱内部的设备及部组件、飞机机舱内的设备、火箭或导弹壳体内部的设备，由于腔体边界对电磁波的折射、反射作用，腔体内部的电磁环境是非均匀电磁环境，因此开阔场、电波暗室或横电磁波传输小室等在用来模拟此类腔体电磁环境时具有局限性。混响室是一种新型的电磁环境模拟平台，能够在一个密闭的腔体内部产生空间统计均匀的电磁环境，相对更为适合模拟腔体等分布较为复杂的电磁环境。

目前相对成熟的是机械搅拌式混响室，已经制定了国际国内相关标准。然而随着技术的发展，也出现了其他一些混响室技术，如频率搅拌混响室和边界形变混响室。与机械搅拌混响室相比，这些新的混响室技术在建造成本、应用场景等方面具有一些特点和优势，本书将介绍这些新的混响室技术和应用。

为了便于理解和使用，本书分3篇编写：第1篇（第1章～第3章）详细介绍了混响室的理论基础，包括各种形状腔体谐振理论、混响室关键技术参数和特点要求等；第2篇（第4章）是关于混响室新技术方面的内容，也是本书最具创新性的部分，介绍了频率搅拌和边界形变混响室理论和实现方法；第3篇（第5章～第9章）介绍了混响室应用技术，包括机械搅拌混响室应用方法、混响室环境下腔体和材料屏蔽效能测试方法、混响室环境下传输线和线缆网络电磁能量耦合规律等。

本书主要由程二威和陈亚洲编写，王平平参与编写了材料屏蔽效能测试部分内容，贾锐参与编写了传输线和线缆网络电磁能量耦合规律内容，曲兆明参与编写了腔体屏蔽效能测试内容，周星、赵敏参与编写了传输线电磁能量耦合内容。本书在编写过程中得到了王庆国教授的指导，在此特别感谢。

由于作者水平有限，书中不可避免存在疏漏之处，恳请读者批评指正。

目　录

第1篇　混响室理论基础

第2篇 混响室新技术

第3篇 混响室应用技术

第1篇

PART 1

混响室理论基础

HUNXIANGSHI LILUN JICHU

第1章 腔体谐振理论

在一个电大尺寸腔体内部生成空间统计均匀、各向同性、随机极化的电磁环境，这个电大尺寸腔体可以称为混响室。混响室的基本结构是一个电大尺寸腔体，腔体可以为矩形结构、柱状结构、球形结构或其他异形结构。当腔体作为一个混响室使用时，其内部必然存在大量的谐振模态，因此混响室理论是以腔体的谐振理论为基础的。本章是混响室理论的基础，包含了空腔模式下腔体内电磁场的分布、腔体的损耗、天线激励和腔体内部的谐振等。

1.1 麦克斯韦方程

由于混响室内部的电磁场是时谐场，所以场和信号需要包含时间系数 $\exp(-\mathrm{i}\omega t)$，其中角频率 ω 由 $\omega=2\pi f$ 得出，与时间相关。麦克斯韦方程的微分形式可用于分析腔体内场分布模型，3 个独立的麦克斯韦方程式为

$$\nabla\times\boldsymbol{E}=\mathrm{i}\omega\boldsymbol{B} \tag{1-1}$$

$$\nabla\times\boldsymbol{H}=\boldsymbol{J}-\mathrm{i}\omega\boldsymbol{D} \tag{1-2}$$

$$\nabla\cdot\boldsymbol{J}=\mathrm{i}\omega\rho \tag{1-3}$$

式中：$\boldsymbol{E}$ 是电场强度(V/m)；$\boldsymbol{B}$ 是磁感应强度(T)；$\boldsymbol{H}$ 是磁场强度(A/m)；$\boldsymbol{D}$ 是电位移($\mathrm{C/m^2}$)；$\boldsymbol{J}$ 是电流密度($\mathrm{A/m^2}$)；ρ 是电荷密度($\mathrm{C/m^3}$)。式(1-1)是法拉第定律的微分形式，式(1-2)是安培-麦克斯韦定律的微分形式，式(1-3)是连续性方程。

对式(1-1)求散度，得到

$$\nabla\cdot\boldsymbol{B}=0 \tag{1-4}$$

对式(1-2)两边求散度并与式(1-3)相加得到

$$\nabla\cdot\boldsymbol{D}=\rho \tag{1-5}$$

式(1-4)是高斯磁场定律的微分形式，式(1-5)是高斯电场定律的微分形式。

电场 $\boldsymbol{\varepsilon}$ 依赖于时间和空间位置,可以由下面的矢量式得到

$$\boldsymbol{\varepsilon}(\boldsymbol{r},t)=\sqrt{2}\,\mathrm{Re}[\boldsymbol{E}(\boldsymbol{r},\omega)\exp(-\mathrm{i}\omega t)] \tag{1-6}$$

其中 Re 代表实部。式(1-6)中的系数$\sqrt{2}$表示矢量代表的是均方根的值而不是峰值。

对于各向同性的介质,基本关系可以写为

$$\boldsymbol{D}=\varepsilon\boldsymbol{E} \tag{1-7}$$

$$\boldsymbol{B}=\mu\boldsymbol{H} \tag{1-8}$$

$$\boldsymbol{J}=\sigma\boldsymbol{E} \tag{1-9}$$

式中:ε 是介电常数(F/m);μ 是磁导率(H/m);σ 是电导率(S/m)。总体来看,ε、μ 和 σ 都是与频率有关的复数。

引入电流密度 $\boldsymbol{J}$,式(1-1)和式(1-2)可以写为

$$\nabla\times\boldsymbol{E}=\mathrm{i}\omega\mu\boldsymbol{H} \tag{1-10}$$

$$\nabla\times\boldsymbol{H}=\boldsymbol{J}-\mathrm{i}\omega\varepsilon\boldsymbol{H} \tag{1-11}$$

式(1-10)和式(1-11)是两个矢量式方程,其中 $\boldsymbol{E}$ 和 $\boldsymbol{H}$ 是两个未知矢量。相当于含 6 个标量未知量的 6 个标量方程。把 $\boldsymbol{H}$ 代入式(1-10),$\boldsymbol{E}$ 代入式(1-11),得到各向异性的矢量波动方程:

$$\nabla\times\nabla\times\boldsymbol{E}-k^2\boldsymbol{E}=\mathrm{i}\omega\mu\boldsymbol{J} \tag{1-12}$$

$$\nabla\times\nabla\times\boldsymbol{H}-k^2\boldsymbol{H}=\nabla\times\boldsymbol{J} \tag{1-13}$$

式中:$k=\omega\sqrt{\mu\varepsilon}$。

1.2 空腔模式

假设一个任意形状的贯通腔体,其墙壁为理想导体,如图 1-1 所示。腔内均匀填充电导率为 ε、磁导率为 μ 的介质。腔的体积为 V,表面积为 S。因为墙壁是理想导体,墙壁表面的切向电场为 0,则有

$$\boldsymbol{n}\times\boldsymbol{E}=0 \tag{1-14}$$

式中:$\boldsymbol{n}$ 为从墙壁指向腔体外的单位矢量。由于腔体是无源的并且电导率与位置无关,所以电场强度的散度为 0,即

$$\nabla\cdot\boldsymbol{E}=0 \tag{1-15}$$

把电流 $\boldsymbol{J}=0$ 代入式(1-12)中,可以得到齐次的矢量波动方程:

$$\nabla\times\nabla\times\boldsymbol{E}-k^2\boldsymbol{E}=0 \tag{1-16}$$

在计算腔体的模式时,可以直接计算式(1-16)。用下面的矢量等式代替双旋度方程:

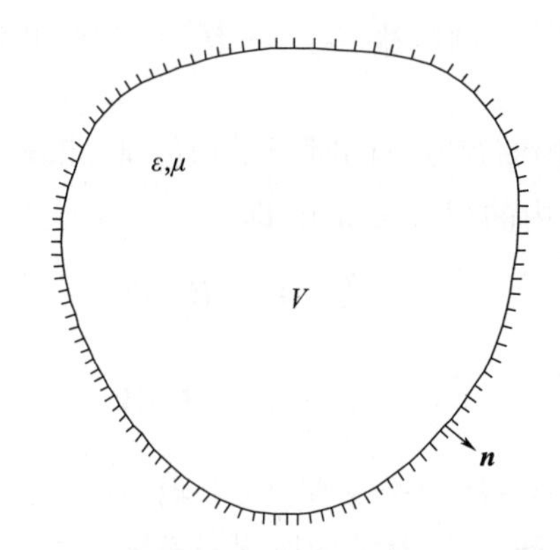

图 1－1 体积为 V、墙壁为理想导体的空腔

$$\nabla\times\nabla\times\boldsymbol{E}=\nabla(\nabla\cdot\boldsymbol{E})-\nabla^2\boldsymbol{E} \tag{1-17}$$

由于$\nabla\cdot\boldsymbol{E}=0$,将式(1－17)代入式(1－16),化简得到亥姆霍兹矢量方程:

$$(\nabla^2+k^2)\boldsymbol{E}=0 \tag{1-18}$$

由于拉普拉斯算符∇^2是正交坐标系,此时$\nabla^2\boldsymbol{E}$可表示为

$$\nabla^2\boldsymbol{E}=\boldsymbol{x}\quad\nabla^2\boldsymbol{E}_x+\boldsymbol{y}\quad\nabla^2\boldsymbol{E}_y+\boldsymbol{z}\quad\nabla^2\boldsymbol{E}_z \tag{1-19}$$

式中:$\boldsymbol{x}$、$\boldsymbol{y}$ 和 $\boldsymbol{z}$ 是单位矢量。

假设腔体的介电常数 ε 和磁导率 μ 都是实数。当 k 等于无限离散数值 k_p 实部中的一个时(其中 $p=1,2,3,\cdots$),式(1－14)、式(1－15)和式(1－18)存在不为 0 的多个解。对于每一个本征值 k_p 都存在一个电场本征矢量 $\boldsymbol{E}_p$。在腔体内部,第 p 个本征矢量满足

$$(-\nabla\times\nabla\times+k_p^2)\boldsymbol{E}_p=(\nabla^2+k_p^2)\boldsymbol{E}_p=0 \tag{1-20}$$

$$\nabla\cdot\boldsymbol{E}_p=0 \tag{1-21}$$

在腔体表面,有

$$\boldsymbol{n}\times\boldsymbol{E}_p=0 \tag{1-22}$$

为了方便和具有普适性,选择实数作为每个电场强度的本征矢量($\boldsymbol{E}_p=\boldsymbol{E}_p^*$, * 代表复共轭)。

相应的磁感应强度可以由式(1－1)和式(1－8)确定,即

$$\boldsymbol{H}_p=\frac{1}{\mathrm{i}\omega_p\mu}\nabla\times\boldsymbol{E}_p \tag{1-23}$$

其中角频率 ω_p 为

$$\omega_p=\frac{k_p}{\sqrt{\mu\varepsilon}} \tag{1-24}$$

因此,谐振腔中第 p 个模式有电场强度 $\boldsymbol{E}_p$、磁场强度 $\boldsymbol{H}_p$ 和谐振频率 f_p($=\omega_p/$

2π）。所以磁场强度是一个纯虚数（$\boldsymbol{H}_p = -\boldsymbol{H}_p^*$），在整个腔室中和电场强度 $\boldsymbol{E}_p$ 同相位。

对第 p 个模式，电场储存能量的时间平均值 $\overline{W}_{ep}$ 和磁场储存能量的时间平均值 $\overline{W}_{mp}$ 可以由对腔室内的积分式得出，即

$$\overline{W}_{ep} = \frac{\varepsilon}{2}\iiint_V \boldsymbol{E}_p \cdot \boldsymbol{E}_p^* \mathrm{d}V \tag{1-25}$$

$$\overline{W}_{mp} = \frac{\mu}{2}\iiint_V \boldsymbol{H}_p \cdot \boldsymbol{H}_p^* \mathrm{d}V \tag{1-26}$$

当 $\boldsymbol{E}_p$ 是实数时，式（1－25）中没必要是复共轭；但当 $\boldsymbol{E}_p$ 不是实数时，式（1－25）就具有普遍适应性。一般来说，复数的坡印亭矢量 $\boldsymbol{S}$ 为

$$\boldsymbol{S} = \boldsymbol{E} \times \boldsymbol{H}^* \tag{1-27}$$

在第 p 个模式应用坡印亭定理，可以得到

$$\iint_S (\boldsymbol{E}_p \times \boldsymbol{H}_p^*) \cdot \boldsymbol{n}\mathrm{d}S = 2\mathrm{i}\omega_p(\overline{W}_{ep} - \overline{W}_{mp}) \tag{1-28}$$

由于在 S 面上 $\boldsymbol{n} \times \boldsymbol{E}_p = 0$，式（1－28）的左边等于零。所以对每个模式，有

$$\overline{W}_{ep} = \overline{W}_{mp} = \overline{W}_p/2 \tag{1-29}$$

因此，电场储存能量的时间平均值 $\overline{W}_{ep}$ 等于磁场储存能量的时间平均值 $\overline{W}_{mp}$，且等于谐振时总时间的平均储存能量 $\overline{W}_p$ 的一半。尽管式（1－23）中的电场和磁场的相位超过相位 90°，腔内的总能量在电场能量和磁场能量之间振荡。

赋予波数 k 一个给定的值，本征值小于或等于 k 时模数 N_s 的近似表达式为

$$N_s(k) \approx \frac{k^3 V}{3\pi^2} \tag{1-30}$$

式中：下标 s 表示在每个模式下的光滑近似。把模数表示为关于频率的函数更有实际意义。这时，模数可以表示为

$$N_s(f) \approx \frac{8\pi f^3 V}{3c^3} \tag{1-31}$$

其中 $c = 1/\sqrt{\mu\varepsilon}$ 表示介质中的光速（通常为自由空间）。式（1－31）中的 f^3 说明在高频时模数随频率变化很快。

因为模密度 D_s 是模数间隔的指示器，所以它也是一个重要的参数。对式（1－30）求微分，可以得到

$$D_s(k) = \frac{\mathrm{d}N_s(k)}{\mathrm{d}k} \approx \frac{k^2 V}{\pi^2} \tag{1-32}$$

对式（1－31）求微分可以得到关于频率的模密度函数：

$$D_{\mathrm{s}}(f)=\frac{\mathrm{d}N_{\mathrm{s}}(f)}{\mathrm{d}f}\approx\frac{8\pi f^2 V}{c^3} \tag{1-33}$$

式中:f^2 也说明在高频时模密度随频率变化很快。模数的近似频率间隔(Hz)为式(1－33)的倒数。

1.3　腔体损耗

金属腔体墙壁的电导率 σ_w 特别大,但是并非无限大。在这种情况下,精确计算腔体的本征值和本征矢量非常困难,但可以对高电导率的墙壁作充分近似。这就需要得到腔体品质因数 Q_p。

墙壁损耗的时间平均功率 $\overline{P}_p$ 的准确表达式,可以通过对坡印亭矢量的实部在整个墙壁上求积分得到,即

$$\overline{P}_p = \iint_S \mathrm{Re}(\boldsymbol{E}_p \times \boldsymbol{H}_p^*)\cdot \boldsymbol{n}\mathrm{d}S \tag{1-34}$$

假设腔体内介质是磁导率为 μ_0 的自由空间,如图 1－2 所示。用矢量恒等式可以重新写为

$$\overline{P}_p = \iint_S \mathrm{Re}[(\boldsymbol{n}\times\boldsymbol{E}_p)\cdot\boldsymbol{H}_p^*]\mathrm{d}S \tag{1-35}$$

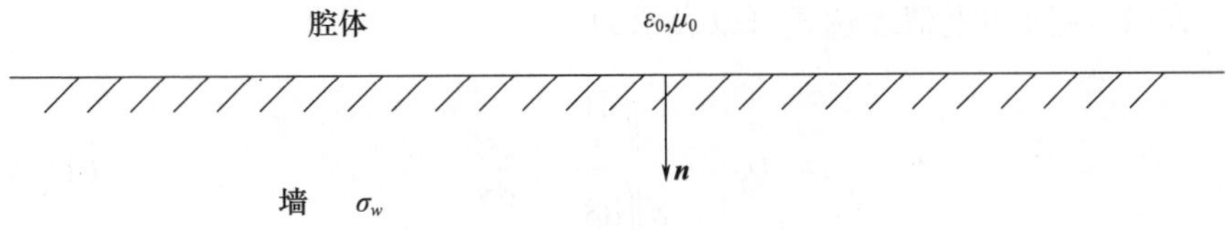

图 1－2　电导率为 σ_w 的腔体壁

式(1－35)可以近似计算 $\boldsymbol{H}_p$ 的值。对 $\boldsymbol{n}\times\boldsymbol{E}_p$,可以应用表面电阻边界条件:

$$\boldsymbol{n}\times\boldsymbol{E}_p\approx\eta\boldsymbol{H}_p \tag{1-36}$$

式中:

$$\eta\approx\sqrt{\frac{\omega_p\mu_0}{\mathrm{i}\sigma_w}} \tag{1-37}$$

把式(1－36)和式(1－37)代入式(1－35),可以得到

$$\overline{P}_p \approx R_s\iint_S \boldsymbol{H}_p\cdot\boldsymbol{H}_p^*\,\mathrm{d}S \tag{1-38}$$

其中表面电阻 R_s 是 η 的实部,即

$$R_s \approx \mathrm{Re}(\eta) \approx \sqrt{\frac{\omega_p \mu_0}{2\sigma_w}} \tag{1-39}$$

第 p 个模式的品质因数为

$$Q_p = \omega_p \frac{\overline{W}_p}{P_p} \tag{1-40}$$

式中：$\overline{W}_p = 2\overline{W}_{mp} = 2\overline{W}_{ep}$ 是贮存能量的时间平均值。把式(1-26)和式(1-38)代入式(1-40)，得到

$$Q_p \approx \omega_p \frac{\mu_0 \iiint\limits_V \boldsymbol{H}_p \cdot \boldsymbol{H}_p^* \,\mathrm{d}V}{R_s \iint\limits_S \boldsymbol{H}_p \cdot \boldsymbol{H}_p^* \,\mathrm{d}S} \tag{1-41}$$

其中，$\boldsymbol{H}_p$ 是没有损耗时腔内第 p 个模式的磁场强度。式(1-41)可以通过趋肤深度转化为

$$Q_p \approx \frac{2\iiint\limits_V \boldsymbol{H}_p \cdot \boldsymbol{H}_p^* \,\mathrm{d}V}{\delta \iint\limits_S \boldsymbol{H}_p \cdot \boldsymbol{H}_p^* \,\mathrm{d}S} \tag{1-42}$$

式中：$\delta = \sqrt{2/(\omega_p \mu_0 \sigma_w)}$。

式(1-42)的近似表达式可以表示为

$$Q_p \approx \frac{2\iiint\limits_V \mathrm{d}V}{\delta \iint\limits_S \mathrm{d}S} = \frac{2V}{\delta S} \tag{1-43}$$

对于高电导率的金属，比如铜，δ 值和腔体维度值相比非常小。因此品质因数很大，这也是金属腔体能产生有效谐振的原因。

不管是对矩形腔体关于谐振频率作模型平均，还是对任意形状的多模腔体用平面波积分模拟随机场分布，都能得到 Q 的近似表达式：

$$Q \approx \frac{3V}{2\delta S} \tag{1-44}$$

式(1-44)仅比式(1-43)多个因数4/3。通过求边界条件 S 处 $\boldsymbol{H}_p$，把它和式(1-44)相一致，完全有可能提高式(1-43)的近似度。

在腔体表面，

$$H_{px} = H_{pm} \tag{1-45}$$

对 H_{py} 给出相似的结论，可以得到式(1-42)的表面近似积分如下：

$$\oiint_S \boldsymbol{H}_p \cdot \boldsymbol{H}_p^* \mathrm{d}S \approx 2\ |H_{pm}|^2 S \tag{1-46}$$

对体积积分时，如果腔体是电大尺寸，可以假设 $\boldsymbol{H}_p$ 的三个分量的贡献是相同的。然而，因为每个直角分量是一个近似为正弦或余弦空间独立的驻波，在一半周期 V 内对独立的正弦平方或余弦平方积分时出现了系数 1/2。因此，体积积分（式(1－42)）可以写为

$$\iiint_V \boldsymbol{H}_p \cdot \boldsymbol{H}_p^* \mathrm{d}V \approx \frac{3}{2}\ |H_{pm}|^2 V \tag{1-47}$$

把式(1－46)和式(1－47)代入式(1－42)中可以得到

$$Q_p \approx \frac{2}{\delta} \frac{(3/2)\,|H_{pm}|^2 V}{2\ |H_{pm}|^2 S} = \frac{3V}{2\delta S} \tag{1-48}$$

这和式(1－44)相符。因此，单模近似、矩形腔体的模型平均和平面波积分近似可以得到相似的品质因数 Q。

当腔体没有损耗时，谐振模式的场立即永远谐振且没有衰减。然而，当墙壁损耗出现后，无论何种激励的场和存储的能量都随着时间衰减。例如，在时间增量 $\mathrm{d}t$ 上存储能量的平均时间增量为

$$\mathrm{d}\overline{W}_p = -\overline{P}_p \mathrm{d}t \tag{1-49}$$

把式(1－40)代入式(1－49)，可以得到下列一阶微分方程：

$$\frac{\mathrm{d}\overline{W}_p}{\mathrm{d}t} = -\frac{\omega_p}{Q_p}\overline{W}_p \tag{1-50}$$

在初始条件 $\overline{W}_p|_{t=0} = \overline{W}_{p0}$、$t \geqslant 0$ 时，式(1－50)的解为

$$\overline{W}_p = \overline{W}_{p0} \exp(-t/\tau_p) \tag{1-51}$$

式中：$\tau_p = Q_p/\omega_p$。因此，第 p 个模式的能量衰减时间 τ_p 为能量衰减到其初始值的 1/e 的时间。

通过类似的分析可知，当能量在 $t=0$ 时转换，第 p 个模式的场 $\boldsymbol{E}_p$ 和 $\boldsymbol{H}_p$ 有一个衰减时间为 $2\tau_p$ 的指数衰减，这相当于在损耗腔体中用复合频率 $\omega_p \cdot \left(1 - \frac{\mathrm{i}}{2Q_p}\right)$ 代替谐振频率 ω_p，可以用这个结果得到第 p 个模式的带宽。

如果 E_{pm} 是第 p 个模式的任意电场分量，当模在 $t=0$ 时突然激励，它的时间函数 $\widetilde{E}_{pm}(t)$ 可以写为

$$\widetilde{E}_{pm}(t) = E_{pm0} \exp\left(-\mathrm{i}\omega_p t - \frac{\omega_p t}{2Q_p}\right) U(t) \tag{1-52}$$

式中：U 是单位阶跃函数；E_{pm0} 是与时间 t 无关的量。式(1－52)的傅里叶变换可以写为

$$E_{pm}(\omega) = \frac{E_{pm0}}{2\pi}\int_{0}^{\infty}\exp\left[-\mathrm{i}\omega_p t - \frac{\omega_p t}{2Q_p} + \mathrm{i}\omega t\right]\mathrm{d}t \tag{1-53}$$

可以计算得到

$$E_{pm0}(\omega) = \frac{E_{pm0}}{2\pi}\frac{1}{\mathrm{i}(\omega_p - \omega) + \frac{\omega_p}{2Q_p}} \tag{1-54}$$

式(1－54)的绝对值为

$$|E_{pm}(\omega)| = \frac{|E_{pm0}|Q_p}{\pi\omega_p}\frac{1}{\sqrt{1+\left[\frac{2Q_p(\omega-\omega_p)}{\omega_p}\right]^2}} \tag{1-55}$$

当 $\omega = \omega_p$ 时,式(1－55)取最大值:

$$|E_{pm}(\omega_p)| = \frac{|E_{pm0}|Q_p}{\pi\omega_p} \tag{1-56}$$

可以看出,最大值和 Q_p 成比例。式(1－55)中的频率降低 $1/\sqrt{2}$ 后的频率称为半功率频率。它的间隔 $\Delta\omega$(或 Δf,单位为 Hz)和 Q_p 的关系为

$$\frac{\Delta\omega}{\omega_p} = \frac{\Delta f}{f_p} = \frac{1}{Q_p} \tag{1-57}$$

因此,Q_p 是腔体的一个重要参数,它决定着场的最大幅值和模带宽。

1.4 腔体激励

腔体通常是由短的单极子天线、小环天线和缝隙作为激励源。根据亥姆霍兹定理,一个闭合表面为 S、体积为 V 的腔体内部的电场可以写成一个梯度和卷积的和:

$$\boldsymbol{E}(\boldsymbol{r}) = -\nabla\left[\iiint_V \frac{\nabla_0\cdot\boldsymbol{E}(\boldsymbol{r}_0)}{4\pi R}\mathrm{d}V_0 - \iint_S \frac{\boldsymbol{n}\cdot\boldsymbol{E}(\boldsymbol{r}_0)}{4\pi R}\mathrm{d}S_0\right] + \nabla\times\left[\iiint_V \frac{\nabla_0\times\boldsymbol{E}(\boldsymbol{r}_0)}{4\pi R}\mathrm{d}V_0 - \iint_S \frac{\boldsymbol{n}\times\boldsymbol{E}(\boldsymbol{r}_0)}{4\pi R}\mathrm{d}S_0\right] \tag{1-58}$$

式中:$R = |\boldsymbol{r} - \boldsymbol{r}_0|$;$\boldsymbol{n}$ 是表面 S 上向外的单位法线。

在腔体体积 V 内,无旋场模式 $\boldsymbol{F}_p$ 由下式给出:

$$(\nabla^2 + l_p^2)\boldsymbol{F}_p = 0 \tag{1-59}$$

$$\nabla\times\boldsymbol{F}_p = 0 \tag{1-60}$$

在腔体表面上,有

$$\boldsymbol{n}\times\boldsymbol{F}_p = 0 \tag{1-61}$$

在腔体体积 V 内,标量函数 Φ_p 的解为

$$(\nabla^2 + l_p^2)\Phi_p = 0 \tag{1-62}$$

在腔体表面上,有

$$\Phi_p = 0 \tag{1-63}$$

$$l_p \boldsymbol{F}_p = \nabla \Phi_p \tag{1-64}$$

当 Φ_p 归一化时,式(1-64)的因子 l_p 产生 $\boldsymbol{F}_p$ 的归一化。因此 $\boldsymbol{E}_p$ 的归一化为

$$\iiint_V \boldsymbol{E}_p \cdot \boldsymbol{E}_p \mathrm{d}V = 1 \tag{1-65}$$

假定 $\overline{W} = \varepsilon$,式(1-65)的归一化可以由能量关系组成。标量函数 Φ_p 可以相似地归一化为

$$\iiint_V \Phi_p^2 \mathrm{d}V = 1 \tag{1-66}$$

由式(1-64),$\boldsymbol{F}_p$ 的归一化可以写为

$$\iiint_V \boldsymbol{F}_p \cdot \boldsymbol{F}_p \mathrm{d}V = \iiint_V l_p^{-2} \nabla \Phi_p \cdot \nabla \Phi_p \mathrm{d}V \tag{1-67}$$

计算式(1-67)的右边,用一个矢量表示一个标量的散度乘以矢量:

$$\nabla \cdot (\Phi_p \nabla \Phi_p) = \Phi_p \nabla^2 \Phi_p + \nabla \Phi_p \cdot \nabla \Phi_p \tag{1-68}$$

由式(1-62)、式(1-63)和式(1-68)和散度定理,可以计算式(1-67)的右边部分:

$$\iiint_V l_p^{-2} \nabla \Phi_p \cdot \nabla \Phi_p \mathrm{d}V = \iiint_V \Phi_p^2 \mathrm{d}V + l_p^{-2} \iint_S \Phi_p \frac{\partial \Phi_p}{\partial n} = 1 \tag{1-69}$$

由于右边的第 2 个积分为零,因此 $\boldsymbol{F}_p$ 模式也可以归一化为

$$\iiint_V \boldsymbol{F}_p \cdot \boldsymbol{F}_p \mathrm{d}V = 1 \tag{1-70}$$

考虑模的正交性。为了表示 $\boldsymbol{E}_p$ 和 $\boldsymbol{F}_p$ 是正交的,有下列矢量恒等式:

$$\nabla \cdot (\boldsymbol{F}_q \times \nabla \times \boldsymbol{E}_p) = \nabla \times \boldsymbol{F}_q \cdot \nabla \times \boldsymbol{E}_p - \boldsymbol{F}_q \cdot \nabla \times \nabla \times \boldsymbol{E}_p \tag{1-71}$$

把式(1-20)和式(1-60)代入式(1-71)的右边,得到

$$\nabla \cdot (\boldsymbol{F}_q \times \nabla \times \boldsymbol{E}_p) = -k_p^2 \boldsymbol{F}_q \cdot \boldsymbol{E}_p \tag{1-72}$$

用散度定理和矢量恒等式 $\boldsymbol{A} \cdot \boldsymbol{B} \times \boldsymbol{C} = \boldsymbol{C} \cdot \boldsymbol{A} \times \boldsymbol{B}$,代入式(1-72)得到

$$k_p^2 \iiint_V \boldsymbol{F}_q \cdot \boldsymbol{E}_p \mathrm{d}V = -\iint_S \boldsymbol{n} \times \boldsymbol{F}_q \cdot \nabla \times \boldsymbol{E}_p \mathrm{d}S \tag{1-73}$$

把式(1-61)代入式(1-73),得到想要的正交性结果:

$$k_p^2 \iiint_V \boldsymbol{F}_q \cdot \boldsymbol{E}_p \mathrm{d}V = 0 \tag{1-74}$$

模式 $\boldsymbol{E}_p$ 也是正交的。通过将 $\boldsymbol{E}_p$ 转化为式(1-20),转换坐标,结果相减,

在V上积分,得到

$$(k_q^2-k_p^2)\iiint_V \boldsymbol{E}_p\cdot\boldsymbol{E}_q\mathrm{d}V=\iiint_V(\boldsymbol{E}_p\cdot\nabla\times\nabla\times\boldsymbol{E}_q-\boldsymbol{E}_q\cdot\nabla\times\nabla\times\boldsymbol{E}_p)\mathrm{d}V \tag{1-75}$$

用矢量恒等式$\nabla\cdot\boldsymbol{A}\times\boldsymbol{B}=\boldsymbol{B}\cdot\nabla\times\boldsymbol{A}-\boldsymbol{A}\cdot\nabla\times\boldsymbol{B}$,式(1-75)的右边可以写为

$$(k_q^2-k_p^2)\iiint_V \boldsymbol{E}_p\cdot\boldsymbol{E}_q\mathrm{d}V=\iiint_V\nabla\cdot(\boldsymbol{E}_q\times\nabla\times\boldsymbol{E}_p-\boldsymbol{E}_p\times\nabla\times\boldsymbol{E}_q)\mathrm{d}V \tag{1-76}$$

通过运用散度理论和式(1-22),得到

$$(k_q^2-k_p^2)\iiint_V \boldsymbol{E}_p\cdot\boldsymbol{E}_q\mathrm{d}V=-\iint_S(\boldsymbol{n}\times\boldsymbol{E}_p\cdot\nabla\times\boldsymbol{E}_q-\boldsymbol{n}\times\boldsymbol{E}_q\cdot\nabla\times\boldsymbol{E}_p)\mathrm{d}S=0 \tag{1-77}$$

当$k_q^2\neq k_p^2$,模式$\boldsymbol{E}_p$和$\boldsymbol{E}_q$是正交的。衰减模式有相同的特征值($k_p=k_q$),用施密特正交化步骤建立一个新的正交模式的子集。

考虑腔体由一个电流$\boldsymbol{J}$激励的情况。电场$\boldsymbol{E}$满足式(1-12)。从$\boldsymbol{E}_p$和$\boldsymbol{H}_p$的角度表示电场:

$$\boldsymbol{E}=\sum_p(A_p\boldsymbol{E}_p+B_p\boldsymbol{F}_p) \tag{1-78}$$

式中:A_p和B_p是确定的常数。把式(1-78)代入式(1-12)得到

$$\sum_p[(k_p^2-k^2)A_p\boldsymbol{E}_p-k^2B_p\boldsymbol{F}_p]=\mathrm{i}\omega\mu\boldsymbol{J} \tag{1-79}$$

把式(1-79)按标量乘法乘以$\boldsymbol{E}_p$和$\boldsymbol{H}_p$,在体积V上积分,可以得到

$$(k_p^2-k^2)A_p=\mathrm{i}\omega\mu\iiint_V\boldsymbol{E}_p(\boldsymbol{r}')\cdot\boldsymbol{J}(\boldsymbol{r}')\mathrm{d}V' \tag{1-80}$$

$$-k^2B_p=\mathrm{i}\omega\mu\iiint_V\boldsymbol{F}_p(\boldsymbol{r}')\cdot\boldsymbol{J}(\boldsymbol{r}')\mathrm{d}V' \tag{1-81}$$

把式(1-80)和式(1-81)代入式(1-78),可求得电场$\boldsymbol{E}$为

$$\boldsymbol{E}(\boldsymbol{r})=\mathrm{i}\omega\mu\iiint_V\sum_p\left[\frac{\boldsymbol{E}_p(\boldsymbol{r})\boldsymbol{E}_p(\boldsymbol{r}')}{k_p^2-k^2}-\frac{\boldsymbol{F}_p(\boldsymbol{r})\boldsymbol{F}_p(\boldsymbol{r}')}{k^2}\right]\cdot\boldsymbol{J}(\boldsymbol{r}')\mathrm{d}V' \tag{1-82}$$

求和数量是腔中电场的并矢格林函数

$$\boldsymbol{G}_e(\boldsymbol{r},\boldsymbol{r}')=\sum_p\left[\frac{\boldsymbol{E}_p(\boldsymbol{r})\boldsymbol{E}_p(\boldsymbol{r}')}{k_p^2-k^2}-\frac{\boldsymbol{F}_p(\boldsymbol{r})\boldsymbol{F}_p(\boldsymbol{r}')}{k^2}\right] \tag{1-83}$$

整数p的和实际上代表了三组整数的三重和。具体细节在接下来的三章中介绍。

式(1－82)和式(1－83)在 $k^2=k_p^2$ 处有奇异点。然而,当考虑墙壁损耗时,需要用 $k_p\left(1-\frac{\mathrm{i}}{2Q_p}\right)$ 代替 k_p。

1.5　腔体谐振

1.5.1　矩形腔体谐振

对于一个矩形腔体,如图 1－3 所示,构建谐振模式最简单的方法是沿着三个坐标轴的 z 轴产生 TE 模或 TM 模。横电波模式也可以称为磁模式,因为 E_z 分量为 0。类似地,横磁波模式也可以称为电模式,因为 H_z 分量为 0。

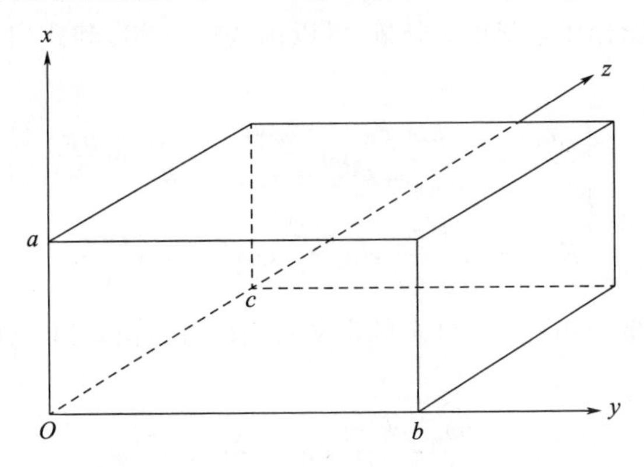

图 1－3　矩形腔体

根据式(1－18)和式(1－19)可知,TM 模的电场 E_{zmnp}^{TM} 的 z 分量服从标量亥姆霍兹方程:

$$(\nabla^2+k_{mnp}^2)E_{zmnp}^{\mathrm{TM}}=0 \tag{1-84}$$

式中,k_{mnp} 是待定的特征值(三维的下标 mnp 代表模式)。由电场的边界条件式(1－22),可以得到式(1－84)的解为

$$E_{zmnp}^{\mathrm{TM}}=E_0\sin\frac{m\pi x}{a}\sin\frac{n\pi y}{b}\cos\frac{p\pi z}{c} \tag{1-85}$$

式中:E_0 是一个任意常量,单位为 V/m;m、n 和 p 是整数。特征值 k_{mnp} 满足

$$k_{mnp}^2=\left(\frac{m\pi}{a}\right)^2+\left(\frac{n\pi}{b}\right)^2+\left(\frac{p\pi}{c}\right)^2 \tag{1-86}$$

为了方便,也可以将式(1－86)写作

$$k_{mnp}^2=k_x^2+k_y^2+k_z^2 \tag{1-87}$$

式中:

$$k_x=\frac{m\pi}{a},k_y=\frac{n\pi}{b},k_z=\frac{p\pi}{c} \tag{1-88}$$

电场和磁场可以从一个电场赫兹矢量得到,该矢量只有一个 z 分量 Π_e:

$$\boldsymbol{\Pi}_e=z\Pi_e \tag{1-89}$$

对 $\boldsymbol{\Pi}_e$ 求旋度得到

$$\begin{cases}\boldsymbol{E}=\nabla\times\nabla\times\boldsymbol{\Pi}_e\\ \boldsymbol{H}=-\mathrm{i}\omega\varepsilon\nabla\times\boldsymbol{\Pi}_e\end{cases} \tag{1-90}$$

根据式(1-85)和式(1-90),可以将 mnp 模式下的电场赫兹矢量的 z 分量写成如下形式:

$$\boldsymbol{\Pi}_{emnp}=\frac{E_{zmnp}^{\mathrm{TM}}}{k_{mnp}^2-k_z^2}=\frac{E_0}{k_{mnp}^2-k_z^2}\sin\frac{m\pi x}{a}\sin\frac{n\pi y}{b}\cos\frac{p\pi z}{c} \tag{1-91}$$

式(1-85)给出了电场的 z 分量,可以由式(1-90)和式(1-91)推导出电场的横向分量:

$$\begin{cases}E_{xmnp}^{\mathrm{TM}}=-\dfrac{k_xk_zE_0}{k_{mnp}^2-k_z^2}\cos\dfrac{m\pi x}{a}\sin\dfrac{n\pi y}{b}\sin\dfrac{p\pi z}{c}\\ E_{ymnp}^{\mathrm{TM}}=\dfrac{k_yk_zE_0}{k_{mnp}^2-k_z^2}\sin\dfrac{m\pi x}{a}\cos\dfrac{n\pi y}{b}\sin\dfrac{p\pi z}{c}\end{cases} \tag{1-92}$$

磁场的 z 分量为0(根据TM模的定义),横向分量由式(1-90)和式(1-91)导出:

$$\begin{cases}H_{xmnp}^{\mathrm{TM}}=-\dfrac{\mathrm{i}\omega_{mnp}\varepsilon k_yE_0}{k_{mnp}^2-k_z^2}\sin\dfrac{m\pi x}{a}\cos\dfrac{n\pi y}{b}\cos\dfrac{p\pi z}{c}\\ H_{ymnp}^{\mathrm{TM}}=\dfrac{\mathrm{i}\omega_{mnp}\varepsilon k_xE_0}{k_{mnp}^2-k_z^2}\cos\dfrac{m\pi x}{a}\sin\dfrac{n\pi y}{b}\cos\dfrac{p\pi z}{c}\end{cases} \tag{1-93}$$

由于 E_{zmnp}^{TM} 不为0,模式数可取的值为:$m=1,2,3,\cdots$;$n=1,2,3,\cdots$;$p=0,1,2,\cdots$。

TE(或者磁)模式是由类似的方式产生的。磁场的 z 分量满足标量亥姆霍兹方程,边界条件要求它满足以下形式:

$$H_{zmnp}^{\mathrm{TE}}=H_0\cos\frac{m\pi x}{a}\cos\frac{n\pi y}{b}\sin\frac{p\pi z}{c} \tag{1-94}$$

其中,H_0 是一个单位为A/m的任意常量。特征值和轴向波数与式(1-86)和式(1-88)所表述的TM模式相同。

电场和磁场可以从一个磁场赫兹矢量得到,它只有一个 z 分量 Π_h:

$$\boldsymbol{\Pi}_h=z\Pi_h \tag{1-95}$$

对 $\boldsymbol{\Pi}_h$ 求旋度计算得到

$$\begin{cases}\boldsymbol{H} = \nabla \times \nabla \times \boldsymbol{\Pi}_h \\ \boldsymbol{E} = \mathrm{i}\omega\mu \nabla \times \boldsymbol{\Pi}_h\end{cases} \tag{1-96}$$

从式(1-94)和式(1-96),可以确定 mnp 模式的磁场赫兹矢量的 z 分量必须满足如下形式:

$$\Pi_{hmnp} = \frac{E_{zmnp}^{\mathrm{TE}}}{k_{mnp}^2 - k_z^2} = \frac{H_0}{k_{mnp}^2 - k_z^2}\cos\frac{m\pi z}{a}\cos\frac{n\pi y}{b}\sin\frac{p\pi z}{c} \tag{1-97}$$

磁场的 z 分量在式(1-94)给出,切向分量由式(1-96)和式(1-97)得到:

$$\begin{cases}H_{xmnp}^{\mathrm{TE}} = -\dfrac{H_0 k_x k_y}{k_{mnp}^2 - k_z^2}\sin\dfrac{m\pi x}{a}\cos\dfrac{n\pi y}{b}\cos\dfrac{p\pi z}{c} \\ H_{ymnp}^{\mathrm{TE}} = \dfrac{H_0 k_y k_z}{k_{mnp}^2 - k_z^2}\cos\dfrac{m\pi x}{a}\sin\dfrac{n\pi y}{b}\sin\dfrac{p\pi z}{c}\end{cases} \tag{1-98}$$

电场的 z 分量为 0(由 TE 模的定义),切向分量由式(1-96)和式(1-97)得到

$$\begin{cases}E_{xmnp}^{\mathrm{TE}} = -\dfrac{\mathrm{i}\omega_{mnp}\mu k_y H_0}{k_{mnp}^2 - k_z^2}\cos\dfrac{m\pi x}{a}\sin\dfrac{n\pi y}{b}\sin\dfrac{p\pi z}{c} \\ E_{ymnp}^{\mathrm{TE}} = \dfrac{\mathrm{i}\omega_{mnp}\mu k_x H_0}{k_{mnp}^2 - k_z^2}\sin\dfrac{m\pi x}{a}\cos\dfrac{n\pi y}{b}\sin\dfrac{p\pi z}{c}\end{cases} \tag{1-99}$$

模式数目可取的值为:$m = 0,1,2,\cdots$;$n = 0,1,2,\cdots$;$p = 1,2,3,\cdots$。m 和 n 不能同时为 0。

谐振频率 f_{mnp} 可以由式(1-86)得到

$$f_{mnp} = \frac{1}{2\sqrt{\mu\varepsilon}}\sqrt{\left(\frac{m}{a}\right)^2 + \left(\frac{n}{b}\right)^2 + \left(\frac{p}{c}\right)^2} \tag{1-100}$$

如果 m、n、p 都不为 0,那么两个模式会退化,因为 TE_{mnp} 和 TM_{mnp} 模都有着相同的谐振频率。当 $a < b < c$ 时,最低谐振频率出现在 TE_{011} 模。

对于使用矩形腔体制作的混响室(模式搅拌腔室),使用大型机械搅拌器改变谐振频率和激发多个模式。这种情况下,在一个大的带宽内知道具体谐振频率是有用的。特征值 k_{mnp} 的模式总数 N 是一个关于 k 或者 f 的函数,是不连续的,一个平滑的近似 N_s 为

$$N_s(k) = \frac{abc}{3\pi^2}k^3 - \frac{a+b+c}{2\pi}k + \frac{1}{2} \tag{1-101}$$

式(1-101)右边的第一项是 Weyl 的经典近似 N_W,对于一般形状的腔体适用,并且可以写作关于腔体体积 V 的形式:

$$N_{\mathrm{W}}(k)=\frac{Vk^3}{3\pi^2} \tag{1-102}$$

式(1－101)中其他的项只与矩形的形状有关。式(1－101)和式(1－102)的模式数目也可以写作频率f的函数：

$$N_{\mathrm{s}}(f)=\frac{8\pi}{3}abc\frac{f^3}{\nu^3}-(a+b+c)\frac{f}{\nu}+\frac{1}{2} \tag{1-103}$$

以及

$$N_{\mathrm{W}}(f)=\frac{8\pi V}{3}\frac{f^3}{\nu^3} \tag{1-104}$$

其中，$\nu=1/\sqrt{\mu\varepsilon}$是介质中的光速(通常为自由空间)。式(1－101)和式(1－104)是渐进的高频近似，当腔体的尺寸稍大于半波长的时候有效。

1.5.2 柱状腔体谐振

一个圆柱腔体(图1－4)构建谐振模式的标准方法是在z轴方向得到TE模或者TM模。一个TM模的电场的z分量E_{znpq}^{TM}满足标量亥姆霍兹方程：

$$(\nabla^2+k_{npq}^2)E_{znpq}^{\mathrm{TM}}=0 \tag{1-105}$$

式中：k_{npq}是一个待求的特征值。三维下标在求解式(1－105)时将会进行解释。在柱坐标系中(ρ,ϕ,z)，式(1－105)中的第一项可以写作

$$\nabla^2E_{znpq}^{\mathrm{TM}}=\frac{1}{\rho}\frac{\partial}{\partial\rho}\left(\rho\frac{\partial E_{znpq}^{\mathrm{TM}}}{\partial\rho}\right)+\frac{1}{\rho^2}\frac{\partial^2E_{znpq}^{\mathrm{TM}}}{\partial\phi^2}+\frac{\partial^2E_{znpq}^{\mathrm{TM}}}{\partial z^2} \tag{1-106}$$

使用分离变量法，可以把E_{znpq}^{TM}写成

$$E_{znpq}^{\mathrm{TM}}=R(\rho)\varPhi(\phi)Z(z) \tag{1-107}$$

把式(1－106)和式(1－107)代入式(1－105)，并且除以E_{znpq}^{TM}，得到

$$\frac{1}{\rho R}\frac{\mathrm{d}}{\mathrm{d}\rho}\left(\rho\frac{\mathrm{d}R}{\mathrm{d}\rho}\right)+\frac{1}{\rho^2\varPhi}\frac{\mathrm{d}^2\varPhi}{\mathrm{d}\phi^2}+\frac{1}{Z}\frac{\mathrm{d}^2Z}{\mathrm{d}z^2}+k_{npq}^2=0 \tag{1-108}$$

由于式(1－108)中的第三项仅取决于z，可以把它写成

$$\frac{1}{Z}\frac{\mathrm{d}^2Z}{\mathrm{d}z^2}=-k_z^2 \tag{1-109}$$

式中：k_z是一个待定的分离常数。把式(1－109)代入式(1－108)，并且乘以ρ^2，得

$$\frac{\rho}{R}\frac{\mathrm{d}}{\mathrm{d}\rho}\left(\rho\frac{\mathrm{d}R}{\mathrm{d}\rho}\right)+\frac{1}{\varPhi}\frac{\mathrm{d}^2\varPhi}{\mathrm{d}\phi^2}+(k_{npq}^2-k_z^2)\rho^2=0 \tag{1-110}$$

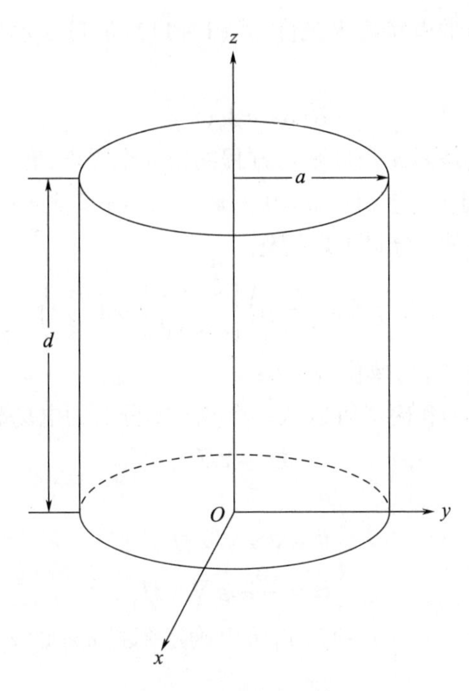

图 1－4　圆柱腔体

式(1－110)中的第二项只取决于 ϕ,因此可以把它写成

$$\frac{1}{\Phi}\frac{\mathrm{d}^2\Phi}{\mathrm{d}\phi^2}=-n^2 \tag{1-111}$$

把式(1－111)代入式(1－110),用 k_ρ^2 替代 $k_{npq}^2-k_z^2$,并且乘以 R,得

$$\rho\frac{\mathrm{d}}{\mathrm{d}\rho}\left(\rho\frac{\mathrm{d}R}{\mathrm{d}\rho}\right)+\left[(k_\rho\rho)^2-n^2\right]R=0 \tag{1-112}$$

这是 n 阶贝塞尔方程。为了方便,把式(1－109)和式(1－111)写成

$$\frac{\mathrm{d}^2Z}{\mathrm{d}z^2}+k_z^2Z=0 \tag{1-113}$$

$$\frac{\mathrm{d}^2\Phi}{\mathrm{d}\phi^2}+n^2\Phi=0 \tag{1-114}$$

把式(1－114)分离成 3 个一般的已知解的微分方程。由于 E_{znpq}^{TM} 的法向导数在 $z=0$ 和 d 时为 0,式(1－113)的解为

$$Z(z)=\cos\left(\frac{q\pi}{d}z\right)\quad q=0,1,2,\cdots \tag{1-115}$$

由于 Φ 的周期为 2π,式(1－114)的解为

$$\Phi(\phi)=\begin{Bmatrix}\sin n\phi\\ \cos n\phi\end{Bmatrix}\quad n=0,1,2,\cdots \tag{1-116}$$

根据式(1-22)的电场边界条件,式(1-112)的贝塞尔方程的解在$\rho=0$处有限,写成

$$R(\rho)=\mathrm{J}_n(k_\rho \rho) \tag{1-117}$$

式中:$k_\rho=x_{np}/a$。x_{np}是第n个贝塞尔方程的第p个零点,有

$$\mathrm{J}_n(x_{np})=0 \quad n=0,1,2,\cdots;p=1,2,3,\cdots \tag{1-118}$$

TM模式的电场的z分量可以记作

$$E_{znpq}^{\mathrm{TM}}=E_0\mathrm{J}_n\left(\frac{x_{np}}{a}\rho\right)\begin{Bmatrix}\sin n\phi\\ \cos n\phi\end{Bmatrix}\cos\left(\frac{q\pi}{d}z\right) \tag{1-119}$$

式中:E_0是一个任意常量,单位为V/m。

对于矩形腔,电场和磁场可以从一个只有z分量的电场赫兹矢量$\boldsymbol{\Pi}_e$得到

$$\boldsymbol{\Pi}_e=z\Pi_e \tag{1-120}$$

对$\boldsymbol{\Pi}_e$求旋度得到

$$\begin{cases}\boldsymbol{E}=\nabla\times\nabla\times\boldsymbol{\Pi}_e\\ \boldsymbol{H}=-\mathrm{i}\omega\varepsilon\nabla\times\boldsymbol{\Pi}_e\end{cases} \tag{1-121}$$

通过式(1-119)和式(1-121),可以确定模式npq的z分量必然满足如下形式:

$$\Pi_{enpq}=\frac{E_{znpq}^{\mathrm{TM}}}{k_{npq}^2-\left(\frac{q\pi}{d}\right)^2}=\frac{E_0}{k_{npq}^2-\left(\frac{q\pi}{d}\right)^2}\mathrm{J}_n\left(\frac{x_{np}}{a}\rho\right)\begin{Bmatrix}\sin n\phi\\ \cos n\phi\end{Bmatrix}\cos\left(\frac{q\pi}{d}z\right) \tag{1-122}$$

电场的z分量在式(1-119)中给出,式(1-121)和式(1-122)则确定了切向分量如下

$$E_{\rho npq}^{\mathrm{TM}}=\frac{-E_0}{k_{npq}^2-\left(\frac{q\pi}{d}\right)^2}\frac{q\pi}{d}\frac{x_{np}}{a}\mathrm{J}'_n\left(\frac{x_{np}}{a}\rho\right)\begin{Bmatrix}\sin n\phi\\ \cos n\phi\end{Bmatrix}\sin\left(\frac{q\pi}{d}z\right) \tag{1-123}$$

$$E_{\phi npq}^{\mathrm{TM}}=\frac{-E_0}{k_{npq}^2-\left(\frac{q\pi}{d}\right)^2}\frac{1}{\rho}\frac{nq\pi}{d}\mathrm{J}_n\left(\frac{x_{np}}{a}\rho\right)\begin{Bmatrix}\cos n\phi\\ -\sin n\phi\end{Bmatrix}\sin\left(\frac{q\pi}{d}z\right) \tag{1-124}$$

式中:J'_n是遵照讨论求得的J_n的导数。磁场的z分量为0(由TM模式的定义),磁场的切向分量由式(1-121)和式(1-122)确定如下

$$H_{\rho npq}^{\mathrm{TM}}=\frac{-\mathrm{i}\omega_{npq}\varepsilon E_0}{k_{npq}^2-(q\pi/d)^2}\frac{n}{\rho}\mathrm{J}_n\left(\frac{x_{np}}{a}\rho\right)\begin{Bmatrix}\cos n\phi\\ -\sin n\phi\end{Bmatrix}\cos\left(\frac{q\pi}{d}z\right) \tag{1-125}$$

$$H_{\phi npq}^{\mathrm{TM}}=\frac{\mathrm{i}\omega_{npq}\varepsilon E_0}{k_{npq}^2-(q\pi/d)^2}\frac{x_{np}}{a}\mathrm{J}'_n\left(\frac{x_{np}}{a}\rho\right)\begin{Bmatrix}\sin n\phi\\ \cos n\phi\end{Bmatrix}\cos\left(\frac{q\pi}{d}z\right) \tag{1-126}$$

式中:n、p、q取值分别为$n=0,1,2,\cdots;p=1,2,3,\cdots;q=0,1,2,\cdots$。

磁场的 z 分量满足标量亥姆霍兹方程,边界条件满足如下形式:

$$H_{znpq}^{\mathrm{TE}}=H_0\mathrm{J}_n\left(\frac{x'_{np}}{a}\rho\right)\begin{Bmatrix}\sin n\phi\\ \cos n\phi\end{Bmatrix}\sin\left(\frac{q\pi}{d}z\right) \tag{1-127}$$

式中:H_0 是单位为 A/m 的任意常量;n 和 q 是整数;x'_{np}是 J_n:$\mathrm{J}'_n(x'_{np})=0$ 的导数的第 p 个零点。

电磁场也可以由一个磁场赫兹矢量 $\boldsymbol{\Pi}_h$ 来确定,该矢量只有一个 z 分量:

$$\boldsymbol{\Pi}_h=z\Pi_h \tag{1-128}$$

$$\begin{cases}\boldsymbol{H}=\nabla\times\nabla\times\boldsymbol{\Pi}_h\\ \boldsymbol{E}=\mathrm{i}\omega\mu\nabla\times\boldsymbol{\Pi}_h\end{cases} \tag{1-129}$$

由式(1-127)和式(1-129),可以确定 npq 模式的 z 分量满足如下形式:

$$\Pi_{hnpq}=\frac{H_{znpq}^{\mathrm{TE}}}{k_{npq}^2-(q\pi/d)^2}=\frac{H_0}{k_{npq}^2-(q\pi/d)^2}\mathrm{J}_n\left(\frac{x'_{np}}{a}\rho\right)\begin{Bmatrix}\sin n\phi\\ \cos n\phi\end{Bmatrix}\sin\left(\frac{q\pi}{d}z\right) \tag{1-130}$$

磁场的 z 分量在式(1-127)中给出,切向分量由式(1-129)和式(1-130)来确定:

$$H_{\rho npq}^{\mathrm{TE}}=\frac{H_0}{k_{npq}^2-(q\pi/d)^2}\frac{q\pi}{d}\frac{x'_{np}}{a}\mathrm{J}'_n\left(\frac{x'_{np}}{a}\rho\right)\begin{Bmatrix}\sin n\phi\\ \cos n\phi\end{Bmatrix}\cos\left(\frac{q\pi}{d}z\right) \tag{1-131}$$

$$H_{\phi npq}^{\mathrm{TE}}=\frac{H_0}{k_{npq}^2-(q\pi/d)^2}\frac{q\pi}{d}\frac{n}{\rho}\mathrm{J}_n\left(\frac{x'_{np}}{a}\rho\right)\begin{Bmatrix}\cos n\phi\\ -\sin n\phi\end{Bmatrix}\cos\left(\frac{q\pi}{d}z\right) \tag{1-132}$$

电场的 z 分量为 0(根据 TE 模定义),电场的切向分量由式(1-129)和式(1-130)决定:

$$E_{\rho npq}^{\mathrm{TE}}=\frac{\mathrm{i}\omega\mu H_0}{k_{npq}^2-(q\pi/d)^2}\frac{n}{\rho}\mathrm{J}_n\left(\frac{x'_{np}}{a}\rho\right)\begin{Bmatrix}\cos n\phi\\ -\sin n\phi\end{Bmatrix}\sin\left(\frac{q\pi}{d}z\right) \tag{1-133}$$

$$E_{\phi npq}^{\mathrm{TE}}=\frac{-\mathrm{i}\omega\mu H_0}{k_{npq}^2-(q\pi/d)^2}\frac{x'_{np}}{a}\mathrm{J}'_n\left(\frac{x'_{np}}{a}\rho\right)\begin{Bmatrix}\sin n\phi\\ \cos n\phi\end{Bmatrix}\sin\left(\frac{q\pi}{d}z\right) \tag{1-134}$$

该模式能取的值为:$n=0,1,2,\cdots$;$p=1,2,3,\cdots$;$q=1,2,3,\cdots$。

TM 和 TE 模的谐振波数为

$$k_{npq}^{\mathrm{TM}}=\sqrt{\left(\frac{x_{np}}{a}\right)^2+\left(\frac{q\pi}{d}\right)^2} \tag{1-135}$$

$$k_{npq}^{\mathrm{TE}}=\sqrt{\left(\frac{x'_{np}}{a}\right)^2+\left(\frac{q\pi}{d}\right)^2} \tag{1-136}$$

由于 $f=k/(2\pi\sqrt{\mu\varepsilon})$,可以确定 TM 和 TE 模的谐振频率为

$$f_{npq}^{\mathrm{TM}} = \frac{1}{2\pi\sqrt{\mu\varepsilon}}\sqrt{\left(\frac{x_{np}}{a}\right)^2 + \left(\frac{q\pi}{d}\right)^2} \tag{1-137}$$

$$f_{npq}^{\mathrm{TE}} = \frac{1}{2\pi\sqrt{\mu\varepsilon}}\sqrt{\left(\frac{x'_{np}}{a}\right)^2 + \left(\frac{q\pi}{d}\right)^2} \tag{1-138}$$

当 $n>0$ 时，每一个 n 都代表一对 TM 和 TE 简并模式（$\cos n\phi$ 或者 $\sin n\phi$ 不同）。

将一个圆柱腔体用作混响室（模式搅拌混响室），知道在一个大的带宽中搅拌所能得到的可用模式数目很有必要。小于 k 的特征值 k_{npq} 对应的模式数目可以通过式（1-102）来近似计算，因为该公式可以用于任意形状的腔体。圆柱腔体的体积由下式给出：

$$V = \pi a^2 d \tag{1-139}$$

把式（1-139）代入式（1-102），模式数目近似为

$$N_{\mathrm{W}}(k) = \frac{a^2 d k^3}{2\pi} \tag{1-140}$$

把模式数目写成关于频率 f 的函数，用 $2\pi f/\nu$ 替换 k 得到

$$N_{\mathrm{W}}(f) = 4\pi^2 a^2 d\,(f/\nu)^3 \tag{1-141}$$

模密度（模/Hz）可以通过求式（1-141）对 f 的微分得到

$$D_{\mathrm{W}}(f) = \frac{\mathrm{d}N_{\mathrm{W}}(f)}{\mathrm{d}f} = 12\pi^2 a^2 d\frac{f^2}{\nu^3} \tag{1-142}$$

1.5.3 球形腔体谐振

在球坐标系（r,θ,ϕ）中求解谐振频率，可以通过构造出横向电场或者磁场在矢量 $\boldsymbol{r}$ 上的模（TE_r 或者 TM_r）的方法来实现。图 1-5 给出了半径为 a 的球形腔体模型。接下来推导标量亥姆霍兹方程的解：

$$(\nabla^2 + k^2)\psi = 0 \tag{1-143}$$

将球坐标拉普拉斯算子代入式（1-143），可得

$$\frac{1}{r^2}\frac{\partial}{\partial r}\left(r^2\frac{\partial\psi}{\partial r}\right) + \frac{1}{r^2\sin\theta}\frac{\partial}{\partial\theta}\left(\sin\theta\frac{\partial\psi}{\partial\theta}\right) + \frac{1}{r^2\sin^2\theta}\frac{\partial^2\psi}{\partial\phi^2} + k^2\psi = 0 \tag{1-144}$$

利用分离变量法将标量电势 ψ 记作

$$\psi = R(r)H(\theta)\Phi(\phi) \tag{1-145}$$

将式（1-145）代入式（1-144），除以 ψ，乘以 $r^2\sin^2\theta$，可得

$$\frac{\sin^2\theta}{R}\frac{\mathrm{d}}{\mathrm{d}r}\left(r^2\frac{\mathrm{d}R}{\mathrm{d}r}\right) + \frac{\sin\theta}{H}\frac{\mathrm{d}}{\mathrm{d}\theta}\left(\sin\theta\frac{\mathrm{d}H}{\mathrm{d}\theta}\right) + \frac{1}{\Phi}\frac{\mathrm{d}^2\Phi}{\mathrm{d}\phi^2} + k^2r^2\sin^2\theta = 0 \tag{1-146}$$

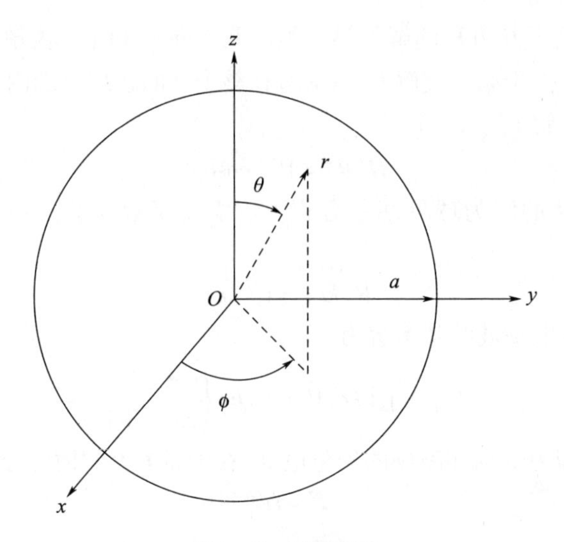

图 1-5 球形腔体

式(1-146)中的 ϕ 可利用整数 m 表示,如下

$$\frac{1}{\Phi}\frac{\mathrm{d}^2\Phi}{\mathrm{d}\phi^2}=-m^2 \tag{1-147}$$

如果将式(1-147)代入式(1-146),并除以$\sin^2\theta$,可得

$$\frac{1}{R}\frac{\mathrm{d}R}{\mathrm{d}r}\left(r^2\frac{\mathrm{d}R}{\mathrm{d}r}\right)+\frac{1}{H\sin\theta}\frac{\mathrm{d}}{\mathrm{d}\theta}\left(\sin\theta\frac{\mathrm{d}H}{\mathrm{d}\theta}\right)-\frac{m^2}{\sin^2\theta}+k^2r^2=0 \tag{1-148}$$

式(1-148)中的 θ 可用整数 n 表示,如下

$$\frac{1}{H\sin\theta}\frac{\mathrm{d}}{\mathrm{d}\theta}\left(\sin\theta\frac{\mathrm{d}H}{\mathrm{d}\theta}\right)-\frac{m^2}{\sin^2\theta}=-n(n+1) \tag{1-149}$$

将式(1-149)代入式(1-148)中,最终得到关于 R 的微分方程:

$$\frac{1}{R}\frac{\mathrm{d}}{\mathrm{d}r}\left(r^2\frac{\mathrm{d}R}{\mathrm{d}r}\right)-n(n+1)+k^2r^2=0 \tag{1-150}$$

可将式(1-147)~式(1-149)写为如下具有解的标准特殊函数形式:

$$\frac{\mathrm{d}^2\Phi}{\mathrm{d}\phi^2}+m^2\Phi=0 \tag{1-151}$$

$$\frac{1}{\sin\theta}\frac{\mathrm{d}}{\mathrm{d}\theta}\left(\sin\theta\frac{\mathrm{d}H}{\mathrm{d}\theta}\right)+\left[n(n+1)-\frac{m^2}{\sin^2\theta}\right]H=0 \tag{1-152}$$

$$\frac{\mathrm{d}}{\mathrm{d}r}\left(r^2\frac{\mathrm{d}R}{\mathrm{d}r}\right)+\left[(kr)^2-n(n+1)\right]R=0 \tag{1-153}$$

式(1-151)中关于 Φ 的方程有奇数解和偶数解两种形式:

$$\Phi_{\substack{\mathrm{e}\\\mathrm{o}}}=\begin{Bmatrix}\cos m\phi\\\sin m\phi\end{Bmatrix} \tag{1-154}$$

式(1－152)中关于H方程的解与第一类解$\mathrm{P}_n^m(\cos\theta)$和第二类解$\mathrm{Q}_n^m(\cos\theta)$拉格朗日函数有关。由于第二类解$\mathrm{Q}_n^m(\cos\theta)$在整个$\theta$的物理范围内不是有限的,因此只使用第一类解$\mathrm{P}_n^m(\cos\theta)$。

$$H(\theta)=\mathrm{P}_n^m(\cos\theta) \tag{1-155}$$

式(1－153)中R的解为球贝塞尔方程。仅需要函数在原点($r=0$)是有限的即可:

$$R(kr)=\mathrm{j}_n(kr) \tag{1-156}$$

球形腔体内标量电磁波的基本解为

$$\psi_{\substack{e\\o}mn}=\mathrm{j}_n(kr)\mathrm{P}_n^m(\cos\theta)\begin{Bmatrix}\cos m\phi\\ \sin m\phi\end{Bmatrix} \tag{1-157}$$

F和**A**分别为电场和磁场的矢量电势,在矢量**r**上的横向分量为

$$\boldsymbol{F}=\boldsymbol{r}\psi_f$$

式中:

$$\psi_f=f_{\substack{e\\o}mnp}\psi_{\substack{e\\o}mnp} \tag{1-158}$$

$$\boldsymbol{A}=\boldsymbol{r}\psi_a \tag{1-159}$$

式中:$\psi_a=a_{\substack{e\\o}mnp}\psi_{\substack{e\\o}mnp}$。常数$f_{\substack{e\\o}mnp}$的单位为$V/m$,$a_{\substack{e\\o}mnp}$的单位为A/m,两者可取任意值。

横向电场(**r**方向)模式可以通过对**F**求旋度得到

$$\begin{cases}\boldsymbol{E}^{\mathrm{TE}}=-\nabla\times\boldsymbol{F}\\ \boldsymbol{H}^{\mathrm{TE}}=\dfrac{-1}{\mathrm{i}\omega\mu}\nabla\times\nabla\times\boldsymbol{F}\end{cases} \tag{1-160}$$

将电场的切向分量在$r=a$处设为0,则**F**的径向分量为

$$\boldsymbol{F}=\boldsymbol{r}F_{r\substack{e\\o}mnp}$$

式中:

$$F_{r\substack{e\\o}mnp}=\frac{f_{\substack{e\\o}mnp}}{k}kr\mathrm{j}_n\left(u_{np}\frac{r}{a}\right)\mathrm{P}_n^m(\cos\theta)\begin{Bmatrix}\cos m\phi\\ \sin m\phi\end{Bmatrix} \tag{1-161}$$

式中:u_{np}是球贝塞尔函数的第p个零值,有

$$\mathrm{j}_n(u_{np})=0 \tag{1-162}$$

r乘以球贝塞尔函数的电场和磁场的标量电势,如式(1－158)和式(1－159)所示,引入Harrington定义的函数替代球贝塞尔函数:

$$\mathbf{J}_n(kr)\equiv kr\mathrm{j}_n(kr) \tag{1-163}$$

式(1－161)中**F**的径向分量为

$$F_{r\substack{e\\o}mnp}=\frac{f_{\substack{e\\o}mnp}}{k}\mathbf{J}_n\left(u_{np}\frac{r}{a}\right)\mathrm{P}_n^m(\cos\theta)\begin{Bmatrix}\cos m\phi\\ \sin m\phi\end{Bmatrix} \tag{1-164}$$

由式(1－160)、式(1－161)和式(1－164)可知,TE 模的标量场分量如下:

$$E^{\mathrm{TE}}_{r\substack{e\\o}mnp}=0 \tag{1-165}$$

$$E^{\mathrm{TE}}_{\theta\substack{e\\o}mnp}=\frac{mf_{\substack{e\\o}mnp}}{kr\sin\theta}\mathbf{J}_n\left(u_{np}\frac{r}{a}\right)\mathrm{P}_n^m(\cos\theta)\begin{Bmatrix}\sin m\phi\\-\cos m\phi\end{Bmatrix} \tag{1-166}$$

$$E^{\mathrm{TE}}_{\phi\substack{e\\o}mnp}=\frac{f_{\substack{e\\o}mnp}}{kr}\mathbf{J}_n\left(u_{np}\frac{r}{a}\right)\frac{\mathrm{d}}{\mathrm{d}\theta}\mathrm{P}_n^m(\cos\theta)\begin{Bmatrix}\cos m\phi\\\sin m\phi\end{Bmatrix} \tag{1-167}$$

$$H^{\mathrm{TE}}_{r\substack{e\\o}mnp}=\frac{-n(n+1)f_{\substack{e\\o}mnp}}{\mathrm{i}\omega\mu kr^2}\mathbf{J}_n\left(u_{np}\frac{r}{a}\right)\mathrm{P}_n^m(\cos\theta)\begin{Bmatrix}\cos m\phi\\\sin m\phi\end{Bmatrix} \tag{1-168}$$

$$H^{\mathrm{TE}}_{\theta\substack{e\\o}mnp}=\frac{-f_{\substack{e\\o}mnp}}{\mathrm{i}\omega\mu r}\mathbf{J}'_n\left(u_{np}\frac{r}{a}\right)\frac{\mathrm{d}}{\mathrm{d}\theta}\mathrm{P}_n^m(\cos\theta)\begin{Bmatrix}\cos m\phi\\\sin m\phi\end{Bmatrix} \tag{1-169}$$

$$H^{\mathrm{TE}}_{\phi\substack{e\\o}mnp}=\frac{-mf_{\substack{e\\o}mnp}}{\mathrm{i}\omega\mu r\sin\theta}\mathbf{J}_n\left(u_{np}\frac{r}{a}\right)\mathrm{P}_n^m(\cos\theta)\begin{Bmatrix}-\sin m\phi\\\cos m\phi\end{Bmatrix} \tag{1-170}$$

在式(1－169)和式(1－170)中,$\mathbf{J}'_n$ 为 $\mathbf{J}_n$ 的导数。

TE_{mnp}模式的谐振波数量 k^{TE}_{mnp} 为

$$k^{\mathrm{TE}}_{mnp}=u_{np}/a \tag{1-171}$$

类似地,谐振频率 f^{TE}_{mnp} 为

$$f^{\mathrm{TE}}_{mnp}=\frac{u_{np}\nu}{2\pi a} \tag{1-172}$$

由式(1－171)和式(1－172)可知,谐振频率独立于模式数 m。因此,球形腔体中(在相同的谐振频率下)会使得很多模式退化。这是球形腔体没有应用到混响室的原因之一——无法提供足够的空间谐振模式。

对 TM 波可以作同样的计算。横向磁场($\boldsymbol{r}$ 方向)模式可以通过对 $\boldsymbol{A}$ 求旋度得到:

$$\begin{cases}\boldsymbol{H}^{\mathrm{TM}}=\nabla\times\boldsymbol{A}\\\boldsymbol{E}^{\mathrm{TM}}=\dfrac{-1}{\mathrm{i}\omega\varepsilon}\nabla\times\nabla\times\boldsymbol{A}\end{cases} \tag{1-173}$$

将电场的切向分量在 $r=a$ 处设为 0,则 $\boldsymbol{A}$ 的径向分量为

$$\boldsymbol{A}=\boldsymbol{r}A_{r\substack{e\\o}mnp}$$

式中:

$$A_{r\substack{e\\o}mnp}=\frac{a_{\substack{e\\o}mnp}}{k}\mathbf{J}_n\left(u'_{np}\frac{r}{a}\right)\mathrm{P}_n^m(\cos\theta)\begin{Bmatrix}\cos m\phi\\\sin m\phi\end{Bmatrix} \tag{1-174}$$

式(1－174)中,u'_{np}是 Harrington 球贝塞尔函数的第 p 个零值。有

$$\mathbf{J}'_n(u'_{np})=0 \tag{1-175}$$

由式(1－173)和式(1－174),可以写出TM模式的标量场:

$$H_{r_{o}^{e}mnp}^{TM}=0 \tag{1-176}$$

$$H_{\theta_{o}^{e}mnp}^{TM}=\frac{ma_{_{o}^{e}mnp}}{kr\sin\theta}\mathbf{J}_{n}\left(u'_{np}\frac{r}{a}\right)\mathrm{P}_{n}^{m}(\cos\theta)\begin{Bmatrix}-\sin m\phi\\ \cos m\phi\end{Bmatrix} \tag{1-177}$$

$$H_{\phi_{o}^{e}mnp}^{TM}=\frac{-a_{_{o}^{e}mnp}}{kr}\mathbf{J}_{n}\left(u'_{np}\frac{r}{a}\right)\frac{\mathrm{d}}{\mathrm{d}\theta}\mathrm{P}_{n}^{m}(\cos\theta)\begin{Bmatrix}\cos m\phi\\ \sin m\phi\end{Bmatrix} \tag{1-178}$$

$$E_{r_{o}^{e}mnp}^{TM}=\frac{-n(n+1)a_{_{o}^{e}mnp}}{\mathrm{i}\omega\varepsilon kr^{2}}\mathbf{J}_{n}\left(u'_{np}\frac{r}{a}\right)\mathrm{P}_{n}^{m}(\cos\theta)\begin{Bmatrix}\cos m\phi\\ \sin m\phi\end{Bmatrix} \tag{1-179}$$

$$E_{\theta_{o}^{e}mnp}^{TM}=\frac{-a_{_{o}^{e}mnp}}{\mathrm{i}\omega\varepsilon r}\mathbf{J}'_{n}\left(u'_{np}\frac{r}{a}\right)\frac{\mathrm{d}}{\mathrm{d}\theta}\mathrm{P}_{n}^{m}(\cos\theta)\begin{Bmatrix}\cos m\phi\\ \sin m\phi\end{Bmatrix} \tag{1-180}$$

$$E_{\phi_{o}^{e}mnp}^{TM}=\frac{-ma_{_{o}^{e}mnp}}{\mathrm{i}\omega\varepsilon r\sin\theta}\mathbf{J}'_{n}\left(u'_{np}\frac{r}{a}\right)\mathrm{P}_{n}^{m}(\cos\theta)\begin{Bmatrix}-\sin m\phi\\ \cos m\phi\end{Bmatrix} \tag{1-181}$$

TM_{mnp}模式的谐振波数量k_{mnp}^{TM}为

$$k_{mnp}^{TM}=u'_{np}/a \tag{1-182}$$

类似地,谐振频率f_{mnp}^{TM}为

$$f_{mnp}^{TM}=\frac{u'_{np}\nu}{2\pi a} \tag{1-183}$$

由式(1－183)可知,TM模式的谐振频率同样独立于m,因此存在很多退化模。

对于球形腔体混响室,在一个较大的搅拌带宽内知道其模式数量是有用的。模式数量的特征值$k_{_{o}^{e}mnp}$小于式(1－102)中所估计的模式数k,因为式(1－102)的表达式是适用于任意腔体形状的。圆柱体的体积为

$$V=\frac{4}{3}\pi a^{3} \tag{1-184}$$

若将式(1－184)代入式(1－102),模式数可以近似为

$$N_{\mathrm{W}}(k)=\frac{4a^{3}k^{3}}{9\pi} \tag{1-185}$$

若将模式数与频率f联系起来,可将式(1－185)中的k由$2\pi f/\nu$替代:

$$N_{\mathrm{W}}(f)=\frac{32\pi^{2}a^{3}f^{3}}{9\nu^{3}} \tag{1-186}$$

模密度可以通过对式(1－186)求f的微分得到

$$D_{\mathrm{W}}(f)=\frac{\mathrm{d}N_{\mathrm{W}}(f)}{\mathrm{d}f}=\frac{32\pi^{2}a^{3}f^{2}}{3\nu^{3}} \tag{1-187}$$

由于存在很高的模式退化,球形腔体并不是理想的混响室腔体形状。

第❷章 混响室概念和主要技术参数

混响室最早出现时是机械搅拌式混响室，其他类型混响室是在此基础上发展起来的，因此混响室的概念、理论和关键技术参数等最早也是根据机械搅拌式混响室来定义和确定的。对于一个试验平台来说，只要实现了混响室的关键技术参数，就可以认为是混响室。本章以机械搅拌式混响室为例介绍混响室的基本概念和主要技术参数。

2.1 混响室概念

混响室是一个电大尺寸且由高导电反射墙面构成的屏蔽腔室。腔室中通常安装一个或几个机械式搅拌器或调谐器，通过搅拌器的转动改变腔室的边界条件，进而在腔室内形成统计均匀、各向同性和随机极化的电磁环境。

对电波混响室有关概念的研究最早可以追溯到 1968 年，门德斯(H. A. Mendes)博士首先提出将空腔谐振用于电磁辐射测量的思想。1971 年，美军发布了 MIL－STD－1377，在腔室内进行电缆和屏蔽材料的屏蔽效能测试。1975 年，Cummings 给出了在腔室内进行敏感度测试的数据结果。正式提出混响室(Reverberating Chamber)名称，并建立混响室理论框架和分析技术，是 1976 年由意大利那不勒斯大学保罗·科隆纳(Paolo Corona)教授的经典性论文完成的。科隆纳教授撰写了一篇题为 Evaluation and Use of the Reverberating Chamber of the Instituto Universitario Navale 的论文，1976 年 6 月 24 日在意大利阿奎拉(Aquila)召开的第一届全国应用电磁学会议上正式发表，目前关于混响室的主要理论模型和分析技术都可以追溯到这篇文章。这篇文章借助当时之前提出的声学中混响室的概念，提出了电磁场传播的混响室概念，并利用概率论和热力学思想，对电磁场传播的混响室的物理理论进行了系统阐述，基本上给出了混响室的主要相关理论和预测。科隆纳教授用混响室(reverberating chamber，RC)测量电子设备辐射的总功率，因为通过对设备在各个方向的辐射的积分方法测量辐射总功率的办法常常是行不通的。科隆纳教授在后来的一系列论文中进一步研究和分析了这个问题。但在当时,科隆纳教授的混响室概念以及测量设备辐射总功率的方法并没有被当时的电磁兼容领域专家普遍接受,随着后来各类电大尺寸个人电子设备的使用以及1GHz以上辐射测试的需求,才逐渐为电磁兼容领域广泛接受。

关于混响室的名称,目前国内外都有不同的叫法。混响室的英文名称,科隆纳教授最早使用的是"Reverberating Chamber",一直坚持延续使用了很多年。但是,包括兰德波利(Ladbury)教授在内的美国国家标准局的专家则坚持使用"Reverberation Chamber"。在混响室研究的早期,两者在这一点上意见不一致。到了2001年,科隆纳教授的文章也开始使用"Reverberation Chamber"一词。在2003年国际电工委员会颁布的混响室测试标准IEC 61000-4-21中统一使用了这个名称,所以,目前国际上关于混响室的名称已经统一使用"Reverberation Chamber",不再有争议。在国内方面,关于混响室的名称多种多样,国内公开发表的论文中出现的名称包括"电波混响室""EMC混响室""电磁混响室""电磁混波室"等。笔者建议使用"电波混响室"这一名词。一方面考虑到在形式上与传统意义的电磁兼容测试平台"电波暗室"一致,便于区分和理解;另一方面,在声学领域,"混响室"使用更广泛,而"混波室"使用比较少,由于混响室最初是借鉴声学研究中"混响室"的概念提出来的,笔者建议使用"混响室"更好些。

2.2 混响室的分类

目前,应用最多、标准认可、运行比较可靠的电波混响室是机械搅拌式混响室,又称模式搅拌式混响室(mode stirred reverberation chamber,MSRC),它是在高反射腔体内,安装一个或多个机械式搅拌器,通过搅拌器的连续或者步进式转动改变边界条件,从而在腔室内形成统计均匀、各向同性、随机极化的场。但在混响室的研究中,不少学者提出了一些也能实现电磁混响的设计方案。

(1)摆动墙式混响室。1992年,Huang Yi等人提出采用摆动墙方案。由于混响室墙体的摆动,使室内体积不断变化,从而连续改变空腔的谐振条件达到混响的目的,但这种装置的实际实现有一定困难。2002年,N. K. Kouveliotis等人用FDTD方法仿真计算了摆动墙混响室的品质因数Q和场均匀性,并通过建模,仿真其对被测设备的测试,考察了摆动墙混响室产生混响的性能。

(2)漫射体式混响室。1997年,M. Petirsch等人提出将建筑声学中对声波反射的Schroeder漫射体用于改善混响室内电磁波的谐振,并用数值方法分别计算了带有和不带有漫射体的混响室内电磁场的分布情况,结果表明漫射体改善了室内场的均匀性。另外,韩国的 J. C. Yun 等人也研究过利用漫射体来改善混响室内场的均匀性,同时瑞典的 H. Magnus 等人通过 FDTD 的数值方法也发现了使用漫射体可以降低混响室的最低可用频率。

(3)波纹墙式混响室。1998 年,E. A. Godfrey 等人提出了一种波纹墙的混响室结构方案,并探讨了在一个小型混响室内(1.8m × 1.2m × 0.8m)采用波纹墙对场均匀性的影响,考察的频率范围从 150 ~ 650MHz,实验分别在平面铝墙和钢波纹墙混响室内进行,对比两种条件下的数据,结果表明波纹墙有利于改善混响室内的场均匀性。

(4)源搅拌混响室。1992 年,Y. Huang 和 D. J. Edwards 提出源搅拌的方法。通过在测试中移动天线的位置或控制天线阵中不同天线的发射信号改变测试中源的位置,达到混响的目的。该方法的基本原理是改变混响室中各本征模的权重因子,由于不用机械搅拌器,使得测试空间增大,而且还能改善混响室的低频性能,所以至今仍有人对之进行研究。有文献用本征函数迭加的方法推导混响室有源激励的电磁场分布公式,提出对称模与反对称模发射的方法(即源搅拌方法),从理论上证实了利用源搅拌实现混响的可行性,一定条件下在低模状态下可获得均匀场,并且模拟的结果证实了数据推导的正确性,为混响室在低于最低可用频率的分析提供了可行的方法。

(5)频率搅拌混响室。1994 年,David A. Hill 提出频率搅拌的方法。其二维的数值计算结果表明,用中心频率为 4GHz、带宽为 10MHz 的线源激励时,场的均匀性很好,其三维分布情况还有待进一步分析。此外,非零带宽对敏感度测试的影响有待进一步分析。在辐射发射测试中,由于不能控制被测设备的频谱,是否还能用频率搅拌的方法进行测试有待研究。

(6)不对称结构(或固有)混响室。1998 年,Frank B. J. Leferink 等人设计了一种新型混响室,它没有任何两个墙面是平行的,只有一个壁面垂直于其他墙面,混响室的长、宽、高尺寸不成比例,且在室内某些位置安装漫射体。研究结果表明,在没有使用机械搅拌器的情况下产生了统计均匀的电磁场,使得测试时间相对于机械搅拌混响室而言大幅减少。S. Y. Chung 等人还考察了“schroeder diffuser”和“randomly made diffuser”两种不同漫射体在固有混响室的应用,并讨论了漫射体安装的位置和面积对混响室性能的影响。

2.3 混响室电磁场理论

本节介绍的混响室电磁场理论是基于机械搅拌式混响室技术。机械搅拌式混响室腔体内的电磁场的传播特征由腔体的边界条件决定,在一定的边界条件和恰当的频率条件下，由于场的反射和叠加会出现干涉或谐振现象，电磁场呈现一定的谐振分布。每一个谐振频率下的谐振状态称为一个谐振模式，对于一个长为 L、宽为 W、高为 H 的长方体腔室，谐振模式的频率可近似写为

$$F_{l,m,n}=150\sqrt{\left(\frac{l}{L}\right)^2+\left(\frac{m}{W}\right)^2+\left(\frac{n}{H}\right)^2} \tag{2-1}$$

式中：l、m、n 分别为 0 或非负整数。

图 2-1 给出了一个 10.8m×5.2m×3.9m 的长方体形状混响室中理论计算的谐振模的分布与频率的关系。每一个谐振模代表一个唯一的、遍及整个腔室空间位置的场分布或模结构。第一个谐振发生在频率为 $F_{1,1,0}$，即 32.096MHz 处。由式(2-1)可见，随着频率的升高，模的密度会越来越大，电磁波在混响室内的传播将大量的以驻波的形式存在。

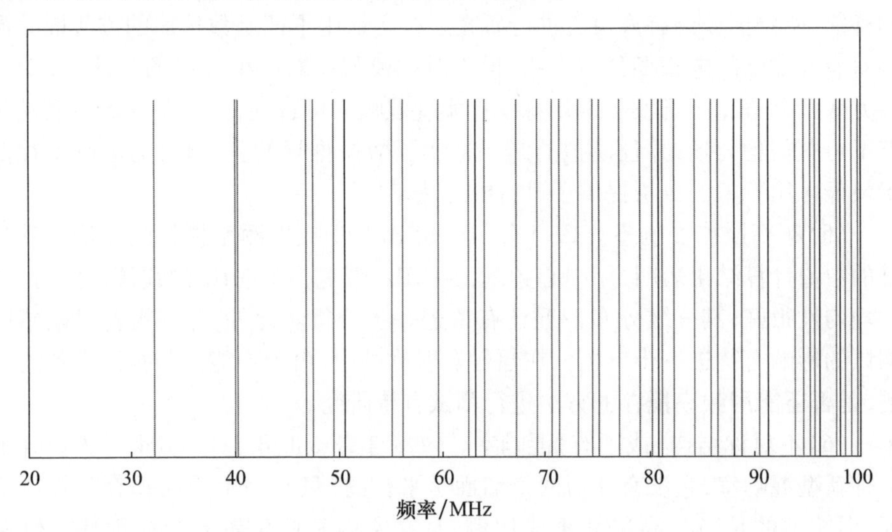

图 2-1　混响室尺寸为 10.8m×5.2m×3.9m 时谐振模结构随频率的变化关系

腔室的品质因子带宽（Q-bandwidth，BWQ）定义为 $F_{l,m,n}/Q$ 在二阶分布中取值为 3dB 的点。图 2-2 给出的是品质因子带宽在第 60 个谐振模式 $F_{4,2,2}$ 处与模分布的叠加示意图。可见，在这个情况下当混响室被频率为 $F_{4,2,2}$ 的源驱动的时候，只有几个谐振模式被激发出来。如果腔室的品质因子 Q 减小，将会导致品质因子带宽增大，如图 2-3 所示，在同样是第 60 个谐振频率驱动的时候，可以使混响室中更多的谐振模式被激发起来。可见，混响室内的有效模结构实际上是激发出来的、不同幅值的各谐振模的矢量叠加。因此，电磁场的空间分布情况对于不同品质因子的腔室来说是不同的，改变腔室的品质因子 Q，可以改变腔

室内的有效模结构，如果驱动源的频率增加，在给定的品质因子带宽 BWQ 内可以得到更多的模。

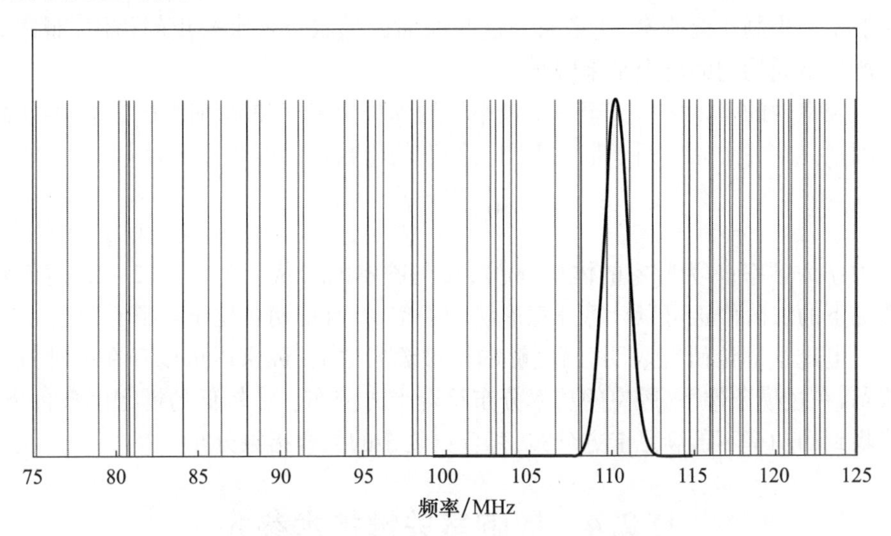

图 2－2　理论计算的模的分布结构域品质因子带宽在第 60 个模的叠加示意图

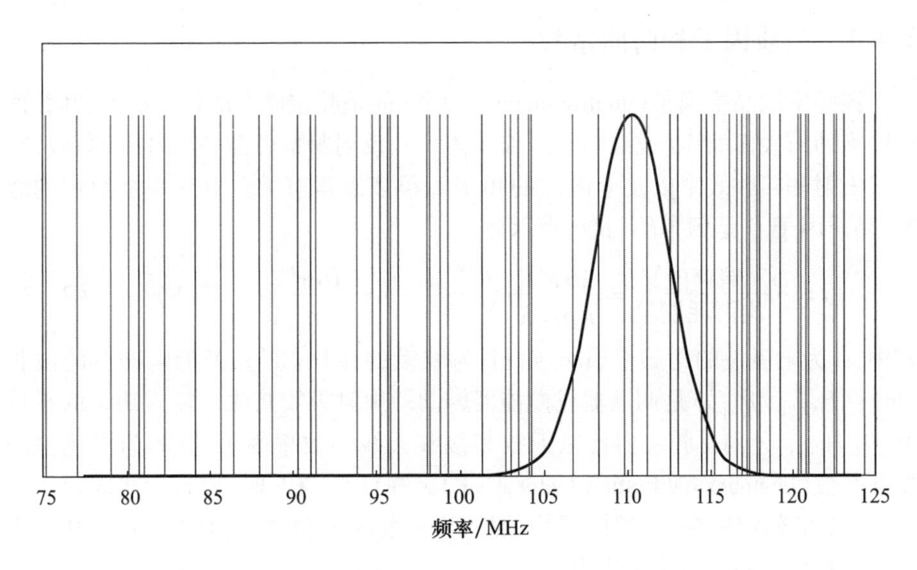

图 2－3　较高品质因子带宽条件下理论计算的模分布结构
在第 60 个谐振模的叠加示意图

如图 2－2 和图 2－3 所示，在低频条件下，腔室内模的数量分布比较稀疏，而在频率增加的时候，模数和模密度也随之增加。混响室的有效模结构与搅拌器改变边界条件的能力相结合,决定了混响室的性能和表现。需要指出的是,原则上任何形状的腔室都可以用来构建一个混响室,但是球状和圆柱状等形状一般不用来制作混响室,这是因为这些曲面的形状会带来聚焦的作用,而这对于产生空间均匀的场会带来困难。

腔室内的膜结构取决于一定频率下的理论模密度和品质因子带宽 BWQ 两个因素。在一个品质因子带宽范围内激发的模数可以近似表示为

$$M=\frac{8\pi Vf^3}{c^3Q} \tag{2-2}$$

式中:f 为频率;V 为腔室的体积(m^3);M 与腔室的形状无关。式(2-2)对低频情况下的二阶修正可以计算任意形状的腔室,并且证明正比于频率 f。

电磁学理论研究表明,当足够的模被激发之后,腔室内可以存在一种过模状态,在过模条件下,腔室的功率分布符合卡方分布。在较低的模密度条件下,接收到的功率不再满足卡方分布,符合更复杂的复合指数分布。

2.4 混响室关键技术参数

2.4.1 品质因子和时间常数

混响室的品质因子(quality factor)Q 反映的是腔室储存能量的能力,其数值与腔室的内表面面积(或混响室内部净体积)、反射材料性能、腔室的屏蔽效能、天线发射和接收效率以及电磁波的频率等很多因素有关。对于一个给定的腔室,品质因子 Q 是频率的函数,表示为

$$Q=\frac{\omega\cdot\text{储存能量}}{\text{平均消耗能量}}=\frac{16\pi^2V}{\eta_{\mathrm{Tx}}\eta_{\mathrm{Rx}}\lambda^3}\left\langle\frac{P_{\mathrm{AveRec}}}{P_{\mathrm{Input}}}\right\rangle=\frac{16\pi^2V}{\eta_{\mathrm{Tx}}\eta_{\mathrm{Rx}}\lambda^3}\cdot(\mathrm{CCF}) \tag{2-3}$$

式中:ω 为电磁波的角频率(rad/s);V 为腔室的体积(m^3);λ 为电磁波的波长(m);$\langle P_{\mathrm{AveRec}}/P_{\mathrm{Input}}\rangle$ 是调谐器或搅拌器转动一周时天线接收和输入功率的平均值;η_{Tx} 和 η_{Rx} 分别是腔室内传输天线和接收天线的效率因子;CCF 为混响室的校准系数(chamber calibration factor,CCF)。在计算 CCF 时,要求天线固定于一个位置,若欲评估多个位置的平均数据,则应将不同位置求得的 CCF 之和被天线的位置数去除。具体表述为

$$Q=\frac{16\pi^2V}{\eta_{\mathrm{Tx}}\eta_{\mathrm{Rx}}\lambda^3}\left\langle\frac{P_{\mathrm{AveRec}}}{P_{\mathrm{Input}}}\right\rangle_{n_{\mathrm{Antenna\ Locations}}} \tag{2-4}$$

式中:$n_{\mathrm{Antenna\ Locations}}$ 是在被测频点用以收集校准数据的天线位置数。

一个腔室在没有加载设备和有加载设备两种情况下品质因子的比值,常用

系数 K 表示,定义为

$$K = \frac{Q}{Q'} \tag{2-5}$$

系数 K 用来反映腔室内有无加载设备情况下的储能能力。

当品质因子确定以后,便可以确定混响室的另外两个参数:品质因子带宽 Q 和混响室时间常数 τ。

混响室的 BWQ 表征了腔室内谐振模式之间的相关性。对于一个混响室,BWQ 可以利用下式计算:

$$\mathrm{BWQ} = f/Q \tag{2-6}$$

式中:f 为电磁波的频率;Q 为混响室的品质因子。

利用混响室的品质因子 Q,还可以定义另一个物理参量,即时间常数 τ。混响室的时间常数 τ 主要针对混响室内脉冲场的测试而言的,时间常数 τ 定义为

$$\tau = \frac{Q}{2\pi f} \tag{2-7}$$

按照 IEC 61000-4-21 的要求,当入射波为脉冲或者脉冲调制时,腔室的时间常数 τ 不能大于脉宽的 0.4 倍,否则,由于混响室能量储存机制,导致混响室内测量到的脉冲场与无限大空间产生的脉冲场的相关性不能保证。如果实际腔室没有达到这个要求,需要增加脉冲的宽度,或者在混响室中添加吸波材料,直到满足要求为止。

2.4.2 搅拌效率

对于给定的频率,搅拌器的转动必须足够充分地改变混响室的边界条件,才能从统计意义上说显著改变腔室内电磁场的分布样式。一旦这种场结构发生变化,搅拌器在某位置处时测得的样本与搅拌器在前一个位置处得到的测试样本之间从统计意义上说是相对独立的,如果搅拌器的转动不能提供不同的场分布,这种搅拌就失去了意义。因此,有必要引入搅拌器在改变边界条件和腔室内场分布方面的表现或者搅拌效率的数据表示方法,以分析和确定搅拌器在统计意义上独立测量样本的数值。这些搅拌器表现好坏的数据或者搅拌器的搅拌效率,可以通过监测搅拌器按照均匀间隔旋转一周时接收到的功率,并计算不同搅拌器离散位置之间的关联系数 r 来估计。关联系数的一种典型算法是对于搅拌器的每一个步进位置的样本,通过依次移动数据文件的方式得到。假设总共抽取了 450 个样本,这种移动方式可以列举如下:

D1,D2,D3,D4,D5,D6,……,D450

D450,D1,D2,D3,D4,D5,D6,……,D449

D449,D450,D1,D2,D3,D4,D5,D6,……,D448

D448,D449,D450,D1,D2,D3,D4,D5,D6……,D447

$$r = \frac{\frac{1}{n}n\sum_{i}^{n}(x_i - u_x)(y_i - u_y)}{\sqrt{\left(\frac{\sum_{i}^{n}(x_i - u_x)^2}{n-1}\right)\left(\frac{\sum_{i}^{n}(y_i - u_y)^2}{n-1}\right)}} \tag{2-8}$$

$$\uparrow \qquad\qquad \uparrow$$

$$\sigma_x^2 \qquad\qquad \sigma_y^2$$

式中:y_i 和 x_i 是测量到的接收功率;u_x 和 u_y 是接收到的功率的原始数据对搅拌器所有位置个数的平均值,而且 y_i 与 x_i 具有同样的分布特征,但是依次被对应于每一个搅拌器位置的样品所替换;n 是在搅拌器旋转一周时测量样品的总量。由于只有一个数据集,移动之后的数据集与原始数据相同,因此 y 的分布与 x 相同,即 $u_y = u_x$,$\sigma_x = \sigma_y$。

上述的关联系数 r 可以通过比较原始数据集和移动了数据的数据集得到。当关联系数小于0.37的时候,可以认为这些数据之间是不关联的,也表明搅拌器的搅拌效率较高。利用关联系数的数值计算方法可以算出搅拌器能够提供的独立取样点的数量,即通过将改变步进位置数使关联系数小于0.37,然后用总的样品数量(如上述的450)除以这个步进位置数,便得到在某一频率条件下搅拌器独立采样的数量。举例来说明,假设在频率为80MHz、100MHz和500MHz时,按照上述程序使搅拌器按照步进方式旋转360°,均匀转动了450个步进位置,如果搅拌器旋转一周的步进数在25、15和5之后,关联系数小于0.37,那么可以期待搅拌器能够提供的独立样本数为:80MHz时为18个,100MHz时为30个,500MHz时为90个。有时候,需要的搅拌器步进数量超过了单个搅拌器的能力,这时候可能有必要增加第二个搅拌器。

影响搅拌器效率的影响因素很多,包括搅拌器的相对大小、结构设计、个数以及混响室的品质因子等。一般来说,搅拌器相对于混响室内部几何空间越大,搅拌器对场分布的影响越大,因而搅拌效率越高。搅拌器结构设计又包括两个方面,一个是非对称设计,即搅拌器的不同扇叶角度不能相同,也就是在不同转动角度时不能出现相同的边界条件和场分布特征;另一方面,搅拌器采用一些异形结构也可以提高搅拌器的搅拌效率,例如在传统搅拌器的直边边缘处切开了不同尺寸和深度的V形切口,从而改变和增加了边界处的感应电流通道长度,等效于加大了搅拌器大小,得到了比传统直边结构的搅拌器设计更高的搅拌效率,并因此降低了混响室的最低可用频率。影响混响室搅拌效率的是搅拌器数量,显然,搅拌器数量越多,对混响室边界条件影响越大,特别是针对兵器部门和航空领域建设的大尺寸混响室测试系统来说,一个搅拌器就远远不够,需要两个甚至更多的搅拌器,才能有效降低搅拌器的关联系数或提高搅拌效率。

2.4.3　场均匀性与最大可用空间

混响室最重要的一个技术指标是场均匀性。场均匀性是对被测设备(equipment under test,EUT)进行规范化、标准化测试的前提。在某种形式的均匀场条件下对场中某点场强测量才有意义,因此,混响室测试平台的建设目标就是在一定的误差范围和工作体积内生成一个统计均匀的电磁环境。其主要思想是,在搅拌器连续转动的搅拌模式(stiring mode)和搅拌器步进方式旋转的调谐模式(tuner mode)下,按照要求的搅拌器步进数量,对长方体工作区域的 8 个顶点位置、场强的三维分量进行测量,然后计算出每一个频点所有测量数值的标准方差(standard deviation)。当混响室的工作频率范围内各个频点的标准方差在规定的要求极限范围之内,认为混响室在这个频率范围内和 8 个点围成的长方体范围内是统计均匀的。图 2 - 4 给出了 IEC 61000 - 4 - 21(2003)规定的混响室统计均匀场的标准偏差极限值。

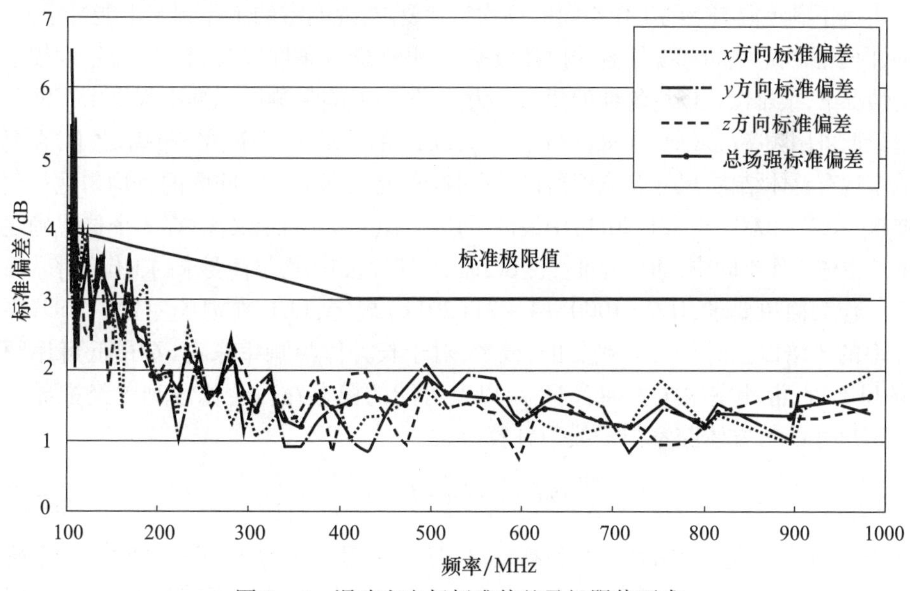

图 2 - 4　混响室电场标准偏差及极限值要求

图2－4表明，在100MHz的频点，测量到的场强的标准偏差大约在10dB，而当频率增加时，标准偏差降低，这表明，尽管在高频条件下搅拌器步进数减少，但是场均匀性随着频率的增加而增加。

然而，目前对于如何确定混响室可接受的场均匀性的问题存在两种看法。第一种看法认为，在删除25%偏差较大的数据的情况下，只要剩余的数据达到极限值要求，就认为场是统计均匀的；第二种看法认为，可接受的场均匀性是所有数据计算得到的标准偏差满足极限值要求的情况下得到的。第一种方法的缺点是没有确定的规则删除其中的25%，可能带来本质上位置的不确定性。所以，在IEC 61000－4－21中采用后者确定混响室的场均匀性和工作体积。混响室的场均匀性好坏与混响室的尺寸大小、搅拌器的搅拌效率以及工作的频率范围相关。

混响室内满足场均匀性条件的最大体积为混响室的工作体积，是能够形成均匀场测试环境空间，也预示着能够测量的最大EUT空间。由以上分析可知，混响室的工作体积与场的统计均匀性是直接相关的，因为混响室的场均匀性取决于混响室尺寸和搅拌器的效率，因此，混响室的工作体积也与混响室的大小、搅拌器的搅拌效率等指标相关。针对IEC 61000－4－21(2003)规定最低60个模的要求，当混响室体积增大时，对同一个工作频率范围而言，混响室的工作体积也会增大。

2.4.4 混响室最低可用频率

为了满足混响室的工作空间的场均匀性要求，混响室的工作频率不能过小，否则，由于混响室空间和搅拌器的搅拌效率限制，在低频条件以及相应的模密度较小的情况下，很难保证场均匀性的要求。为此，各类混响室测试标准中都提出了混响室最低可用频率(lowest useable frequency，LUF)的要求，以保证在该频率之上，在混响室现有总体结构、尺寸及搅拌器设计条件下，混响室工作空间内的场均匀性达到要求。IEC 61000－4－21(2011)中最低可用频率(LUF)的定义为：在8个位置确定的长方体工作空间中，通过验证性测试，证明可以达到场均匀性要求的工作频率。

作为简单要求，IEC 61000－4－21(2011)规定，LUF在混响室第一个谐振频率的3倍以上时是可以接受的，或者，对于长方体混响室来说，在最低可用频率LUF处，混响室内至少拥有60个以上可能的模存在。兰德波利曾经推导了一定尺寸的长方体腔室内的模数计算公式：

$$N=\frac{8\pi}{3}abd\frac{f^3}{c^3}-(a+b+d)\frac{f}{c}+\frac{1}{2} \tag{2-9}$$

式中：a、b和d是腔室的长、宽和高，单位是m；c是光速；f是频率。对于一个确定尺寸的长方体混响室可以利用$N>60$的要求计算出最低可用频率。显然，混响室的尺寸越大，最低可用频率越低。因此，对于有确定尺寸的混响室来说，其工作频率没有上限,需要研究和解决的问题是如何降低最低可用频率,以拓展混响室的测试频率范围。

随着混响室优化设计技术的不断发展,降低混响室最低可用频率不仅取决于混响室大小,还取决于调谐器/搅拌器的有效性以及混响室品质因子,这些因素都会对最低可用频率 LUF 产生影响。例如,2006 年,黄漪等人通过在混响室中引入新的搅拌器设计,可以降低混响室的最低可用频率。该设计是在一个长、宽、高为 5.8m×3.6m×3.4m 的混响室内,采用在搅拌器扇叶边缘处开 V 形切口的办法,如图 2-5 所示,改变和增加搅拌器边缘的感应电流通道的方式提高搅拌器的搅拌效率,从而在相同的混响室尺寸条件下,降低了混响室的最低可用频率 LUF,取得了很好的效果。图 2-6 给出了没有切口和有切口两种情况下,按照 IEC 61000-4-21 标准进行混响室校准程序测量到的总场强在混响室 8 个位置测量得到标准偏差的实验结果。结果显示,有 V 形切口的搅拌器设计在低频(大约 80MHz)处的标准偏差比传统设计的标准偏差降低了近 2dB。这说明,在更低的工作频率下,混响室仍然能够满足混响室场均匀性要求,这实际上也是降低了混响室的最低可用频率 LUF。

(a) 传统的搅拌器设计

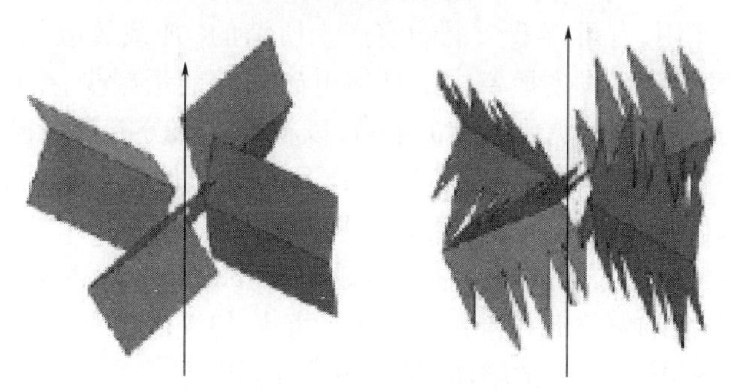

(b) 带V形切口的搅拌器设计

图 2-5　混响室搅拌器设计

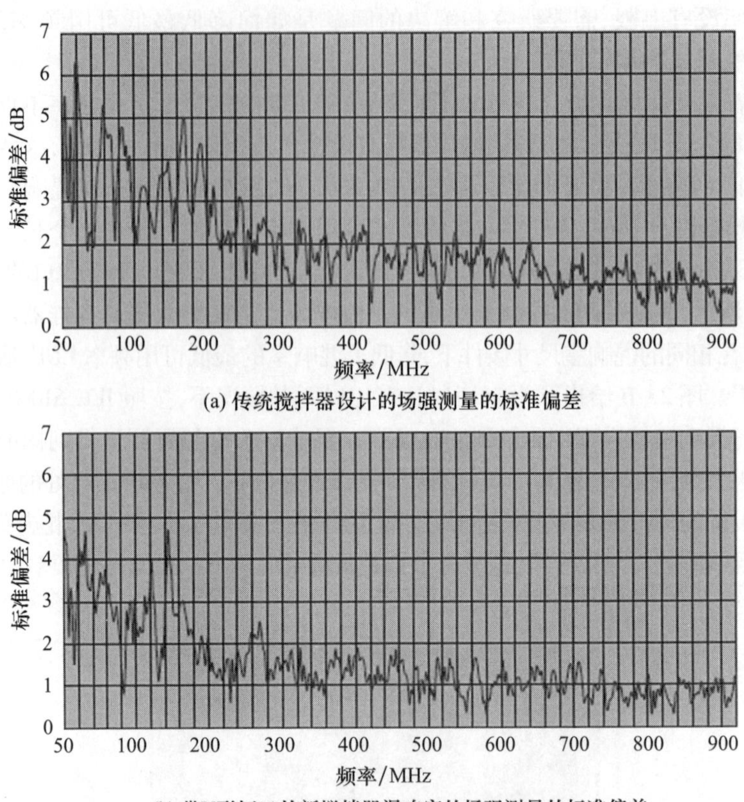

(a) 传统搅拌器设计的场强测量的标准偏差

(b) 带V形切口的新搅拌器混响室的场强测量的标准偏差

图2-6　混响室内总电场强度的标准偏差

2.4.5　加载效应

当一个被测设备(EUT)放入混响室之后,由于自由空间体积的变化以及设备与场的耦合作用,有可能造成混响室产生所谓的"加载效应"。由于EUT要吸收能量,使发射源激发的腔室内的环境电磁场的能量减少,要产生相同水平的电磁场,就需要增加输入混响室的能量,以补偿这部分能量的损耗。因此,在利用混响室进行任何测试之前,必须检验混响室的加载效应,目的是在放置EUT之后可以使混响室达到与校准测试中同样的场均匀性。

混响室的加载效应可以用腔室的加载因子(chamber loading factor,CLF)表示,用以描述与混响室空载校准测试中电磁场均匀性的降低,或者混响室校准标准差(standard deviation)的增加。CLF由下式定义:

$$\mathrm{CLF}=\frac{\mathrm{CCF}}{\mathrm{ACF}} \tag{2-10}$$

式中:CCF 是混响室的校准因子,是混响室加载 EUT 条件下进行的校准过程中天线接收到的平均功率与混响室输入的平均功率的比值,称为混响室校准因子(chamber calibration factor,CCF);ACF 是天线校准因子,是天线校准测量过程中测量到的输入功率的平均值与输入平均功率的比值。

CLF 可以通过测量混响室加载 EUT 和空载两种情况下测量到的有效场强统计平均值的比值获得。

为了获得混响室可以加载的 EUT 的极限值,需要在严酷的加载条件下进行室内场均匀性的评估测试。图 2-7 是混响室加载效应的一个典型的测试环境布置情况,在该混响室的工作区域内,放置了 27 个 122cm 长锥形吸收体。图 2-8 是测量到的 100MHz~18GHz 频段的加载效应数据,其数值从最大的 23dB 变化到最小 10dB 不等,有效加载值约为 14dB。通过比较这些数值以及加载条件下混响室校准的标准偏差曲线与空载条件下的结果,可以得到加载条件下 EUT 对场均匀性的影响。一般情况下,加载 EUT 会使混响室的场均匀性有所降低。

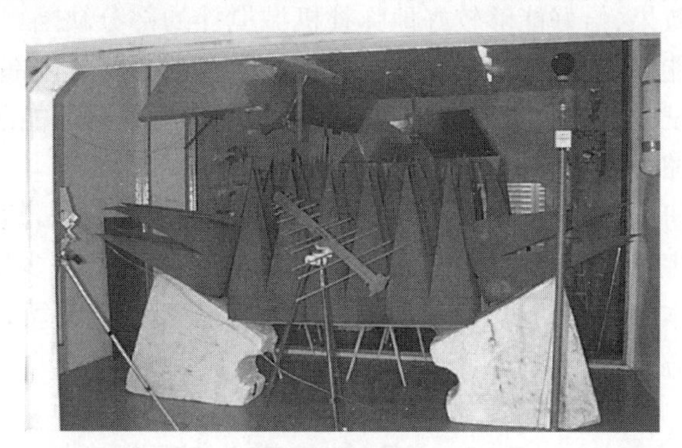

图 2-7　加载效应测试中的吸波材料布置(图片来源:IEC 61000-4-21)

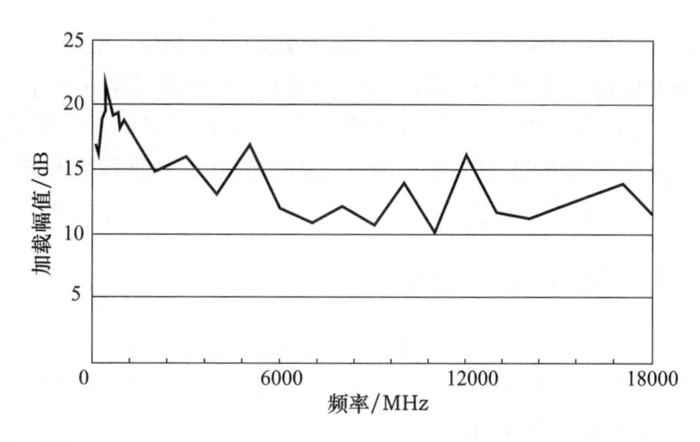

图 2-8　加载效应测试中得到的加载幅值与频率的关系(图片来源:IEC 61000-4-21)

第❸章

频率搅拌混响室理论与实现

机械搅拌作为混响室最典型的搅拌方式,技术上最为成熟,并被多个测试标准所认可。然而随着混响室技术的发展与各类测试活动的增多,机械搅拌逐渐暴露出诸多不足和不便,甚至不适用于某些测试场合。

频率搅拌作为机械搅拌的一种替代方式,由于只需控制激励信号的变化即可达到混波的效果,恰好能够较好地弥补机械搅拌的部分缺陷。尤其是该技术在腔体屏蔽效能测试中的成功应用,有效解决了在被测腔体内部安装搅拌器的难题。这一测试方法的突破,实现了较小体积腔体的屏蔽效能测试,并将测试时间由数小时缩短至数十分钟。

虽然国外研究已将频率搅拌技术推向了应用测试的阶段,然而其搅拌原理一直停留在物理意义解释的层面,频率搅拌的实现方式更是多种多样,场环境特性研究也基本停留在仿真验证阶段。因此,有必要明确频率搅拌原理,归纳频率搅拌实现方式,并对场环境特性进行全面检验。

3.1 混响室基本理论

通俗地讲,混响室就是在一个高品质因数的屏蔽体内,电磁波工作在过模状态,利用各种可行的方式改变其内部的场环境,从而形成各向同性、统计均匀和随机极化的场分布。混响室内为多模共存的叠加场,本节从模式分布表达式,模密度与品质因数带宽的关系出发,对混响室的工作原理进行阐述,为分析频率搅拌的工作原理打下基础。

3.1.1 混响室内电磁模式分布

混响室设计思想源于矩形波导谐振腔理论,因此可根据矩形谐振腔分析混响室内的场分布形态。对于如图 3-1 所示的矩形谐振腔,可利用波动方程或导行波的结论来求解其场分布。

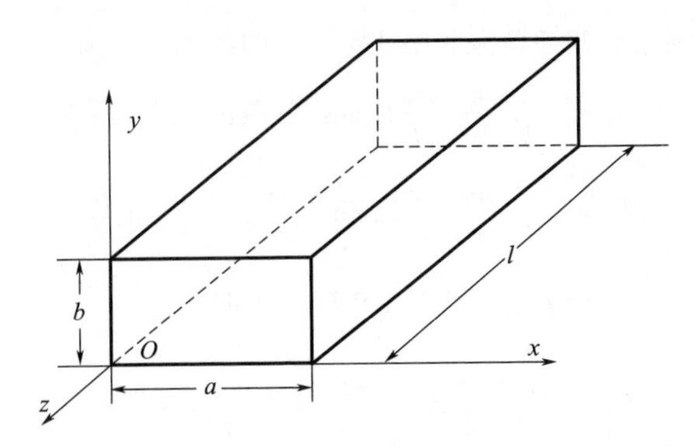

图 3－1　矩形谐振腔

将谐振腔视为宽、窄边分别为 a 和 b 的矩形波导的一段，谐振腔中存在的场必然是由矩形波导中传输波形演变而来的，当其传输 TE_{mn} 或 TM_{mn} 导行波时，用两块良导体将矩形波导的两端封闭，电磁波往复于两端板之间，调谐两端板间的距离可满足边界条件，使得两端板间的切向电场为零，形成驻波。因此谐振腔中振荡模式的场分量应为入射场分量（E_i^+，H_i^+）与反射场分量（E_i^-，H_i^-）叠加得到，即

$$\begin{cases} E_i = E_i^+ + E_i^- \\ H_i = H_i^+ + H_i^- \end{cases} \quad i = x, y, z \tag{3-1}$$

对于反射波，一方面，由于反射波传播方向与入射方向相反，所以应将波导入射波的场分量中指数函数中的指数 $-z$ 变为 $+z$；另一方面，在谐振腔的两端面上必须满足切向电场与法相磁场为零的边界条件，因此反射波的场分量的幅度将是入射波场分量的幅度 E_x、E_y、H_z 反号，而 E_z、H_x、H_y 不变。根据上述方法，当矩形波导中存在沿着 z 轴正向传播的 TE_{mn} 波时，可得到矩形波导谐振腔中 TE 模式的电磁场，如下：

$$\begin{cases} E_x = \dfrac{2\omega\mu}{k_c^2} \dfrac{n\pi}{b} H_0 \cos\dfrac{m\pi x}{a} \sin\dfrac{n\pi y}{b} \sin\dfrac{p\pi z}{l} \\ E_y = -\dfrac{2\omega\mu}{k_c^2} \dfrac{m\pi}{a} H_0 \sin\dfrac{m\pi x}{a} \cos\dfrac{n\pi y}{b} \sin\dfrac{p\pi z}{l} \\ E_z = 0 \\ H_x = \mathrm{i}\dfrac{2}{k_c^2} \dfrac{m\pi}{a} \dfrac{p\pi}{l} H_0 \sin\dfrac{m\pi x}{a} \cos\dfrac{n\pi y}{b} \cos\dfrac{p\pi z}{l} \\ H_y = \mathrm{i}\dfrac{2}{k_c^2} \dfrac{n\pi}{b} \dfrac{p\pi}{l} H_0 \cos\dfrac{m\pi x}{a} \sin\dfrac{n\pi y}{b} \cos\dfrac{p\pi z}{l} \\ H_z = -\mathrm{i}2H_0 \cos\dfrac{m\pi x}{a} \cos\dfrac{n\pi y}{b} \sin\dfrac{p\pi z}{l} \end{cases} \tag{3-2}$$

类似地,能够得到矩形波导谐振腔中TM模式的各场分量为

$$\begin{cases} E_x = -\dfrac{2}{k_c^2}\dfrac{m\pi}{a}\dfrac{p\pi}{l}E_0\cos\dfrac{m\pi x}{a}\sin\dfrac{n\pi y}{b}\sin\dfrac{p\pi z}{l} \\ E_y = -\dfrac{2}{k_c^2}\dfrac{n\pi}{b}\dfrac{p\pi}{l}E_0\sin\dfrac{m\pi x}{a}\cos\dfrac{n\pi y}{b}\sin\dfrac{p\pi z}{l} \\ E_z = 2E_0\sin\dfrac{m\pi x}{a}\sin\dfrac{n\pi y}{b}\cos\dfrac{p\pi z}{l} \\ H_x = \mathrm{i}\dfrac{2\omega\varepsilon}{k_c^2}\dfrac{n\pi}{b}E_0\sin\dfrac{m\pi x}{a}\cos\dfrac{n\pi y}{b}\cos\dfrac{p\pi z}{l} \\ H_y = -\mathrm{i}\dfrac{2\omega\varepsilon}{k_c^2}\dfrac{m\pi}{a}E_0\cos\dfrac{m\pi x}{a}\sin\dfrac{n\pi y}{b}\cos\dfrac{p\pi z}{l} \\ H_z = 0 \end{cases} \tag{3-3}$$

上述两式中:ε、μ 分别为谐振腔内部填充介质的介电常数和磁导率;ω 为角频率;k_c 为传播常数;E_0、H_0 分别为纵向电场、磁场分量的振幅,由激励条件决定;m、n、p 分别代表沿谐振腔内各边长方向的半波数目。

根据矩形波导的截止波长,可得谐振腔的谐振波长为

$$\lambda_{mnp} = \frac{2}{\sqrt{\left(\dfrac{m}{a}\right)^2 + \left(\dfrac{n}{b}\right)^2 + \left(\dfrac{p}{l}\right)^2}} \tag{3-4}$$

上式表明,谐振波长取决于谐振腔的几何尺寸与振荡模式。对一定尺寸的谐振腔,可对应许多个谐振模式,对某一模式,可调谐腔的长度,使之对应许多谐振频率,即矩形波导谐振腔具有多谐性。根据谐振波长可得各振荡模式对应的谐振频率为

$$f_{mnp} = \frac{c}{2}\sqrt{\left(\frac{m}{a}\right)^2 + \left(\frac{n}{b}\right)^2 + \left(\frac{p}{l}\right)^2} \tag{3-5}$$

式中:c 为光速。从上式可以看出,只有满足上式频率(即耦合进腔内的频率)的电磁场才能以 TE_{mnp}(或 TM_{mnp})振荡模的形式存在,可见腔体内的振荡频率是离散的。当 $a > b > l$ 时,对应的最低谐振频率为 f_{110}。

3.1.2 模式密度与品质因数带宽

矩形谐振腔内可存在的电磁模式有无限多个,且每一个波形都可单独存在于谐振腔中;由于在线性介质中波动方程是线性的,故不同模式的线性叠加也可以存在于谐振腔中,因此矩形混响室内的场分布也是由这些电磁模式叠加得到的。具体到哪些模式会显著影响到混响室的场分布,则由工作频率、模式密

度及混响室的品质因数带宽等共同决定。

由式(3－5)可知,随着模频率的升高,各模式之间的间隔越小。一定工作频率下混响室内模式数的估算式为

$$N(f)=\frac{8\pi abl}{3}\left(\frac{f}{c}\right)^{3}-(a+b+l)\frac{f}{c}+0.5 \tag{3-6}$$

对上式求导,可得模式数随频率的变化率,即模密度为

$$\frac{\mathrm{d}N}{\mathrm{d}f}=\frac{8\pi ablf^{2}}{c^{3}}-\frac{a+b+l}{c} \tag{3-7}$$

当工作频率 f 较大时,上式右边的最后一项相对第一项可以忽略掉,并表示为

$$\frac{\mathrm{d}N}{\mathrm{d}f}=\frac{8\pi Vf^{2}}{c^{3}} \tag{3-8}$$

上式表明,当混响室体积一定时,模密度与频率的平方成正比,随频率的升高而增大。

根据波导理论,当工作频率低于波导的截止频率时,不能满足传输条件而被衰减抑制。谐振腔内同样满足上述要求,当工作频率低于谐振腔的第一谐振频率 f_{110} 时,电磁波在谐振腔内无法形成振荡而迅速凋落掉。当工作频率高于某一模式的谐振频率后,那些较低的模式也满足传输条件,即使通过选择激励的方式使得源区的场分布尽可能接近某种高次模的场型,但仍不可避免基模和某些低次模的产生。即使激励出某种纯净的高次模,在传输过程中遇到凸起等都会激发出较低的模式。在多模共存的情况下,携带能量最多的电磁模式称为主模。

当混响室工作在某一频率下,理论上讲,模频率小于工作频率的模式都能够被激发出来,各模式携带了不等的能量,然而能量较多的模式对混响室的场分布贡献较大,某些携带能量较少的模式是可以被忽略的。距离工作频率越近的电磁模式越容易被激发出来,且成为主模,距离越远的模频率,被激发后所携带的能量越少。因此可以通过定义谐振腔的 3dB 带宽来衡量某模式所携带的能量是否显著,即用某模式的能量下降到主模的 1/2 时定义 3dB 带宽的大小,并且给出了混响室 3dB 带宽的大小为 f/Q,其中 Q 为混响室的品质因数,表征了混响室的储能能力。由于 3dB 带宽与混响室的 Q 值有关,因此也将其称为品质因数带宽,用符号 BWQ 表示。

当混响室工作频率为 f 时,根据模式密度的计算式可知,在品质因数带宽内激励起的模式数即有效模式数 N 为

$$N=\frac{\mathrm{d}N}{\mathrm{d}f}\mathrm{BWQ}=\frac{8\pi Vf^{3}}{c^{3}Q} \tag{3-9}$$

3.1.3 过模谐振下的混响工作原理

不同的混响室，品质因数 Q 与模式密度均不相同，为直观说明混响室的工作原理，图 3-2 给出了某混响室(几何尺寸为 10.5m×8m×4.3m)的模式分布图。

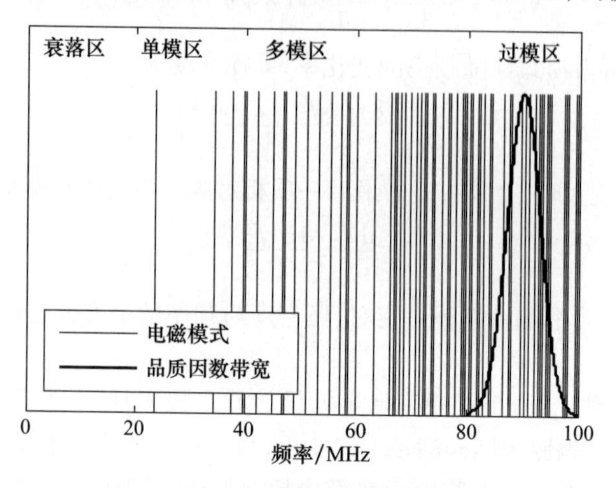

图 3-2 混响室波模分布

如图 3-2 所示，该混响室的第一谐振频率为 23.6MHz，当工作频率小于第一谐振频率时，电磁波会在混响室内迅速衰落掉。

当工作频率大于第一谐振频率，而小于第二谐振频率时，即工作频率在 23.6~34.2MHz 之间时，只有基模会被激发出来，此时混响室内呈现三维驻波场分布，电磁场是极不均匀的。该频段也常用于谐振腔器件的选频与滤波等。

随着工作频率的升高，混响室内的模式数增多，此时混响室处于多模状态，而品质因数带宽大于或接近模频率的间隔，因此最接近工作频率 f 的电磁模式占据了大部分能量，其他远离 f 的模式能量几乎可以忽略掉。因此，即使在多模状态下，混响室内仍呈现以 TE_{mnp} 或 TM_{mnp} 为主的三维驻波场分布。

随着工作频率的进一步升高，混响室内的模密度与品质因数带宽均变大，此时模频率之间的间隔远小于品质因数带宽，故在品质因数带宽内包含了多个模式数，这些模式均携带了较多的能量，此时混响室内不再是单一模式主导场分布，而是这些模式的叠加共同构成混响室内的场分布。由于不同模式间的波峰波谷间相互抵消，混响室内的场呈现出一定的均匀性，因此混响室要求工作在过模状态下。这也决定了混响室起始工作频率有一定的限制。

机械搅拌器的转动，改变了混响室的边界尺寸，同样改变了其内部的模式分布结构，因此随着搅拌器的转动，混响室内的场分布不断发生变化，在一定时间内即可形成统计意义的均匀场。然而改变混响室场环境的因素并不唯一，这也为频率搅拌实现对场环境的混响提供了可能。

3.2　频率搅拌的混响原理

混响室内的电磁场是一个典型理想边界下的本征值问题，由麦克斯韦方程可得混响室内满足

$$\nabla^2 \boldsymbol{E} - \mu_0 \varepsilon_0 \frac{\partial^2 \boldsymbol{E}}{\partial t^2} = \mu_0 \frac{\partial \boldsymbol{J}}{\partial t} \tag{3-10}$$

式中：$\boldsymbol{J}$ 为电流密度矢量；其他参数与式(3-2)一致。上式对应的时谐形式为

$$\nabla^2 \boldsymbol{E} + \omega^2 \mu_0 \varepsilon_0 \boldsymbol{E} = \mathrm{j}\omega\mu_0 \boldsymbol{J} \tag{3-11}$$

对应的齐次方程为

$$\nabla^2 \boldsymbol{E} + \omega^2 \mu_0 \varepsilon_0 \boldsymbol{E} = 0 \tag{3-12}$$

采用分离变量法并结合边界条件的限制，可得其本征解为

$$\begin{cases} E_x = \cos \dfrac{m\pi x}{a} \sin \dfrac{n\pi y}{b} \sin \dfrac{p\pi z}{l} \\ E_y = \sin \dfrac{m\pi x}{a} \cos \dfrac{n\pi y}{b} \sin \dfrac{p\pi z}{l} \\ E_z = \sin \dfrac{m\pi x}{a} \sin \dfrac{n\pi y}{b} \cos \dfrac{p\pi z}{l} \end{cases} \tag{3-13}$$

假设式(3-11)解的形式为

$$\boldsymbol{E} = \sum_{m,n,p} (c_{xmnp} A_{m'np} \boldsymbol{e}_x + c_{ymnp} A_{mn'p} \boldsymbol{e}_y + c_{zmnp} A_{mnp'} \boldsymbol{e}_z) \tag{3-14}$$

式中：$A_{m'np}$、$A_{mn'p}$、$A_{mnp'}$ 分别对应式(3-13)中各模式在 x、y、z 方向的电场值；c_{xmnp}、c_{ymnp}、c_{zmnp} 为对应的各模式前的系数；$\boldsymbol{e}_x$、$\boldsymbol{e}_y$、$\boldsymbol{e}_z$ 为 x、y、z 方向的矢量。

由于式(3-14)应满足式(3-11)，将其代入可得

$$\begin{cases} \nabla^2 E_x + \omega^2 \mu_0 \varepsilon_0 E_x = \sum\limits_{m,n,p} c_{xmnp} \left(-\left(\left(\dfrac{m\pi}{a} \right)^2 + \left(\dfrac{n\pi}{b} \right)^2 + \left(\dfrac{p\pi}{l} \right)^2 \right) + \omega^2 \mu_0 \varepsilon_0 \right) A_{m'np} = \mathrm{j}\omega\mu_0 J_x \\ \nabla^2 E_y + \omega^2 \mu_0 \varepsilon_0 E_y = \sum\limits_{m,n,p} c_{ymnp} \left(-\left(\left(\dfrac{m\pi}{a} \right)^2 + \left(\dfrac{n\pi}{b} \right)^2 + \left(\dfrac{p\pi}{l} \right)^2 \right) + \omega^2 \mu_0 \varepsilon_0 \right) A_{mn'p} = \mathrm{j}\omega\mu_0 J_y \\ \nabla^2 E_z + \omega^2 \mu_0 \varepsilon_0 E_z = \sum\limits_{m,n,p} c_{zmnp} \left(-\left(\left(\dfrac{m\pi}{a} \right)^2 + \left(\dfrac{n\pi}{b} \right)^2 + \left(\dfrac{p\pi}{l} \right)^2 \right) + \omega^2 \mu_0 \varepsilon_0 \right) A_{mnp'} = \mathrm{j}\omega\mu_0 J_z \end{cases} \tag{3-15}$$

式中：J_x、J_y、J_z 为电流密度矢量在 x、y、z 方向的电流密度。

由于各个模式相互正交，模式间没有功率与能量交换，即各模式相互独立，

$A_{m'np}$、$A_{mn'p}$、$A_{mnp'}$在混响室空间域内应满足

$$\frac{8}{abl}\int_0^a\int_0^b\int_0^l A_{mnp}A_{uvw}\mathrm{d}x\mathrm{d}y\mathrm{d}z = \begin{cases}1 & m=u,n=v,p=w\\0 & m,n,p\neq u,v,w\end{cases} \tag{3-16}$$

利用上式可求出模式系数的表达式如下：

$$\begin{cases}c_{xmnp} = \dfrac{c^2}{4\pi^2(f^2-f_{mnp}^2)}\dfrac{8}{abl}\iiint\limits_{\bar{r}\in D}\mathrm{j}\omega\mu J_x A_{m'np}\mathrm{d}x\mathrm{d}y\mathrm{d}z\\ c_{ymnp} = \dfrac{c^2}{4\pi^2(f^2-f_{mnp}^2)}\dfrac{8}{abl}\iiint\limits_{\bar{r}\in D}\mathrm{j}\omega\mu J_y A_{mn'p}\mathrm{d}x\mathrm{d}y\mathrm{d}z\\ c_{zmnp} = \dfrac{c^2}{4\pi^2(f^2-f_{mnp}^2)}\dfrac{8}{abl}\iiint\limits_{\bar{r}\in D}\mathrm{j}\omega\mu J_z A_{mnp'}\mathrm{d}x\mathrm{d}y\mathrm{d}z\end{cases} \tag{3-17}$$

从上式中可以看出，当工作频率f低于模频率f_{mnp}时，模式系数为负值，说明该模式会凋落掉，即无法被有效激发存在；当工作频率f愈加接近模频率f_{mnp}时，对应的模式系数愈大，说明该模式携带能量最多，并成为主模。各模式系数与混响室的工作频率、边界尺寸和激励源参数有关。

由于模式系数与工作频率有关，因此当混响室的工作频率变化较小时，品质因数带宽内的模式结构不会发生太大改变，而只是导致模式能量的重新分配；而当工作频率变化较大时，对应的品质因数带宽也会发生移动。因此落入品质因数带宽内的模式组合也会发生变化，加之模式能量的重新分配，最终导致叠加后的场环境发生改变，从而实现调节场环境的功能。

上述情况是假设激励源为单频信号，如果激励源信号在频域内为具有一定宽度的信号，根据傅里叶变换满足线性叠加的性质，容易想到信号带宽内的每一个频点均能够激励出对应品质因数带宽内的电磁模式，尤其是在信号带宽远大于品质因数带宽的情况下，大量模式的叠加有可能形成一种“实时均匀”的场环境，而非一段时间内统计均匀的场，这是机械搅拌方式所无法实现的。

3.3 频率搅拌混响室的实现方式

具体到频率搅拌的实现方式上，一种实现思路是使信号工作频率随时间变化，在不同频率下获得混响室内部的样本数据，从而得到一定时间段内“统计均匀”的场环境；另一种实现思路是从频域角度出发，要求激励信号的频谱具有一定的宽度，当信号带宽远远大于单一频率对应的品质因数带宽时，在该宽度内的电磁模式均被同时激发出来，从而获得“实时均匀”的场环境。而这也就要求该信号的功率谱密度在频带宽度内比较平坦，不能将信号能量集中在少部分频

点下。满足上述信号特征的有窄带高斯白噪声和调制信号等。而“统计均匀”场的实现途径可采用连续波扫频的方式,下面对上述频率搅拌的实现方式作重点讨论。

3.3.1　窄带高斯白噪声激励

高斯白噪声最显著的特点是信号的频域功率密度为一常数,而时域的幅值概率密度服从高斯分布。如果将高斯白噪声的功率谱密度限制在一定带宽内,而信号带宽外的功率谱密度为零,则可将其称为窄带高斯白噪声。利用窄带高斯白噪声激励混响室,使混响室内的频率成分丰富,是实现混响室“实时均匀场”的理想信号。

窄带高斯白噪声最直接的获取方式是将高斯白噪声源经过特定频段的带通滤波器。然而混响室作为一个测试场,要求窄带信号能够在任意频段内搬移,显然固定频段的带通滤波器是无法实现这一功能的。利用双边带抑制载波调制产生窄带高斯白噪声信号不失为一种较为实用的方法。该方法原理如下,假设对原始信号 $x(t)$ 进行处理

$$y(t) = x(t)\cos(2\pi f_c t + \varphi) \tag{3-18}$$

式中:f_c 为载波频率;φ 为初始相位;$y(t)$ 为调制后的信号。假设 $x(t)$ 的频谱为 $X(\omega)$,经过调制后的频谱 $S(\omega)$ 为频谱搬移到 ω_c 处,即

$$S(\omega) = (X(\omega + \omega_c) + X(\omega - \omega_c))/2 \tag{3-19}$$

利用该方法,将高斯白噪声首先经低通滤波器形成带宽为 $0 \sim \Delta\omega$ 的窄带信号,该信号即为原始信号 $x(t)$,然后采用双边带抑制载波调制,可将信号的频谱搬移到以载波 f_c 为中心的频段。信号产生原理框图及每一步对应的频谱如图 3-3 所示。

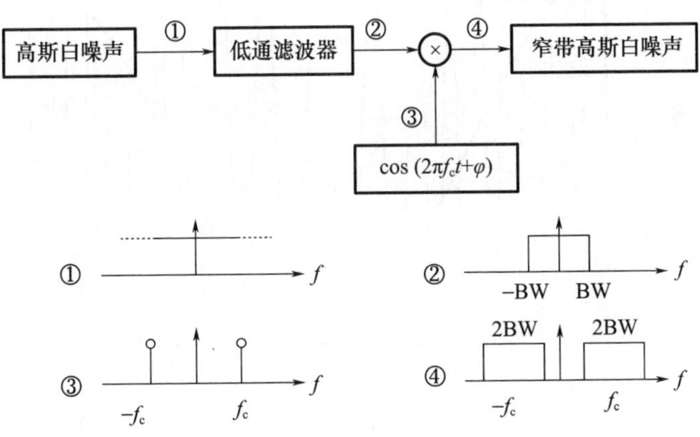

图 3-3　窄带高斯白噪声信号产生原理图

从上图可以看出,信号频域带宽的大小可由低通滤波器来控制选取,通过设置载波频率 f_c,可以将其向任意频段实现搬移,用于混响室不同频率下的电磁兼容测试。

3.3.2 非线性调制信号激励

非线性调制又称为角度调制或调角,可分为频率调制(frequency modulation,FM)与相位调制(phase modulation,PM)两种,其特征为在调制时,载波的频率(或相位)随调制信号变化。非线性调制并非幅度调制对原信号频谱进行线性搬移,而是会产生与频谱搬移不同的频率成分,因此利用非线性调制信号激励混响室,其内部能够产生多个频率分量,且各频率分量的谱密度接近,进而激励起更多的模式,并形成“实时均匀”的场环境。

调频和调相之间为微分与积分的关系,如果调制信号先微分后调频,则得到调相波,如果调制信号先积分后调相,则得到调频波。由于实际使用时很少采用调相制,因此这里重点对调频信号的产生方式进行讨论。

假设调制信号为单一频率正弦波,即

$$m(t) = A_m \cos(2\pi f_m t) \tag{3-20}$$

式中:A_m 为信号幅值;f_m 为正弦波频率。根据角度调制的基本原理,可得到调频信号

$$S_{FM}(t) = A_c \cos\left(2\pi f_c t + \frac{\Delta f}{f_m}\sin 2\pi f_m t\right) \tag{3-21}$$

式中:A_c、f_c 分别为载波幅值与频率;Δf 为最大频偏。图 3-4 给出了 $A_m = 5\text{V/m}$,$f_c = 100\text{kHz}$,$f_m = 5\text{kHz}$ 下的调制信号图。

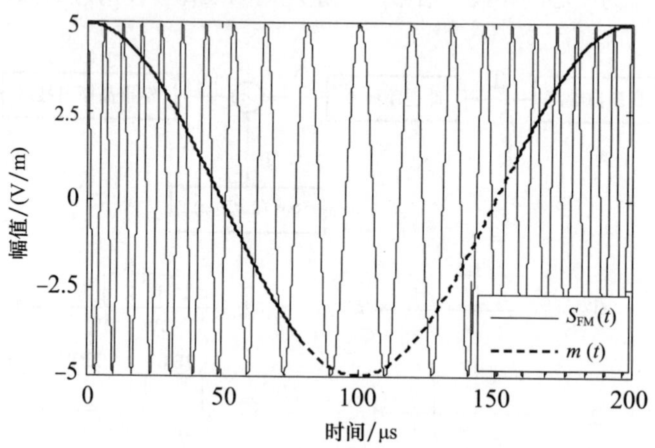

图 3-4 时域的正弦信号与调频信号

对调制后的信号进行傅里叶变换,可以得到其对应的频域表达式

$$S_{\mathrm{FM}}(\omega) = \pi A \sum_{-\infty}^{+\infty} \mathrm{J}_n(m_f)[\delta(\omega - \omega_c - n\omega_m) + \delta(\omega + \omega_c + n\omega_m)] \quad (3-22)$$

式中:$\mathrm{J}_n(m_f)$为第一类 n 阶贝塞尔函数。式(3-22)中,调频信号的频谱由载波分量 ω_c和无数边频 $\omega_c \pm n\omega_m$ 组成,然而边频幅度 $\mathrm{J}_n(m_f)$随 n 的增大逐渐减小,因此取适当的 n 值可使边频分量小到可以忽略的程度,调频信号近似为有限谱。通常认为频带宽度应包括幅度大于未调载波的 10% 以上的边频分量,故调频波的有效带宽为

$$B_{\mathrm{FM}} = 2(\Delta f + f_m) = 2\left(\frac{\Delta f}{f_m} + 1\right)f_m \quad (3-23)$$

虽然在相同带宽下,非线性调制信号的频谱分量没有高斯白噪声的丰富,场均匀性相对差一些,但是非线性调制信号在工程测试领域的生成方法相对容易,应用起来也更为简便。

3.3.3　连续波扫频激励

窄带高斯白噪声激励和非线性调制信号激励的频率搅拌实现方式均基于激励信号在一定带宽内包含丰富的频谱成分,使得混响室内最终形成理想实时均匀的测试场环境。如果回归机械搅拌混响室的设计初衷,使得工作频率随时间变化,将频率变化视为搅拌器随时间的转动,获取不同工作频率下的场环境样本,则样本总体同样可以呈现出统计均匀场分布特性。

如果仅从统计均匀场的样本来源出发,工作频点随时间的改变方式可以是任意的,即可按照某一规律变化,甚至也可随机变化频点。但混响室一般是从频域角度对测试结果进行评估,这就要求工作频率尽可能在较小的带宽内变化。因此,可以事先设定好感兴趣的测试频段,并在该频段内控制信号频率变化,而连续波扫频方式恰好能够满足这种要求。

所谓连续波扫频是指输出的正弦波信号的频率随时间在一定范围内变化,而幅度则保持不变。扫频信号的扫频带宽与扫频时间均可视情况而定,按扫描频点的间隔变化规律,可将扫频方式分为线性扫频、对数扫频和指数扫频等。

图 3-5 和图 3-6 分别给出了线性扫频和指数扫频方式下的信号波形与对应的时频图。可以看出,线性扫频信号的时域波形变化较为显著,其对应的时频图表明信号频率随时间成线性变化。而指数扫频信号的时域波形随时间变化不够明显,这也是由于信号频率呈指数变化,在起始时间段内频率变化率较小导致的。

连续波扫频方式下,某一频点激励起的模式数虽然相对较少,但在扫频时

间段内激励出的总模式数并不少于窄带高斯白噪声与调制信号激励的模式数，因此，统计均匀场在某种程度上讲并不输于实时均匀场。一般信号源设备均自带扫频功能，可直接实现线性扫频或对数扫频，因此只需设定好起始与终止频率、扫频时间等参数，无需对信号进行额外处理，即可输出使用，实现方式最为快捷简单，具有很强的实用性。

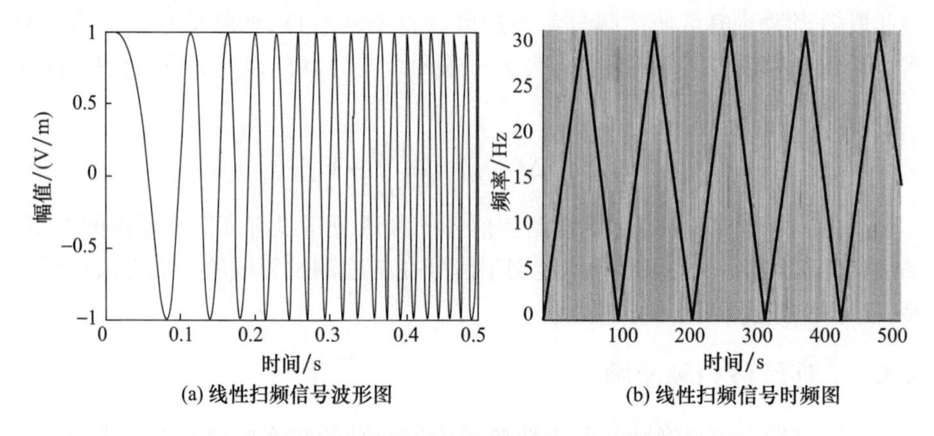

(a) 线性扫频信号波形图　　(b) 线性扫频信号时频图

图 3－5　线性扫频信号波形图与时频图

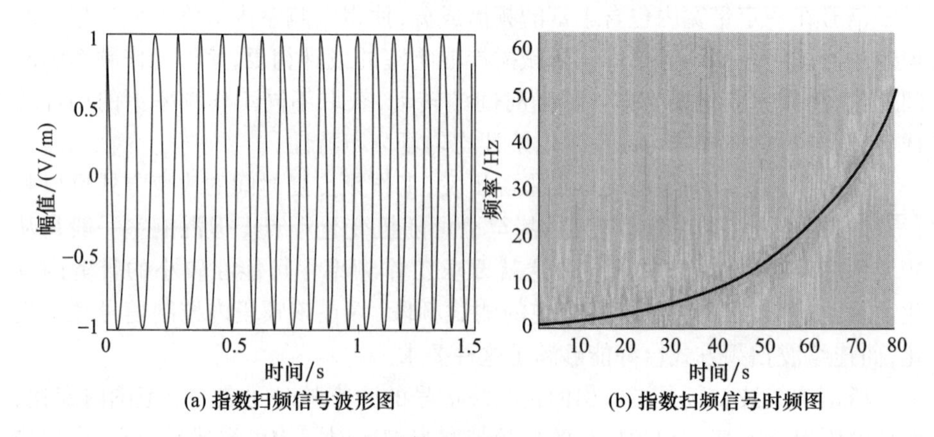

(a) 指数扫频信号波形图　　(b) 指数扫频信号时频图

图 3－6　指数扫频信号波形图与时频图

3.3.4　线性扫频搅拌方案确定

“实时均匀”的场环境是机械搅拌混响室无法达到的，其实现方式也更为复杂，对设备的性能指标要求也更高。而连续波扫频的实现方式则要容易得多，且扫频搅拌与机械搅拌效果从物理意义上更加接近，搅拌器随时间转动改变混响室的物理边界条件，工作频率随时间的变化即改变混响室的电学尺寸，意义相对清晰。

具体到扫频方式的选择上，由图3－5与图3－6中的信号特征可知，在较小的带宽内，无疑使用线性扫频更为合理，因为指数与对数这两种非线性扫频方式，会导致测试频点过多地集中在信号起始或结束时间段内，容易造成样本数据彼此关联，而在统计学上是需要保证样本数据的相互独立。

线性扫频搅拌方式实现简单快捷，无需添加除信号源外的其他辅助设备，相对传统机械搅拌方式具有诸多优势，具体概括见表3－1。

表3－1　频率搅拌混响室优点说明

优点	说明
无需搅拌器	混响室内部更加规则，降低了理论分析难度，简化了仿真模型，节省了搅拌器制作、维护的资金，且增加了测试空间的体积
简化控制系统	主控机无需控制电机转动，降低混响室控制与处理的复杂度
混响室形状任意	实现了小体积或模拟飞机腔体等异性混响室内的电磁搅拌
降低测试时间	使得宽频带下的测试活动由几小时降低到数十分钟内
丰富测试频点	测试标准要求机械搅拌下以1%的频率步长测试设备，这造成大量频点下的测试信息丢失。扫频搅拌方式几乎可获取全频段下的测试信息

然而，应该注意到频率搅拌需要激励信号具有一定的带宽，非零带宽则成为频率搅拌一个无法回避的现实问题，这造成的直接后果就是使得测试频率的分辨率降低了。例如，需要测试某设备在500MHz下的性能指标，如果选取10MHz的搅拌带宽，则需在495～505MHz频段内进行频率搅拌，并将该频段下的测试结果视作设备在500MHz下的性能表现。因此在满足测试场性能指标的前提下，搅拌带宽的选取应尽可能小。

3.4　线性扫频搅拌混响室性能分析

本节对线性扫频搅拌方式下的场搅拌效果能否满足混响室测试场的相关性能指标，进行深入分析与试验验证，从而验证该技术的可用性。

3.4.1　最低可用频率分析与试验验证

工作在过模状态下的混响室对起始工作频率提出了要求，混响室的起始工作频率也称为混响室的最低可用频率（low usable frequency，LUF）。LUF是评价混响室的一个重要参数，它决定了混响室内开展电磁兼容测试活动的低频范围。相关研究表明，LUF主要受混响室的体积与结构影响，而提高搅拌效率亦是改善混响室低频性能的一种有效手段。由于混响室的过模状态难以精确限定,因此 LUF 的判定方法并不是十分严格,但 LUF 应保证混响室达到统计均匀的场环境。经过学者们大量的试验总结,逐渐形成了三种对 LUF 预判的方法。一是要求 LUF 至少应是混响室最低谐振频率的 3 ~4 倍;二是 LUF 应保证混响室内至少存在 60 个谐振模式(美军标 MIL – STD – 461F 要求至为 100 个);三是要求 LUF 下的模式密度至少达到 1.5 个/MHz。

由于线性扫频搅拌方式与步进模式下的机械搅拌模式物理意义相似,均需要保证落在品质因数带宽内的模式数足够多,才能够有效改变其模式组合形式。据此可以推测,对同一混响室,频率搅拌与机械搅拌应具有近似的 LUF。为验证上述猜想,在某型机械混响室内设计试验,对频率搅拌方式下的 LUF 进行确定。试验用混响室在机械搅拌方式下的 LUF 约为 80MHz,满足最低谐振频率 3 ~4 倍的原则。

根据混响室电场统计均匀的特点,混响室任意点标量电场均值是一个位置无关的常数,因此任一点电场值在搅拌过程中应围绕理想均值上下波动。利用该性质,试验设计利用矢量网络分析仪(VNA)连接置于混响室内的发射与接收天线,并测试收、发天线间的散射参数 S_{21},该参数正比于混响室内的场强值(比例系数这里暂不讨论),根据 S_{21} 的波动规律即可大致确定混响室的起始工作频率。

试验方案如图 3 –7 所示。试验使用的矢量网络分析仪型号为 E5061A,工作频带为 300kHz ~1.5GHz。设置矢量网络分析仪工作在连续波(continuous wave,CW)状态,此时矢量网络分析仪输出激励信号的频率与功率固定,通过转动搅拌器,可获得机械搅拌方式下的接收响应信号 S_{21} 随时间变化的曲线;设置矢量网络分析仪工作在频域扫描状态,选用线性扫频模式,设置扫频间隔与扫频带宽等参数后,即可获取线性扫频搅拌方式下的接收响应信号 S_{21} 随时间变化的曲线。试验首先选用对数周期天线,测试了 500MHz 下混响室机械搅拌与频率搅拌方式下 S_{21} 波动曲线,部分测试场景如图 3 –8 所示。

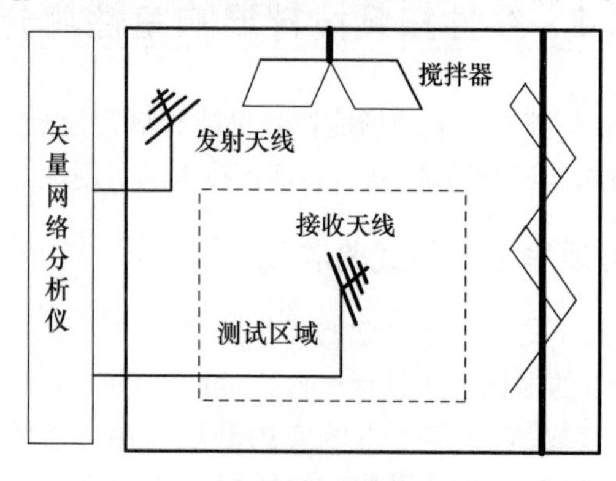

图 3 –7　最低可用频率试验配置

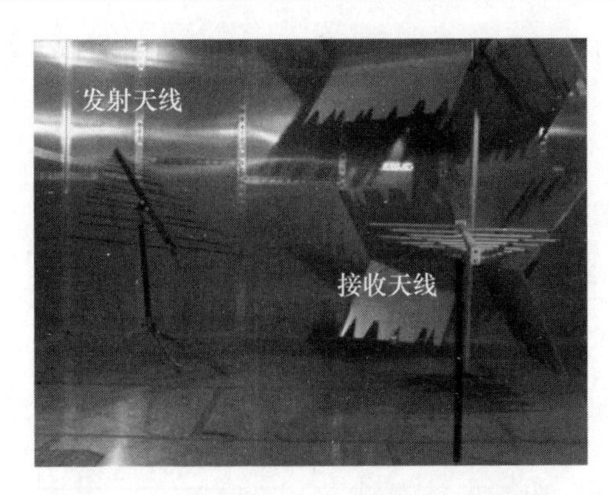

图 3－8　混响室内 S_{21} 参数测试场景图

在 500MHz 工作频率下的测试结果如图 3－9 所示，其中图（a）为搅拌器旋转一周（20s）测得的 S_{21} 曲线，图（b）为 500～530MHz 带宽内（0.2MHz 扫频间隔）线性扫频测得的 S_{21} 曲线。从图中可以看出两种方式的搅拌效果基本一致，且测试数据均在－20dB 上下波动，这说明 500MHz 并非二者的最低可用频率。

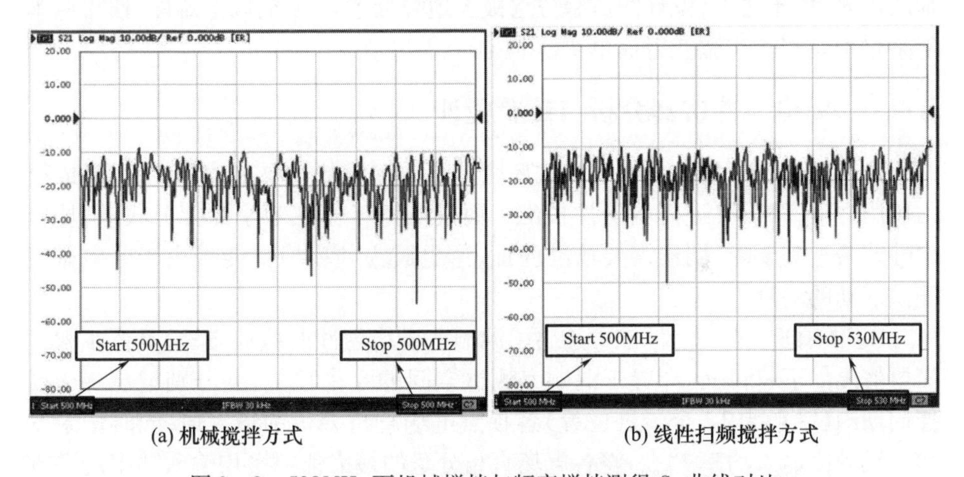

(a) 机械搅拌方式　　(b) 线性扫频搅拌方式

图 3－9　500MHz 下机械搅拌与频率搅拌测得 S_{21} 曲线对比

为进一步寻找到频率搅拌方式下的 LUF，逐渐降低频率搅拌的测试频段。当选用低频双锥天线，仍采用 0.2MHz 的扫频间隔，测试混响室在 25～150MHz 频段下的 S_{21} 数据，测得的曲线如图 3－10 所示。从图中可以看出，当混响室工作频率低于 80MHz 时，S_{21} 参数随频率呈现一定的波动并逐渐升高，并没有在某一固定均值附近上下波动，因此不能够满足场均匀性与统计特性。当工作频率达到 80MHz 附近时，S_{21} 的值开始在－20dB 处随机波动，混响室开始进入正常的工作状态，这也是混响室内由凋落模逐渐过渡到多模状态的一个具体体现。基于此，基本能够认定频率搅拌方式下混响室的 LUF 为 80MHz,与机械搅拌方式基本是相同的。

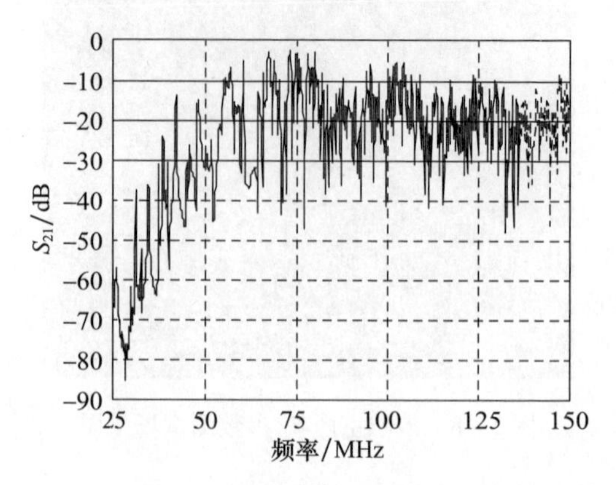

图 3-10　频率搅拌下混响室低频段 S_{21} 测试曲线

当工作频率低于 LUF 时,也可以通过验证场混响室均匀性的方法来寻找 LUF,但是检验混响室场均匀性的工作量巨大,而 LUF 本身就没有一个严格清晰的边界,相比之下,设计的试验方法极大地降低了 LUF 的确定难度,使得原本复杂繁琐的实验步骤变得简单快捷。

3.4.2　场均匀性仿真分析与试验验证

能够提供统计均匀的电磁测试环境是混响室的基本要求,混响室在建成投入使用之前,就需要进行均匀性校准。而混响室工作在频率搅拌方式下,场均匀性能否达到要求,同样需要校准验证,这也成为频率搅拌能否用于电磁兼容测试活动的关键。

IEC 61000-4-21 标准中给出了混响室场均匀性的检验方法,具体步骤可简要概况如下:将场强计置于混响室测试空间的 8 个顶点,并分别记录一个搅拌周期内(一般为 12 个步进位置)各顶点电场直角分量的最大值,同时记录发射天线的净输入功率 P_{Input},将各电场直角分量的最大值对平均输入功率的平方根进行归一化,即

$$\overline{E}_{\text{Max\_}R} = \frac{E_{\text{Max\_}R}}{\sqrt{P_{\text{Input}}}} \tag{3-24}$$

式中:R 分别代表 x、y 和 z。对各电场归一化直角分量求标准偏差,即

$$\sigma_R = \sqrt{\frac{\sum(E_R - \langle E_R \rangle)^2}{8-1}} \tag{3-25}$$

式中:$\langle\rangle$ 表示对数据取平均值。对所有(24 个)电场归一化最大直角分量求标准偏差,即

$$\sigma = \sqrt{\frac{\sum(\overline{E}_{x,y,z} - \langle \overline{E}_{x,y,z} \rangle)^2}{24-1}} \tag{3-26}$$

以相对平均值的对数形式描述标准偏差，将方差用 dB 表示为

$$\sigma(\mathrm{dB}) = 20\lg \frac{\sigma + \langle \overline{E}_{x,y,z} \rangle}{\langle \overline{E}_{x,y,z} \rangle} \tag{3-27}$$

当工作频率高于 10 倍最低可用频率时，只需选取测试区域的 3 个顶点数据进行处理即可。如果各电场直角分量的标准差与总体的标准差均满足表 3－2 规定的场均匀性要求，则可认为混响室场环境是均匀的。

表 3－2　场均匀性容差要求

频率范围	标准容差要求
80～100MHz	4dB
100～400MHz	100MHz 时的 4dB 线性下降到 400MHz 时的 3dB
>400MHz	3dB

注：每 10 倍频程最多允许 3 个频点的标准差超过容差要求不到 1dB。

上述标准同样可以用于频率搅拌下的场均匀性检验，因为搅拌带宽内的不同频点即对应了机械搅拌的不同搅拌位置。下面将从仿真与实测两方面考察频率搅拌方式下的场均匀性是否达标。

3.4.2.1　场均匀性仿真分析

利用仿真方法检验混响室的场均匀性，可合理预判频率搅拌效果，也为后续实测校准中的扫频间隔等参数设置提供指导。利用电磁计算软件 FEKO 6.0 建立 1：1 的混响室仿真模型，并根据场均匀性校准方法，计算测试区域顶点的电场值。实际混响室与仿真模型如图 3－11 所示，混响室测试区域大小为 5.5m×4m×2.3m。

场均匀性校准程序严格规定了各频段内的频点数，但根据经验可知，如果低频段的场均匀性满足要求，高频段的场均匀性会更好，这也是由于频率升高混响室内模密度增大的缘故。综合考虑仿真计算量与计算时间等因素，这里只选取 100MHz、150MHz 与 200MHz 3 个频点对混响室频率搅拌方式下的场均匀性进行验证。

3 个工作频点的搅拌带宽分别选取 10MHz 与 20MHz（工作频点位于搅拌带宽的中心），扫频间隔设置为 0.4MHz。将扫频带宽看作机械搅拌器旋转一周，10MHz（20MHz）带宽内得到的 26（51）个扫频点数对应机械搅拌器的 26（51）个步进位置。

设置输入功率为 1W，计算工作区域 8 个顶点坐标的场强值。混响室模型按照面单元 $\lambda/6$、线单元 $\lambda/15$、线单元半径 $\lambda/150$（λ 为电磁波波长）的标

准剖分网格。根据前文所述场均匀性校准的数据处理方法,对仿真得到的各顶点归一化场强直角分量最大值进行处理,各分量的标准偏差与总的标准偏差值如表 3-3 所列。

(a) 实际混响室

(b) 混响室仿真模型

图 3-11　实际混响室与仿真模型

表 3-3　频率搅拌下仿真电场值各分量标准偏差值

中心频点/MHz	搅拌带宽/MHz	σ_x/dB	σ_y/dB	σ_z/dB	$\sigma_{x,y,z}$/dB
100	10	2.14	1.29	2.21	3.28
	20	1.71	1.48	4.26	3.16
150	10	0.75	1.79	1.70	2.71
	20	1.01	1.61	1.92	2.40
200	10	1.40	1.99	2.63	2.27
	20	1.36	1.02	2.36	2.17

将表 3-3 中的数据对比场均匀性容差要求,除 $f=100$MHz、$B_W=20$MHz 下的 σ_z 超过 4dB 外,其余均满足要求。随着工作频率的升高,同一搅拌带宽下的各标准偏差基本呈降低趋势,这证明了场环境随频率升高是愈加均匀的;并且同一工作频率下,20MHz 搅拌带宽下的标准偏差相对更小,这说明更大的搅拌带宽能够获得更好的场均匀性,这也是由于搅拌带宽增大,激励的总模式数目增多,能够提供的样本容量增加的缘故。

3.4.2.2　场均匀性试验验证

场均匀性仿真结果表明混响室频率搅拌方式下场均匀性是满足要求的。本小节将在实际混响室内检验频率搅拌方式下的场均匀性能是否满足要求,并与机械搅拌方式下的场均匀性进行比较,进一步对频率搅拌的搅拌效率作出评价。

受仿真计算量的限制只计算了低频段 3 个中心频点下的场均匀性标准偏差，为验证场均匀性随频率升高变好的结论，将测试频点进一步提升，选取 100MHz、200MHz、400MHz 和 800MHz 4 个频点对自建混响室的场均匀性进行检验。频率搅拌方式下，根据频率升高场均匀性越好以及搅拌带宽越大场均匀性越好的仿真结论，确定场均匀性测试中的搅拌带宽与搅拌间隔设置如下：

（1）100MHz、200MHz 下搅拌带宽设置为 10MHz，扫频间隔为 0.5MHz，采样数为 21 个；

（2）400MHz、800MHz 下搅拌带宽设置为 6MHz，扫频间隔为 0.3MHz，采样数为 21 个。

为与机械搅拌效率进行对比，在各测试频点下，搅拌器分别步进 21 个搅拌位置，同时对机械搅拌方式下的场均匀性进行检验。

按照混响室场均匀性校准规范，在混响室内构建试验系统，系统配置如图 3－12 所示。其中 SML 01 型信号源工作频段为 10MHz～1GHz，自带线性扫频功能；对数周期天线有效辐射频段 80MHz～2GHz；利用双向功率计记录天线的净辐射功率 P_{Input}。

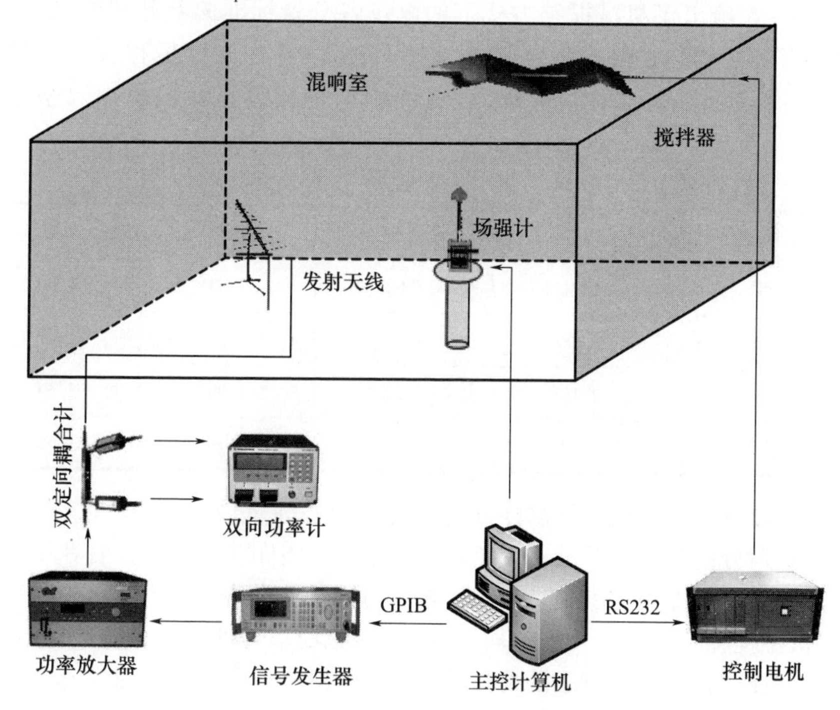

图 3－12　混响室场均匀性校准试验配置图

分别记录机械搅拌与频率搅拌方式下工作区域各顶点测试数据，需要注意的是，在频率搅拌方式下，要求保持搅拌器静止，避免场环境受到机械搅拌的影响。按照 IEC 61000 – 4 – 21 规定的场量标准偏差计算方法处理测试数据。表 3 – 4 给出了频率搅拌方式下的数据处理结果。

表 3 – 4　频率搅拌下实测电场值各分量标准偏差值

工作频率/MHz	σ_x/dB	σ_y/dB	σ_z/dB	$\sigma_{x,y,z}$/dB
100	2.23	1.25	1.60	0.97
200	3.81	1.85	1.31	0.93
400	2.22	2.26	1.50	1.47
800	2.76	1.80	1.47	1.11

从表 3 – 4 可以看出，电场各分量的标准偏差与总的标准偏差均满足混响室场均匀性容差要求，并且证明了随频率升高，场均匀性变好的结论。试验数据进一步证明，频率搅拌能够形成满足测试要求的均匀场环境，这与仿真结论是一致的。

表 3 – 5 给出了机械搅拌方式下的电场各分量标准偏差计算结果，在各测试频点下场均匀性同样满足要求。对比表 3 – 4 中频率搅拌方式下的标准偏差计算数据，数据间非常接近，这说明两种搅拌方式的搅拌效率难分优劣。

表 3 – 5　机械搅拌下实测电场值各分量标准偏差

频率/MHz	100	200	400	800
σ_x/dB	1.91	2.02	1.63	0.80
σ_y/dB	3.68	1.37	1.55	1.47
σ_z/dB	2.16	1.69	2.00	1.18
$\sigma_{x,y,z}$/dB	2.60	2.12	1.79	1.19

为更加直观地比较两种搅拌方式下场均匀性孰优孰劣，图 3 – 13 给出了电场各直角分量与总的标准偏差测试曲线。从图中可以看出，二者在不同频点与方向上的标准偏差互有大小，但场均匀性的走势是一致，即随着频率的升高，机械搅拌与频率搅拌效率均增强，对应的场均匀性变好。因此，可以认为频率搅拌与机械搅拌方式的搅拌效率不相上下，取得的场均匀性基本是一致的。

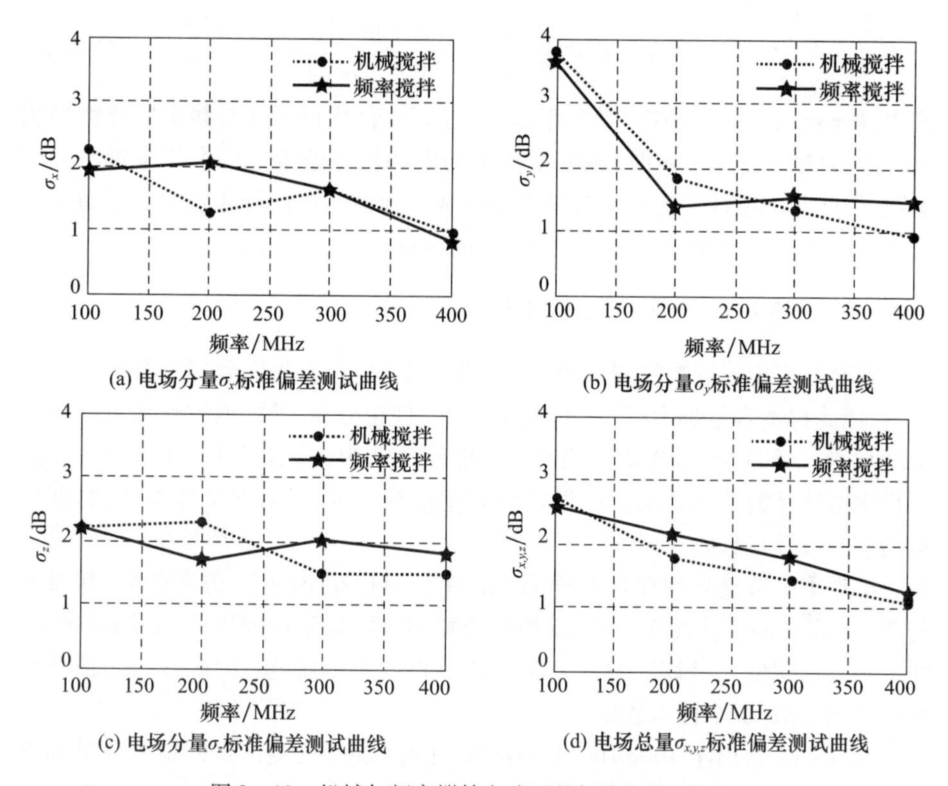

(a) 电场分量σ_x标准偏差测试曲线

(b) 电场分量σ_y标准偏差测试曲线

(c) 电场分量σ_z标准偏差测试曲线

(d) 电场总量$\sigma_{x,y,z}$标准偏差测试曲线

图 3－13　机械与频率搅拌方式下的场均匀性对比图

3.4.3　统计特性仿真分析与试验验证

混响室内的电磁场被不断搅拌,最终形成空间各点标量电场均值处处相等的场环境。从时域上看,电场值围绕均值上下变化,呈现波动特性,可视为一个随机过程。场值的波动规律即构成了混响室的统计特性,而电磁统计特性一直是混响室领域的一个研究热点,因为电磁波在各壁面来回反射,本身就是一个多径传播的场环境,明确其内部场分布模型,可在混响室内开展多输入多输出(multiple－input multiple－output,MIMO)系统的信道容量与多径散射效应等测试,而混响室内大部分的电磁兼容测试活动也是基于统计意义上的测试,因此统计特性同样是评价混响室性能的一个重要指标,在相关测试应用中起着重要的作用。

David A. Hill 利用平面波积分的方式证明了电场参数服从的理论分布模型,其中电场各直角分量的模值常用于检验混响室统计特性,因为在电场直角分量的基础上能够进一步推导出总电场值、电场功率值等参数服从的分布模型。混响室内电场直角分量的模值服从两个自由度的χ分布,亦称瑞利分布,其概率密度函数为

$$f(|E_R|)=\frac{|E_R|}{\sigma^2}\exp\left(-\frac{|E_R|^2}{2\sigma^2}\right) \tag{3-28}$$

式中：$R=x,y,z$；σ 为分布参数。根据前文的分析，机械搅拌与频率搅拌物理意义近似，且输出功率一定时，频率搅拌下的电场均方值也为一个与位置无关的常数，因此频率搅拌下的场量与机械搅拌服从同样的统计分布模型。下面同样从仿真与实测两方面对频率搅拌混响室的统计特性进行验证。

3.4.3.1 场量统计特性仿真分析

在对频率搅拌混响室的场量统计模型检验之前，首先需要确定合理的样本容量，因为样本容量越大，其分布规律愈加与理论分布一致，而容量太大又势必会增加测试计算量，造成资源浪费。一般经验认为，样本容量大于 30 时，才能满足模型估计的基本要求。这里选取频率搅拌方式下的 50 个样本值，对混响室场分布特性进行研究。

根据上一节建立的混响室模型（如图 3－11（b）所示），仿真选取 100MHz 与 200MHz 中心工作频率，20MHz 搅拌带宽，0.4MHz 步进间隔（扫频间隔越大，样本独立性越好），计算混响室工作区域中心点的场强值。因此在一个搅拌周期内能够获取 51 个样本数据。

图 3－14 给出了 100MHz 与 200MHz 工作频率下，测试点电场 x 分量幅值 $|E_x|$ 样本的经验累计分布函数（empirical cumulative distribution function，ECDF）与其对应的理论瑞利累计分布函数（cumulative distribution function，CDF）。其中理论分布函数中的 σ 参数，采用最大似然估计方法确定。从图中可以直观看出，当工作频率为 100MHz 时，ECDF 与 CDF 之间的拟合效果存在着一定的差距，如图 3－14（a）所示；而频率升高到 200MHz，ECDF 与 CDF 曲线之间的拟合效果已经比较理想，如图 3－14（b）所示。

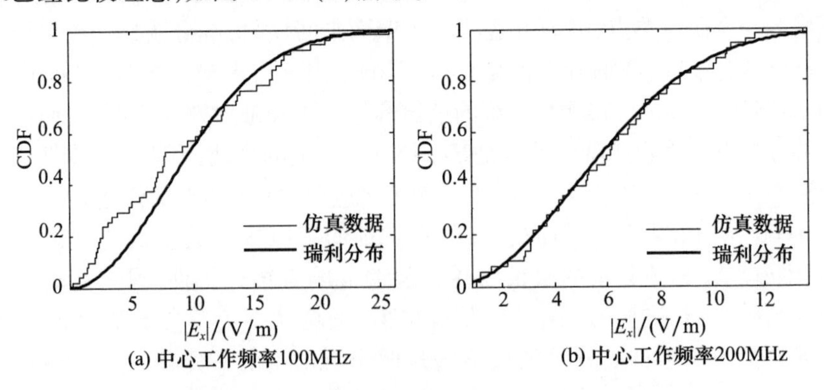

图 3－14　仿真样本数据的 ECDF 与 CDF 曲线

为进一步精确检验 $|E_x|$ 样本数据是否满足瑞利分布，可采用拟合优度方法进行检验。拟合优度检验方法一般可分为两类，一类是基于概率密度分布的检验，例如 χ^2 拟合度测试，但该方法受样本数据的分区影响较大，比较适合大样本容量下的检测；另一类则是基于累计分布函数的检验，通常以 ECDF 与 CDF 之间的差值衡量拟合度，例如柯尔莫戈洛夫 – 斯米诺夫（Kolmogorov – Smirnov，K – S）检验，该方法尤其适用于小样本检测。K – S 检验中 ECDF 与 CDF 之间的最大差值定义为

$$D = \max(|F_E(x) - F(x)|) \tag{3-29}$$

式中：$F_E(x)$ 与 $F(x)$ 分别代表样本 x 对应的经验累计概率与理论累计概率值；统计量 D 所对应的显著水平 P 由可靠性分布函数 Q_{ks} 得到

$$P(D) = Q_{\mathrm{ks}}(\lambda) = 2\sum_{i=1}^{\infty}(-1)^{i-1}\exp(-2i^2\lambda^2) \tag{3-30}$$

其中，

$$\lambda = \left(\sqrt{N_{\mathrm{e}}} + 0.12 + \frac{0.11}{N_{\mathrm{e}}}\right) \quad N_{\mathrm{e}} = \frac{mn}{m+n} \tag{3-31}$$

显然，若样本的经验累计概率与理论累计概率值差别很小时，统计量 D 趋于 0，P 趋于 1，反之亦然。这里运用 K – S 检验法对图 3 – 14 中的曲线拟合优度作进一步的评价，显著水平 P 选取为 95%，运算结果返回 1 或 0 表明样本数据是否服从假设模型。

仿真数据的 K – S 检验结果表明，在 100MHz 与 200MHz 工作频率下的 $|E_x|$ 样本数据均能够满足瑞利分布，但 100MHz 下的样本拟合效果要逊于 200MHz。原因是在低频段，混响室内模式数目不够丰富，场波动随机性不够大，样本数据间可能存在一定的相关性，并非是完全独立的。当频率升高到 200MHz 后，样本数据的随机性更强，拟合样本数据分布更加趋于理想分布，使得高频段的统计特性得到改善。

3.4.3.2　场量统计特性试验验证

仿真结果在一定程度上证明了频率搅拌方式下混响室场量统计特性与机械搅拌一致的结论，本小节将在混响室内设计试验，对场量分布模型作进一步检验。在试验设计环节，获取电场直角分量最简单的方法就是将场强计放置于混响室的测试区域，直接读取测试点的电场各分量值。该方法类似于混响室场均匀性验证实验，然而场强计存在的普遍问题是测试的灵敏度较差，单一频点下场强计示数稳定往往就需要数秒钟的时间，这比机械搅拌器的转动时间还要久。采用场强计获取场强值，频率搅拌方式下的测试时间与机械搅拌不分上

下，无法凸显出频率搅拌测试速度快的优点。

针对上述问题，试验方案放弃使用场强计，仍旧利用矢量网络分析仪连接混响室的收、发天线并测试散射参数 S_{21}。对于线性极化天线，天线只与场的某一直角分量相互作用，则 S_{21} 参数应与场强直角幅值服从相同的分布模型。有文献指出，任意极化天线的功率值均服从指数分布，对应场强幅值则会服从瑞利分布。为此，利用图 3－15 给出的试验方案，同样选取 100MHz 与 200MHz 中心工作频率，20MHz 搅拌带宽，0.4MHz 步进间隔采集收、发天线间的 S_{21} 参数。

由于矢量网络分析仪记录的 S_{21} 参数以对数（dB）形式给出，因此对样本数据进行拟合时，需要将其变换回自然数比值的形式。图 3－15 给出了测试数据的 ECDF 与理论瑞利分布的 CDF 拟合曲线。

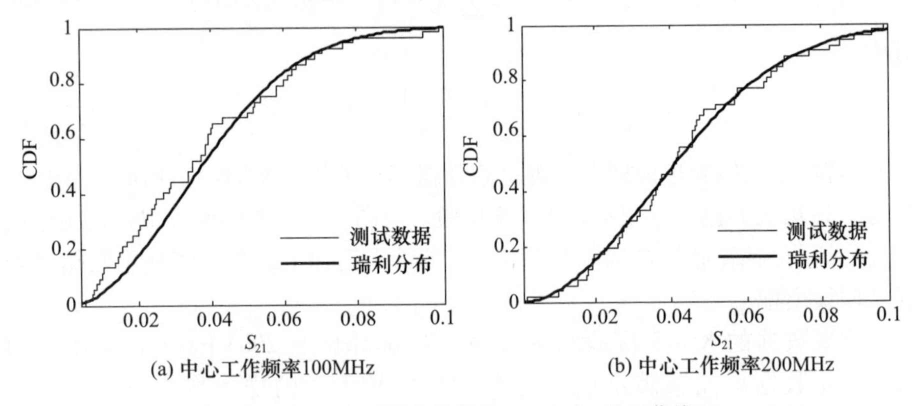

(a) 中心工作频率100MHz　　(b) 中心工作频率200MHz

图 3－15　实测样本数据的 ECDF 与 CDF 曲线

对测试样本同样进行 K－S 检验，检验结果表明实测样本数据同样均被理论分布模型所接受。对比图 3－15 与图 3－14，可以看到两个中心频点下的样本数据与理论分布的拟合效果要好于仿真数据。原因是由于仿真的混响室各壁面均采用理想金属材料，且未设置通风波导等结构，因此仿真模型的品质因数要远大于实际混响室（这也体现在仿真场强值要高于测试场强值）。而品质因数越高，对应的品质因数带宽越小，能够激励的模式数越少。相比之下，实际测试的样本数据随机性更强，样本数据愈加服从理论分布。

仿真与试验两方面的样本数据均较好地服从了理论瑞利分布，这与机械搅拌混响室的统计特性是一致的。至此，混响室频率搅拌方式下的最低可用频率、场均匀性与统计特性等主要性能指标已检验完毕。综合结果表明，频率搅拌效果与机械搅拌效果一致，能够用于混响室条件下的屏蔽效能测试。

3.5　线性扫频搅拌方式关键参数选取

对频率搅拌混响室的性能指标评价结果表明,频率搅拌完全能够替代机械搅拌,然而受频率搅拌带宽 B_W 不为零的影响,只能将非零带宽近似为某一单频点,这势必会对测试结果造成一定的误差,为此搅拌带宽的选取应越小越好,即带宽内电磁波的波长变化越小越好,这里定义搅拌带宽内的波长变化量与中心工作频率波长的比值为波动系数 δ,即

$$\delta = \frac{\lambda_s - \lambda_e}{\lambda_c} = \frac{\lambda}{\lambda_c} = \frac{f \cdot B_W}{f^2 - (B_W/2)^2} \tag{3-32}$$

式中:λ_s 和 λ_e 为搅拌带宽的起始和终止频率的波长;λ_c 为中心工作频率波长。当 δ 很小时,认为非零带宽带来的影响可以忽略不计。为使 δ 足够小,需要对搅拌的扫频间隔和搅拌带宽的选取作进一步的优化,从而降低非零带宽带来的影响。

在频率搅拌的扫频间隔与搅拌带宽的选取问题上,容易想到的研究思路是,根据品质因数带宽 BWQ 的大小来优化选取搅拌带宽的大小。因为要实现频率搅拌方式下的均匀场,频率搅拌所激发的总模式数目要远多于单一频率激励的模式数目,为此扫频带宽必须远大于 BWQ。然而后续研究发现,仅凭这一点是难以完成搅拌参数的优化选取,因为搅拌带宽具体要大 BWQ 多少才足够,显然是难以确定的。并且由于混响室的品质因数 Q 难以精确测量,这也造成了品质因数带宽 BWQ $= f/Q$ 无法准确获取,以上两点限制了该研究思路难以有重大突破。为此,将研究方向回归到混响室的统计特性上来,从样本独立与样本容量两方面实现对频率搅拌的扫频间隔与搅拌带宽的优化选取。

3.5.1　搅拌间隔选取方法

混响室基于统计特性的测试方法,需要足够多的样本数据,为确保相关测试精度,实际测试中的采样密度均比较大,即所谓的“过采样”,这很容易造成样本数据间并非完全相互独立。例如在机械搅拌下,搅拌器转动前后位置变化很小时,场边界条件改变不大,数据间会呈现出一定的相关性;线性扫频搅拌方式亦是如此,当两样本间的频率间隔很小时,电学尺寸改变不够明显,也会使得样本数据间并不完全相互独立。而从统计学的角度来讲,需舍去非独立样本只保留独立样本数据。

IEC 61000-4-21 标准规定,数据间的相关系数降低到 $1/e \approx 0.37$ 时,则认为数据是彼此独立的。假设一个搅拌周期内总的采样数为 N_{total},其中相关系数超过 0.37 的采样点数为 N_{corr},则不相关的采样数 N_{ind} 计算表达式为

$$N_{\text{ind}} = \frac{N_{\text{total}}}{N_{\text{corr}}} \tag{3-33}$$

机械搅拌方式下,数据间的相关系数 ρ_0 可采用如下计算式

$$\rho_0(r) = \frac{\frac{1}{N}\sum_{i=1}^{N}(x_i - \bar{x})(x_{i+r} - \bar{x})}{\frac{1}{N+1}\sum_{i=1}^{N}(x_i - \bar{x})^2} \tag{3-34}$$

式中:N 为搅拌器在一个搅拌周期内总的步进数(即总的采样数);$\rho_0(r)$ 表示搅拌器转动 r 个步进位置前后测试数据间的相关系数;x_i 是搅拌器位置为 i 时的样本值;$\bar{x}$ 为样本均值,样本值可以是电场强度或功率密度。当 i 大于 N 时,数据再转到初始值开始循环。在线性扫频方式下,不同频点可理解为对应不同的搅拌位置,其独立采样数的计算方法依然可以使用上述公式。

因此在"过采样"的频率搅拌方式下,根据计算出的独立样本数量,可得出保证样本间相互独立的最小搅拌间隔 Δf_{ind} 为

$$\Delta f_{\text{ind}} = \frac{B_{\text{w}}}{N_{\text{ind}}} \tag{3-35}$$

一般地,为了满足"过采样"要求,搅拌间隔 Δf 应大于或等于 Δf_{ind}。然而本着降低搅拌带宽的原则,这里推荐的最优搅拌间隔等于 Δf_{ind}。

根据品质因数带宽和模密度的计算公式可知,随着频率的升高,模密度与品质因数带宽均会增大,场分布随频率的变化更加敏感,因此保证样本独立的最小搅拌间隔 Δf_{ind} 随频率的升高势必会逐渐减小,一味追求最优搅拌间隔,无疑会增大测试工作量,这也需要根据测试背景综合考虑。

3.5.2 搅拌带宽选取方法

减小搅拌带宽的同时仍必须保证混响室满足"统计均匀"等各项特性,这就对搅拌带宽内的独立样本数量提出了要求,并且样本容量的不足会造成混响室内的最大值和均值的估计失真,使得测试不确定度升高。针对该问题,可结合场分布模型,采用最大可能性估量,对测试精度与独立采样数之间的关系进行讨论,并给出平均场值的估计区间 d(dB)与独立样本数 n 之间的关系式,即

$$d = 10\log\frac{\sqrt{zn} + \sqrt{2}k}{\sqrt{zn} - \sqrt{2}k} \tag{3-36}$$

式中:k 为置信水平;z 为数据直角分量的维数。为清楚阐述均值估计区间与独立采样数之间的关系,图 3-16 给出了不同置信水平下的 d 与 n 之间的曲

线图（$z=1$）。

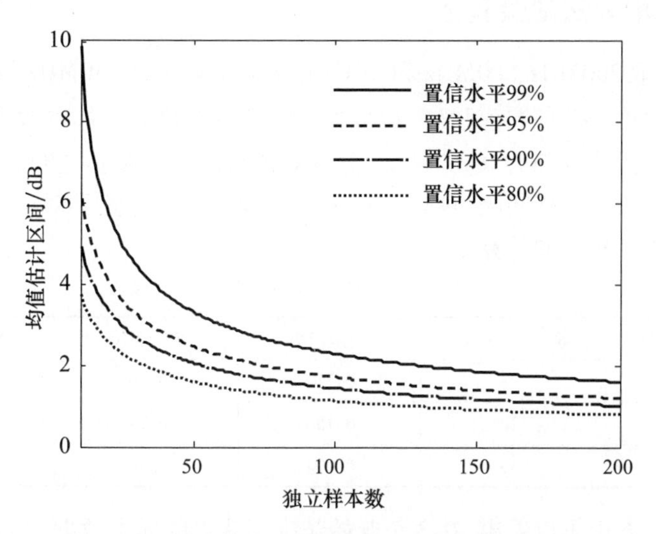

图 3－16　均值估计区间与独立样本数之间关系曲线

从图 3－16 可以看出，随着独立样本数的增加，均值估计区间变窄，即估计值愈加趋近真值。因此均值估计区间越小，其所需的独立样本数同样越多。为了得到独立采样数 n 的表达式，将式（3－36）整理得

$$n=\frac{2k^2}{z}\left(\frac{10^{d/10}+1}{10^{d/10}-1}\right) \tag{3-37}$$

因此根据实际测试的精度要求，可以得到理想情况下的最优搅拌带宽如下：

$$B_{\mathrm{W}}^{\mathrm{opt}}=n\cdot\Delta f_{\mathrm{ind}}=\frac{2k^2}{z}\left(\frac{10^{d/10}+1}{10^{d/10}-1}\right)\frac{B_{\mathrm{W}}}{N_{\mathrm{ind}}} \tag{3-38}$$

一般情况下，我们认为电场直角分量的置信区间在 3dB 下，所希望的置信水平为 95% 是可以满足测试要求的。因此利用式（3－37）计算此时的独立样本数值 n 约为 35 个，为确保工程测试精度，对 n 值取整。本处建议搅拌带宽内的独立采样数为 40 个（选取标准并不唯一，但 n 远大于 35 会导致搅拌带宽 B_{W} 增大很多），此时最优搅拌带宽 $B_{\mathrm{W}}^{\mathrm{opt}}$ 为

$$B_{\mathrm{W}}^{\mathrm{opt}}=40\cdot\Delta f_{\mathrm{ind}}=40\,\frac{B_{\mathrm{W}}}{N_{\mathrm{ind}}} \tag{3-39}$$

在一定的测试精度要求下，由于所需的独立样本数值是固定的，而随着频率的增加，独立样本数之间的频率间隔减小，因此最优搅拌带宽的选取同样会是逐渐减小的。

3.5.3 选取方法试验验证

试验选取 200MHz、500MHz 和 1GHz 作为起始频率，对 50MHz 带宽内的 S_{21} 参数进行测量，为保证“过采样”，设置矢量网络分析仪的采样点数为最大 1601 个，即对应的搅拌间隔为 0.03MHz。分别对测得的 3 组数据进行处理，计算其独立样本数、最优搅拌间隔、最优搅拌带宽及最优搅拌带宽下对应的波动系数表 3-6 给出了相应的计算结果。

表 3-6　线性扫频下的搅拌参数值

起始频率/MHz	独立样本数	Δf_{ind}/MHz	B_{W}^{opt}/MHz	波动系数
200	228	0.219	8.76	0.044
500	320	0.156	6.24	0.013
1000	533	0.094	3.76	0.004

从表 3-6 中可以看出，在 3 个起始频率下获得的样本数据均为过采样，随频率的升高独立采样数逐渐增多，Δf_{ind} 与 B_{W}^{opt} 变小，这与之前的结论是一致的。并且随着频率的升高，波动系数减小，即非零带宽对测试结果的影响减弱，因此频率搅拌方式在高频时相对更加精确。

为了进一步判断所选定的带宽是否满足要求，对 S_{21} 数据在不同的带宽下取平均，虽然 S_{21} 曲线在不同频点下处于波动状态，但搅拌均值理论上应该是一致的，因此当选取的带宽合适时，带宽均值应趋于理论均值。根据该原则，图 3-17 ~ 图 3-19 给出了 3 个起始频率下的 S_{21} 数据在不同带宽下取平均的均值曲线。

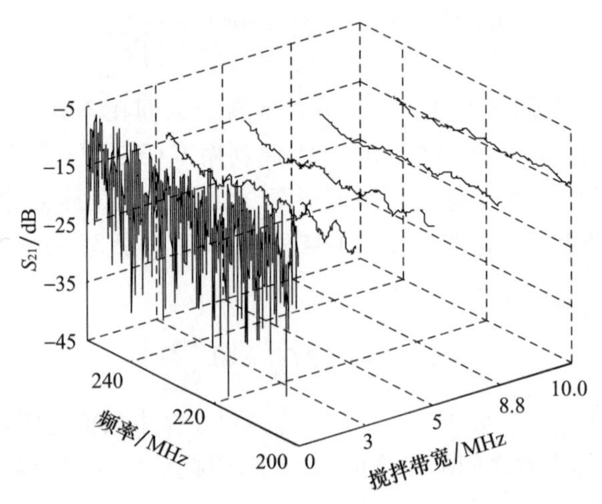

图 3-17　200MHz 起始频率下的 S_{21} 均值曲线

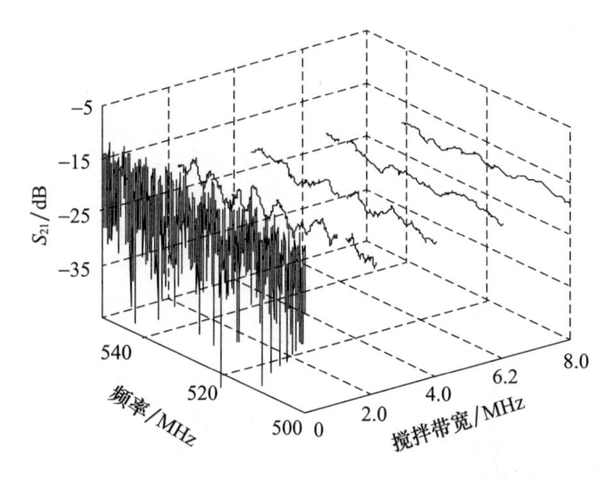

图 3－18　500MHz 起始频率下的 S_{21} 均值曲线

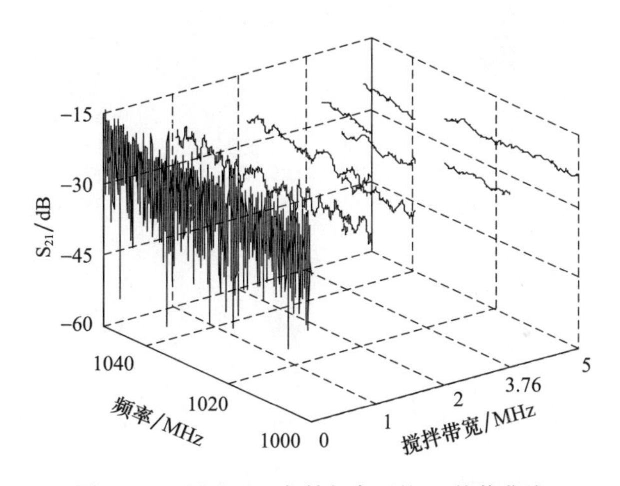

图 3－19　1000MHz 起始频率下的 S_{21} 均值曲线

从图中可以看出,3 组数据在对应的最优搅拌带宽下对 S_{21} 参数取平均时,均值曲线已变得相当平滑,并逐渐趋于稳定;当搅拌带宽小于最优搅拌带宽时,S_{21} 曲线上下波动仍旧是比较剧烈的,这也是由于带宽内独立样本数过少造成的;当搅拌带宽的选取大于最优搅拌带宽时,得到的 S_{21} 均值曲线平滑度相对于最优搅拌带宽下的已不是特别明显,这也说明选用最优搅拌带宽用于实际测试是能够满足要求的。通过以上分析和对比结果,验证了所给出扫频间隔与搅拌带宽的选取方法是合理的,利用该搅拌参数优化选取方法将最大程度地降低非零带宽的影响。

第2篇

PART 2

混响室新技术

HUNXIANGSHI XING JISHU

第4章 模调谐模式边界形变混响室理论与实现

与传统的机械搅拌混响室相比,由柔性屏蔽材料制作的边界形变混响室在空间电场统计特性、可用测试空间、工程造价、使用便利性等方面具有明显优势。现有的边界形变混响室技术,通过改变混响室腔体表面的边界位置来改变电磁波的边界条件,通过腔体表面褶皱结构对电磁波的随机漫反射获取空间统计均匀的电磁环境,其理论基础与机械搅拌混响室是一致的。这种技术的缺点是混响室只能工作于模搅拌模式。本章提出的模调谐模式边界形变混响室,在改变混响室腔体边界位置的同时,混响室的体积也会发生扰动,造成腔室内谐振模结构的漂移,进而影响空间电场分布模态。而传统的机械搅拌混响室的体积不产生扰动,空间电场分布结构的改变是由于搅拌器的转动引起的,因此模搅拌模式边界形变混响室与传统的机械搅拌混响室理论基础并不一致,需要新的边界形变混响室理论。

4.1 体积扰动边界形变混响室可行性分析

基于体积形变的边界形变混响室其内部电磁分布规律可以使用微扰理论来分析。将边界形变混响室看作是一个任意形状的贯通导体,内部空气可以等效为电导率为0、磁导率为1的均匀介质。假设腔体的体积为 V,表面积为 S。以混响室腔体未发生形变的第 p 个模式为例,$\boldsymbol{E}_p$ 的矢量积和 $\boldsymbol{H}_p$ 的共轭的矢量积为

$$\nabla\times\boldsymbol{E}_p=\mathrm{i}\omega_p\mu\boldsymbol{H}_p \tag{4-1}$$

$$\nabla\times\boldsymbol{H}_p^*=-\mathrm{i}\omega_p\varepsilon\boldsymbol{E}_p^* \tag{4-2}$$

在自由空间电流可以忽略。将式(4-1)和式(4-2)进行计算,得到

$$\boldsymbol{H}_p^*\cdot\nabla\times\boldsymbol{E}_p-\boldsymbol{E}_p\cdot\nabla\times\boldsymbol{H}_p^*=-\mathrm{i}\omega_p(\mu\boldsymbol{H}_p\cdot\boldsymbol{H}_p^*-\varepsilon\boldsymbol{E}_p\cdot\boldsymbol{E}_p^*) \tag{4-3}$$

在体积 V 上对式(4-3)积分,右边的二次项可以写成电场和磁场的时间均值。式(4-3)的左边可以通过矢量等式转化为矢量积的形式,应用矢量积定理转化

为在 S 面上的积分。结果为

$$-\iint_S (\boldsymbol{E}_p \times \boldsymbol{H}_p^*) \cdot \boldsymbol{n}\mathrm{d}S = 2\mathrm{i}\omega(\overline{W}_{mp} - \overline{W}_{ep}) \tag{4-4}$$

式(4-4)可以写成下列形式

$$\Phi_p = -\iint_S (\boldsymbol{E}_p \times \boldsymbol{H}_p^*) \cdot \boldsymbol{n}\mathrm{d}S = 2\mathrm{i}\omega\iiint_V \tau_p \mathrm{d}V \tag{4-5}$$

其中

$$\tau_p = \frac{\mu}{2}\boldsymbol{H}_p \cdot \boldsymbol{H}_p^* - \frac{\varepsilon}{2}\boldsymbol{E}_p \cdot \boldsymbol{E}_p^* \tag{4-6}$$

当腔体表面发生形变,如图4-1所示。假设 $\boldsymbol{E}_p$ 和 $\boldsymbol{H}_p$ 是腔内第 p 个模式的未微扰的场,$\boldsymbol{E}_1$ 和 $\boldsymbol{H}_1$ 为引入形变的微扰场,扰动场 $\boldsymbol{E}'$ 和 $\boldsymbol{H}'$ 可以表示为

$$\boldsymbol{E}' = \boldsymbol{E}'_p + \boldsymbol{E}_1 \tag{4-7}$$

$$\boldsymbol{H}' = \boldsymbol{H}'_p + \boldsymbol{H}'_1 \tag{4-8}$$

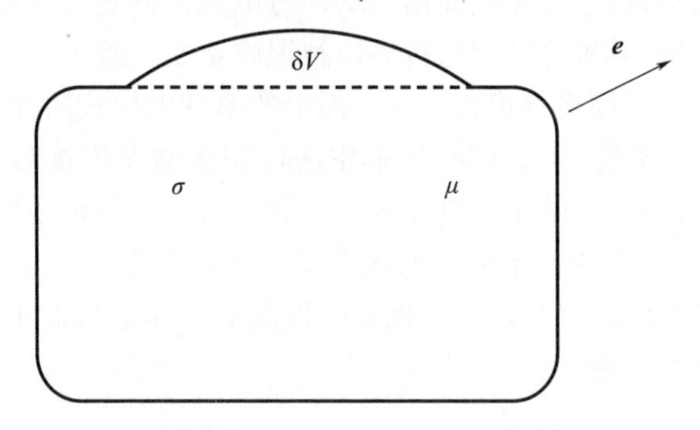

图4-1 腔壁有变形 δV 的腔体

假设变形腔体的谐振频率为 $\omega_p + \delta\omega$。将扰动腔写作类似式(4-5)的形式

$$\Phi' = \Phi_p + \delta\Phi = 2\mathrm{i}(\omega_p + \delta\omega)\iiint_{V+\delta V}(\tau_p + \delta\tau)\mathrm{d}V \tag{4-9}$$

进一步计算,得

$$\delta\Phi = 2\mathrm{i}\omega_p\iiint_V \delta\tau \mathrm{d}V + 2\mathrm{i}\delta\omega\iiint_V \tau \mathrm{d}V + 2\mathrm{i}\omega_p\iiint_{\delta V}\tau \mathrm{d}V \tag{4-10}$$

由于腔体扰动后的电磁场也满足麦克斯韦旋度方程,可以写作如下形式

$$\nabla \times (\boldsymbol{H}_p + \boldsymbol{H}_1) = \mathrm{i}\varepsilon(\omega_p + \delta\omega)(\boldsymbol{E}_p + \boldsymbol{E}_1) \tag{4-11}$$

$$\nabla \times (\boldsymbol{E}_p + \boldsymbol{E}_1) = -\mathrm{i}\mu(\omega_p + \delta\omega)(\boldsymbol{H}_p + \boldsymbol{H}_1) \tag{4-12}$$

进一步计算,得到

$$\nabla \times \boldsymbol{H}_1 = \mathrm{i}\varepsilon(\omega_p\boldsymbol{E}_1 + \boldsymbol{E}_p\delta\omega) \tag{4-13}$$

$$\nabla \times \boldsymbol{E}_1 = -\mathrm{i}\mu(\omega_p\boldsymbol{H}_1 + \boldsymbol{H}_p\delta\omega) \tag{4-14}$$

将 τ' 记作以下形式

$$\tau' = \frac{\mu}{2}(\boldsymbol{H}_p + \boldsymbol{H}_1) \cdot (\boldsymbol{H}_p^* + \boldsymbol{H}_1^*) - \frac{\mu}{2}(\boldsymbol{E}_p + \boldsymbol{E}_1) \cdot (\boldsymbol{E}_p^* + \boldsymbol{E}_1^*) \tag{4-15}$$

可计算得到

$$\delta\tau = \tau' - \tau_p = \frac{\mu}{2}(\boldsymbol{H}_p + \boldsymbol{H}_1) \cdot (\boldsymbol{H}_p^* + \boldsymbol{H}_1^*) - \frac{\varepsilon}{2}(\boldsymbol{E}_p + \boldsymbol{E}_1) \cdot (\boldsymbol{E}_p^* + \boldsymbol{E}_1^*) \tag{4-16}$$

将式(4－16)乘以 $2\mathrm{i}\omega_p$，化简

$$2\mathrm{i}\omega_p \delta\tau = \mathrm{i}\,\nabla \cdot \mathrm{Im}(\boldsymbol{E}_p \times \boldsymbol{H}_1) + \mathrm{i}\varepsilon\delta\omega \boldsymbol{E}_p \cdot \boldsymbol{E}_p^* \tag{4-17}$$

将式(4－17)代入式(4－10)可得

$$\delta\Phi = 2\mathrm{i}\iint_S [\mathrm{Im}(\boldsymbol{E}_p^* \times \delta\boldsymbol{H}_1)] \cdot \boldsymbol{n}\mathrm{d}S + \mathrm{i}\delta\omega\iiint_V (\mu\boldsymbol{H}_p \cdot \boldsymbol{H}_p^* + \varepsilon\boldsymbol{E}_p \cdot \boldsymbol{E}_p^*)\mathrm{d}V + \mathrm{i}\omega_p\iiint_{\delta V}(\mu\boldsymbol{H}_p \cdot \boldsymbol{H}_p^* - \varepsilon\boldsymbol{E}_p \cdot \boldsymbol{E}_p^*)\mathrm{d}V \tag{4-18}$$

假设腔壁是理想导体，电场的垂直分量为0，并且 $\delta\omega = 0$，则

$$\iint_S [\mathrm{Im}(\boldsymbol{E}_p^* \times \boldsymbol{H}_1)] \cdot \boldsymbol{n}\mathrm{d}V = 0 \tag{4-19}$$

将 $\delta\omega = 0$ 和式(4－19)代入式(4－18)，得到变形腔体谐振频率的转换结果为

$$\frac{\delta\omega}{\omega_p} = -\frac{\iiint_{\delta V}(\mu\boldsymbol{H}_p \cdot \boldsymbol{H}_p^* - \varepsilon\boldsymbol{E}_p \cdot \boldsymbol{E}_p^*)\mathrm{d}V}{\iiint_V(\mu\boldsymbol{H}_p \cdot \boldsymbol{H}_p^* + \varepsilon\boldsymbol{E}_p \cdot \boldsymbol{E}_p^*)\mathrm{d}V} \tag{4-20}$$

由于电场和磁场能量密度的时间平均值为

$$\omega_{pe} = \frac{\varepsilon}{2}\boldsymbol{E}_p \cdot \boldsymbol{E}_p^* \tag{4-21}$$

$$\omega_{pm} = \frac{\mu}{2}\boldsymbol{H}_p \cdot \boldsymbol{H}_p^* \tag{4-22}$$

可将式(4－20)进一步化简为

$$\frac{\delta\omega}{\omega_p} = \frac{-1}{\overline{W}_p}\iiint_{\delta V}(\omega_{pm} - \omega_{pe})\mathrm{d}V \approx \frac{(\omega_{pe} - \omega_{pm})\delta V}{\overline{W}_p} \tag{4-23}$$

当 $\overline{W}_{pm} < \overline{W}_{pe}$ 时，若体积增大则 $\delta\omega > 0$，谐振频率增加；若体积减小则 $\delta\omega < 0$，谐振频率减小。当 $\overline{W}_{pm} > \overline{W}_{pe}$ 时，若体积增大则 $\delta\omega < 0$，谐振频率减小；若体积减小则 $\delta\omega > 0$，谐振频率增加。由于电磁场中的电场能量和磁场能量是时刻发生变化的，因此谐振频率随体积的扰动而漂移。谐振模态的变化，使得腔体内的电磁场分布结构发生彻底改变。谐振频率的漂移使得不同模式之间电磁波的

波峰、波谷相互叠加,呈现了一种统计平均的效果,使得腔体内部的电磁场出现了均匀分布的趋势。因此,只需要对混响室的边界位置和体积扰动作合理的调控,就有可能获取空间统计均匀的电磁混响环境。

4.2 边界形变混响室关键技术指标与性能评价方法

对于边界形变混响室来说,边界是不断形变的,每一个边界形变对应的不规则结构腔体内的电磁环境是确定的,可以用确定性电磁场理论计算。混响室边界的持续形变,会导致腔体内部的电磁场分布随边界的变化而变化,因此仅用确定性电磁理论来描述腔体内的电磁环境是不完善的。由于多个独立的边界形变位置的存在,对混响室场分布特性进行分析时,需要使用具有统计意义的方法去确定混响室内电磁场的特性。

4.2.1 边界形变混响室空间电场统计均匀性

在有限区域内,自由空间 $\boldsymbol{r}$ 处的电场强度 $\boldsymbol{E}$ 可以通过对所有电磁波积分的方法得到,即

$$\boldsymbol{E}(\boldsymbol{r}) = \iint_{4\pi} \boldsymbol{F}(\Omega)\exp(\mathrm{i}\boldsymbol{k}\cdot\boldsymbol{r})\mathrm{d}\Omega \tag{4-24}$$

式中:Ω 为立体角;$\boldsymbol{k}$ 为波矢量。

角频谱 $\boldsymbol{F}(\Omega)$ 可以写为

$$\boldsymbol{F}(\Omega) = \boldsymbol{\alpha}F_{\alpha}(\Omega) + \boldsymbol{\beta}F_{\beta}(\Omega) \tag{4-25}$$

式中:$\boldsymbol{\alpha}$、$\boldsymbol{\beta}$ 是正交于波数的单位矢量。

$$\begin{cases} F_{\alpha}(\Omega) = F_{\alpha r}(\Omega) + \mathrm{i}F_{\alpha i}(\Omega) \\ F_{\beta}(\Omega) = F_{\beta r}(\Omega) + \mathrm{i}F_{\beta i}(\Omega) \end{cases} \tag{4-26}$$

因为每列平面波分量都满足麦克斯韦方程,所以式(4-26)中所述总的电场方程也满足麦克斯韦方程。

对于混响室中的统计场,角谱是与腔体边界位置相关的随机变量。在一个典型的边界形变混响室中,可以通过腔体边界的一系列形变获得空间电场的有效扰动。对边界形变混响室内的空间统计均匀电场作一下合理假设,使用〈〉表示系统平均。

由于角谱是多数具有随机相位的射线或反射,均值应该为0,所以可以得到下面的假设:

$$\langle F_{\alpha}(\Omega)\rangle = \langle F_{\beta}(\Omega)\rangle = 0 \tag{4-27}$$

入射波角谱的相位和极化方向由于多径散射的作用而不相关。可以

假设：

$$\begin{aligned}\langle F_{\alpha r}(\Omega_1)F_{\alpha i}(\Omega_2)\rangle &= \langle F_{\beta r}(\Omega_1)F_{\beta i}(\Omega_2)\rangle = \langle F_{\alpha r}(\Omega_1)F_{\beta r}(\Omega_2)\rangle \\ &= \langle F_{\alpha r}(\Omega_1)F_{\beta i}(\Omega_2)\rangle = \langle F_{\alpha i}(\Omega_1)F_{\beta r}(\Omega_2)\rangle \\ &= \langle F_{\alpha i}(\Omega_1)F_{\beta i}(\Omega_2)\rangle = 0\end{aligned} \tag{4-28}$$

由于来自不同方向且具有不同的散射路径的角谱分量具有不相关性，所以可以得到下面的假设：

$$\begin{aligned}\langle F_{\alpha r}(\Omega_1)F_{\alpha r}(\Omega_2)\rangle &= \langle F_{\alpha i}(\Omega_1)F_{\alpha i}(\Omega_2)\rangle = \langle F_{\beta r}(\Omega_1)F_{\beta r}(\Omega_2)\rangle \\ &= \langle F_{\beta i}(\Omega_1)F_{\beta i}(\Omega_2)\rangle = C_{\mathrm{E}}\delta(\Omega_1-\Omega_2)\end{aligned} \tag{4-29}$$

式中：δ 是狄拉克广义函数；C_{E} 是单位为 $(\mathrm{V/m})^2$ 的常数。

由式(4-28)和式(4-29)，可以得到

$$\langle F_{\alpha}(\Omega_1)\rangle = \langle F_{\beta}^{*}(\Omega_2)\rangle = 0 \tag{4-30}$$

$$\langle F_{\alpha}(\Omega_1)F_{\alpha}^{*}(\Omega_2)\rangle = \langle F_{\beta}(\Omega_1)F_{\beta}^{*}(\Omega_2)\rangle = 2C_{\mathrm{E}}\delta(\Omega_1-\Omega_2) \tag{4-31}$$

式中：* 表示复共轭。

由式(4-24)和式(4-29)得出

$$\langle \boldsymbol{E}(\boldsymbol{r})\rangle = \iint_{4\pi}\langle \boldsymbol{F}(\Omega)\rangle \exp(\mathrm{i}\boldsymbol{k}\cdot\boldsymbol{r})\mathrm{d}\Omega = 0 \tag{4-32}$$

从式(4-32)可知，扰动充分的混响室内的电场是大量具有随机相位的多径射线的总和，其均值与角谱的均值相等，量值为0。

由于电场强度绝对值的平方正比于电场能量密度，参考式(4-24)将电场绝对值的平方能够写成二重积分：

$$|\boldsymbol{E}(\boldsymbol{r})|^2 = \iint_{4\pi}\iint_{4\pi}\boldsymbol{F}(\Omega_1)\cdot\boldsymbol{F}^{*}(\Omega_2)\exp[\mathrm{i}(\boldsymbol{k}_1-\boldsymbol{k}_2)\cdot\boldsymbol{r}]\mathrm{d}\Omega_1\mathrm{d}\Omega_2 \tag{4-33}$$

将式(4-30)和式(4-31)代入式(4-33)，得

$$\langle |\boldsymbol{E}(\boldsymbol{r})|^2\rangle = 4C_{\mathrm{E}}\iint_{4\pi}\mathrm{d}\Omega_2 = 16\pi C_{\mathrm{E}} \equiv E_0^2 \tag{4-34}$$

可以看出电场模值的平方与位置无关，即理想混响室的场具有均匀性。

同理，也可以得出电场在不同方向上的分量：

$$\langle |E_x|^2\rangle = \langle |E_y|^2\rangle = \langle |E_z|^2\rangle = \frac{E_0^2}{3} \tag{4-35}$$

式(4-35)说明了理想边界形变混响室内部电场是各向同性的。

4.2.2　边界形变混响室内电场分布特性分析

腔体内电场可以写作3个方向分量的实部和虚部：

$$E_x = E_{xr}+\mathrm{i}E_{xi},\ E_y = E_{yr}+\mathrm{i}E_{yi},\ E_z = E_{zr}+\mathrm{i}E_{zi} \tag{4-36}$$

假设腔体内部电磁场经过边界形变的扰动形成了均匀的电磁环境，则

$$\langle E_{xr}\rangle=\langle E_{xi}\rangle=\langle E_{yr}\rangle=\langle E_{yi}\rangle=\langle E_{zr}\rangle=\langle E_{zi}\rangle=0 \tag{4-37}$$

变量中的实部和虚部的分量为

$$\langle E_{xr}^2\rangle=\langle E_{xi}^2\rangle=\langle E_{yr}^2\rangle=\langle E_{yi}^2\rangle=\langle E_{zr}^2\rangle=\langle E_{zi}^2\rangle=\frac{E_0^2}{6}\equiv\sigma^2 \tag{4-38}$$

腔体内部电场强度为随机变量，以 E_{xr} 作为变量，则有

$$\int_{-\infty}^{\infty} f(E_{xr})\,\mathrm{d}E_{xr} = 1 \tag{4-39}$$

$$\mu = \int_{-\infty}^{\infty} f(E_{xr})E_{xr}\,\mathrm{d}f(E_{xr}) \tag{4-40}$$

$$\sigma^2 = \int_{-\infty}^{\infty} f(E_{xr})\,(E_{xr}-\mu)^2\,\mathrm{d}f(E_{xr}) \tag{4-41}$$

式(4-39)中，$f(E_{xr})$为概率密度函数；式(4-40)中，μ 为均值；式(4-41)中，σ^2 为方差。

对于电场均值 μ 和方差 σ^2 已知的随机变量，可以用积分使不确定的熵最大化的方法获得概率密度函数

$$-\int_{-\infty}^{\infty} f(E_{xr})\ln[f(E_{xr})]\,\mathrm{d}E_{xr} \tag{4-42}$$

式(4-42)服从式(4-39)、式(4-40)和式(4-41)的约束。

构造如下形式的拉格朗日函数

$$\begin{aligned}L = &-\int_{-\infty}^{\infty} f(E_{xr})\ln[f(E_{xr})]\,\mathrm{d}E_{xr}-(\lambda_0-1)\left[\int_{-\infty}^{\infty} f(E_{xr})\,\mathrm{d}f(E_{xr})-1\right]-\\&\lambda_1\left[\int_{-\infty}^{\infty} f(E_{xr})E_{xr}\,\mathrm{d}f(E_{xr})-\mu\right]-\lambda_2\left[\int_{-\infty}^{\infty} f(E_{xr})(E_{xr}-\mu)^2\,\mathrm{d}f(E_{xr})-\sigma^2\right]\end{aligned} \tag{4-43}$$

式中：λ_0、λ_1 和 λ_2 为未知变量；μ 为均值；σ^2 为方差。

L 的最大值为

$$\frac{\partial L}{\partial f(E_{xr})}=0 \tag{4-44}$$

将式(4-43)代入，可得

$$-\ln[f(E_{xr})]-\lambda_0-\lambda_1E_{xr}-\lambda_2\,(E_{xr}-\mu)^2=0 \tag{4-45}$$

求解方程可得

$$f(E_{xr})=\frac{1}{\sqrt{2\pi}\sigma}\exp\left[-\frac{(E_{xr}-\mu)^2}{2\sigma^2}\right] \tag{4-46}$$

将式(4－37)和式(4－38)代入式(4－46)，得到边界形变混响室环境下电场分布概率密度函数：

$$f(E_{xr})=\frac{1}{\sqrt{2\pi}\sigma}\exp\left[-\frac{E_{xr}^2}{2\sigma^2}\right] \tag{4-47}$$

E_x 的实部和虚部可写为

$$\begin{aligned}E_{xr}=&\iint_{4\pi}\{[\cos\alpha\cos\beta F_{\alpha r}(\Omega)-\sin\beta F_{\beta r}(\Omega)]\cos(\boldsymbol{k}\cdot\boldsymbol{r})-\\&[\cos\alpha\cos\beta F_{\alpha i}(\Omega)-\sin\beta F_{\beta i}(\Omega)]\sin(\boldsymbol{k}\cdot\boldsymbol{r})\}\mathrm{d}\Omega\end{aligned} \tag{4-48}$$

$$\begin{aligned}E_{xi}=&\iint_{4\pi}\{[\cos\alpha\cos\beta F_{\alpha i}(\Omega)-\sin\beta F_{\beta i}(\Omega)]\cos(\boldsymbol{k}\cdot\boldsymbol{r})+\\&[\cos\alpha\cos\beta F_{\alpha r}(\Omega)-\sin\beta F_{\beta r}(\Omega)]\sin(\boldsymbol{k}\cdot\boldsymbol{r})\}\mathrm{d}\Omega\end{aligned} \tag{4-49}$$

将式(4－28)和式(4－29)代入式(4－48)和式(4－49)，可以得到

$$\begin{aligned}\langle E_{xr}(\boldsymbol{r})E_{xi}(\boldsymbol{r})\rangle=&\frac{E_0^2}{16\pi}\iint_{4\pi}[\cos^2\alpha_2\cos^2\beta_2][\cos(\boldsymbol{k}_2\cdot\boldsymbol{r})\sin(\boldsymbol{k}_2\cdot\boldsymbol{r})-\\&\cos(\boldsymbol{k}_2\cdot\boldsymbol{r})\sin(\boldsymbol{k}_2\cdot\boldsymbol{r})]\mathrm{d}\Omega_2=0\end{aligned} \tag{4-50}$$

因为电场分量的实部和虚部都服从均值为 0 的正态分布，且互相独立，则电场幅值或幅值平方的概率密度函数服从适当自由度的卡方分布。

任意电场分量的幅值都属于 2 个自由度的卡方分布，同时包含有瑞利分布，以 $|E_x|$ 为例：

$$f(|E_x|)=\frac{|E_x|}{\sigma^2}\exp\left[-\frac{|E_x|^2}{2\sigma^2}\right] \tag{4-51}$$

任意电场分量的幅值平方，都为 2 个自由度的卡方分布，同时也包含有指数分布，以 $|E_x|^2$ 为例：

$$f(|E_x|^2)=\frac{1}{2\sigma^2}\exp\left[-\frac{|E_x|^2}{2\sigma^2}\right] \tag{4-52}$$

总的电场幅值满足 6 个自由度的卡方分布，其概率密度函数如下：

$$f(|\boldsymbol{E}|)=\frac{|\boldsymbol{E}|^5}{8\sigma^6}\exp\left[-\frac{|\boldsymbol{E}|^2}{2\sigma^2}\right] \tag{4-53}$$

总电场幅值的平方满足 6 个自由度的卡方分布，其概率密度函数如下：

$$f(|\boldsymbol{E}|^2)=\frac{|\boldsymbol{E}|^4}{16\sigma^6}\exp\left[-\frac{|\boldsymbol{E}|^2}{2\sigma^2}\right] \tag{4-54}$$

4.2.3 基于材料反射特性的混响室品质因数计算

品质因数是混响室的一个重要参数,用来反映混响室小输入功率产生较大电场强度的能力。机械搅拌式混响室一般是由高导电性的金属腔体制作而成,其品质因数通常采用下式计算

$$Q=\frac{3V}{2S\mu_r\delta_s} \tag{4-55}$$

式中:δ_s 为趋肤深度,$\delta_s\approx\frac{2}{\sqrt{\omega\mu_w\sigma_w}}$,$\omega$ 为角频率,μ_w 为腔体材料磁导率,σ_w 为腔体材料电导率。

但边界形变混响室一般由银纤维屏蔽布或铜镍纤维屏蔽布构建而成,在100MHz 频段该类型屏蔽布的电导率不高,不宜采用上式计算。

对于一个任意形状的电大尺寸腔体,假设其体积为 V,表面积为 S。内部自由空间的电导率为 σ_0,磁导率为 μ_0,腔体墙壁介电常数为 ε_w,电导率为 σ_w,磁导率为 μ_w。假定腔体经过边界形变的充分扰动,整个体积 V 内功率密度 S_c 和能量密度 W 是均匀的。能量和功率密度的关系是

$$S_c=cW \tag{4-56}$$

墙壁中耗散的功率 P_d 可以写为

$$P_d=\frac{1}{2}S_cS\langle(1-|\Gamma|^2)\cos\theta\rangle \tag{4-57}$$

式中:Γ 是平面波反射系数;θ 是入射角;$\langle\cdot\rangle$ 表示所有入射角和极化的平均;系数 1/2 是因为只有一半的电磁波射向墙壁。

腔体内部存储的能量 U 可以写作

$$U=WV=\frac{S_cV}{c} \tag{4-58}$$

腔体品质因数可以写作

$$Q=\frac{\omega U}{P_d}=\frac{2kV}{S\langle(1-|\Gamma|^2)\cos\theta\rangle} \tag{4-59}$$

其中,$k=\omega/c$,ω 为角频率。

水平极化的反射系数 Γ_h 和垂直极化的反射系数 Γ_v 为

$$\Gamma_h=\frac{\mu_w k\cos\theta-\mu_0\ (k_w^2-k^2\ \sin^2\theta)^{1/2}}{\mu_w k\cos\theta+\mu_0\ (k_w^2-k^2\ \sin^2\theta)^{1/2}} \tag{4-60}$$

$$\Gamma_v=\frac{\mu_0 k_w^2\cos\theta-\mu_w k\ (k_w^2-k^2\ \sin^2\theta)^{1/2}}{\mu_0 k_w^2\cos\theta+\mu_w k\ (k_w^2-k^2\ \sin^2\theta)^{1/2}} \tag{4-61}$$

其中，$k_w = \omega\left[\mu_w(\varepsilon_w - j\sigma/\omega)\right]^{1/2}$。为了平衡式(4-60)和式(4-61)中的极化，可以写出平均量

$$\langle(1-|\Gamma|^2)\cos\theta\rangle = \left\langle\left[1-\frac{1}{2}(|\Gamma_h|^2+|\Gamma_v|^2)\right]\cos\theta\right\rangle \tag{4-62}$$

式中的角平均可以写作

$$\langle(1-|\Gamma_h|^2)\cos\theta\rangle = \int_0^{\pi/2}\left[1-\frac{1}{2}(|\Gamma_h|^2+|\Gamma_v|^2)\right]\cos\theta\sin\theta\mathrm{d}\theta \tag{4-63}$$

对于 $|k_w/k| \gg 1$ 的情况，反射系数的平方可以作如下近似

$$|\Gamma_h|^2 \approx 1-\frac{4\mu_w k\,\mathrm{Re}(k_w)\cos\theta}{\mu_0|k_w|^2} \tag{4-64}$$

$$|\Gamma_v|^2 \approx 1-\frac{4\mu_w k\,\mathrm{Re}(k_w)}{\mu_0|k_w|^2\cos\theta} \tag{4-65}$$

其中，Re 代表实部。将式(4-62)～式(4-65)代入式(4-59)得到

$$Q \approx \frac{3|k_w|^2V}{4S\mu_r\,\mathrm{Re}(k_w)} \tag{4-66}$$

其中，$\mu_r = \dfrac{\mu_w}{\mu_0}$。此时 Q 的表达式不要求腔体墙壁具有高导电性。

4.2.4　归一化电场强度

品质因数尽管能够反映混响室对空间电场的增强能力，但不够直观，用户需要更为清晰地知道对于新建造的边界形变混响室在 1W 的输入功率下能够获得的电场强度。为此，引入归一化电场强度作为边界形变混响室的技术指标。

混响室内电场以及总能量密度的平均值如下：

$$\langle W\rangle = \varepsilon_0E_0^2 \tag{4-67}$$

式中所示的能量平均值独立于位置，E_0^2 为电场的均方值也独立于位置。

腔体内部平均能量密度与体积的乘积等于腔体的存储能量，即

$$U = \langle W\rangle V \tag{4-68}$$

可以得到

$$U = \varepsilon_0E_0^2V \tag{4-69}$$

储能能量与品质因数 Q 相关：

$$U = \frac{QP_d}{\omega} \tag{4-70}$$

式中：U 为腔室存储的能量；P_d 为功率耗散。

当混响室内电场分布处于稳定状态时,耗散功率 P_d 等于前向输入功率 P_t。对于稳定条件,功率存储要求耗散功率等于发射功率。由式(4-69)和式(4-70)可以得到

$$E_0^2=\frac{QP_t}{\omega\varepsilon V} \tag{4-71}$$

$$\frac{E_0}{\sqrt{P_t}}=\sqrt{\frac{Q}{\omega\varepsilon V}} \tag{4-72}$$

将式(4-69)代入式(4-72),可得归一化电场强度,即

$$\frac{E_0}{\sqrt{P_t}}=\sqrt{\frac{3\ |k_w|^2}{4S\mu_r\ \mathrm{Re}(k_w)\omega\varepsilon}} \tag{4-73}$$

式中:$k_w=\omega\left[\mu_w(\varepsilon_w-\mathrm{j}\sigma/\omega)\right]^{1/2}$。

可见,归一化电场强度取决于使用频率、混响室表面积以及腔体材料。

4.2.5 混响室最小形变幅度计算方法

混响室的形变幅度是一个关键参数,关系到混响室内部的电场特性。

将电大尺寸腔体内部的平滑模式数量以波长和体积的形式给出

$$N_s(f)=\frac{8\pi V}{3\lambda^3} \tag{4-74}$$

如果腔体体积扰动,则模式数量的变化就转化为体积的变化

$$\Delta N_s=\frac{8\pi}{3\lambda^3}\Delta V \tag{4-75}$$

通过谐振频率等于或小于 f 的模式数量足够多的变化来改变腔体的体积,令 $\Delta N_s=1$,则

$$\Delta V\approx\frac{3\lambda^3}{8\pi} \tag{4-76}$$

$$\frac{\Delta V}{V}\approx\frac{3\lambda^3}{8\pi V} \tag{4-77}$$

对于一个几何尺寸为3m×2m×1.5m的腔体,假定在其表面发生四棱台形状的形变,能够使腔体内部电磁场分布发生明显改变的体积变化率与频率的对应关系,如图4-2所示。

从图4-2中可以看出,能够使腔体内部电磁场分布发生明显改变的体积变化率随频率升高呈指数下降趋势。随频率进一步升高,体积变化率逐渐趋于稳定。

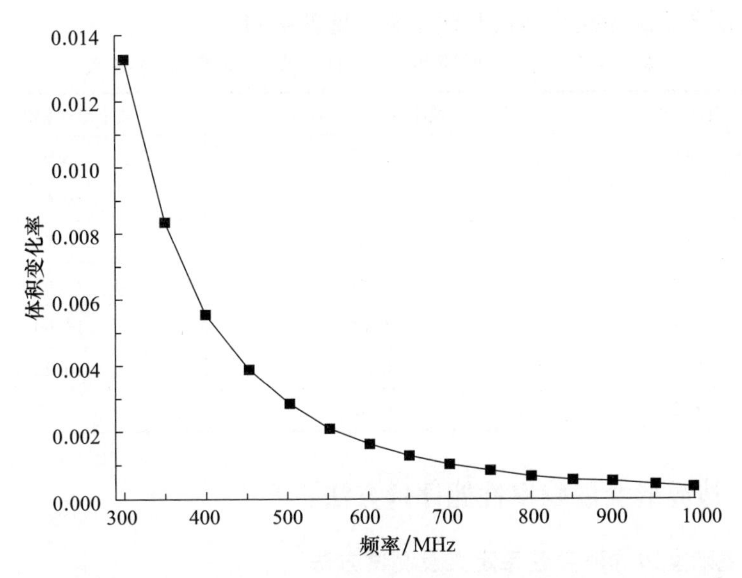

图 4－2　尺寸为 3m×2m×1.5m 的腔体对应的临界体积变化率

假设混响室腔体表面以棱台形状发生形变，则形变的体积 ΔV 就等于棱台的体积。棱台的体积取决于棱台上、下面的面积和棱台高度，写作

$$\Delta V=\frac{1}{3}(S_{up}+\sqrt{S_{up}S_{lo}}+S_{lo})h \tag{4-78}$$

式中：S_{up}代表棱台上面的面积；S_{lo}代表棱台下面的面积；h 代表棱台的高度。

根据临界体积变化率和腔体的体积，可以得到对应频率下需要改变的最小棱台高度。

对于边界形变混响室来说，每次形变都需要能够显著改变腔体内部电磁场分布结构，因此混响室的边界形变步长应不小于最小棱台高度。边界形变混响室最小形变步长的计算公式为

$$\Delta h=\frac{9\lambda^3}{8\pi(S_{up}+\sqrt{S_{up}S_{lo}}+S_{lo})} \tag{4-79}$$

可以看出最小形变步长与形变棱台的上、下表面面积负相关。

由于边界形变混响室至少需要形变 12 次才能获得空间统计均匀的电磁环境，则腔体形变幅度 l 为

$$l\geqslant 12\Delta h=\frac{27\lambda^3}{2\pi(S_{up}+\sqrt{S_{up}S_{lo}}+S_{lo})} \tag{4-80}$$

假设几何尺寸为 3m×2m×1.5m 的混响室在 3m×2m 的表面发生形变，棱台上表面尺寸为 0.3m×0.3m，若想体积的改变能够彻底改变腔体内部的电磁

场分布，需要的最小棱台高度与频率关系见表4－1。

表4－1　最小形变幅度和形变步长与频率的关系

频率/MHz	最小形变步长/cm	最小形变幅度/cm
300	5.25	62.96
350	3.30	39.65
400	2.21	26.56
450	1.55	18.65
500	1.13	13.60
550	0.85	10.22
600	0.66	7.87

4.2.6　边界形变混响室性能评价方法

1. 混响室边界形变效率定义及测试方法

当混响室的边界发生形变时，对混响室内部电场分布产生扰动，扰动效果的好坏用扰动比（perturbation ratio，pr）来表示，定义为混响室边界形变过程中测量到的天线接收功率的最大值和最小值的差值，单位用 dB 表示。计算公式如下

$$\mathrm{pr} = p_{r,\max} - p_{r,\min} \tag{4-81}$$

式中：$p_{r,\max}$、$p_{r,\min}$分别表示边界形变过程中天线接收功率最大值和最小值，单位为 dB。

扰动比也可以使用电场强度表示，定义为混响室边界形变过程中测量到的电场强度的最大值和最小值的比值，单位用 dB 表示。计算公式为

$$\mathrm{pr} = 20\lg\left(\frac{E_{t,\max}}{E_{t,\min}}\right) \tag{4-82}$$

式中：$E_{t,\max}$、$E_{t,\min}$分别表示边界形变过程中测量到的电场强度的最大值和最小值，单位为 V/m。

对于边界形变混响室来说，边界形变的扰动比越大越好，扰动比大说明边界形变对空间电场的搅动充分，测量点有更大概率遍历腔室内最大电场强度。EUT 放置在扰动比大的混响室内试验，受到的电场辐照会更充分。

在测试混响室边界形变的扰动比时，可将混响室设置为连续形变工作模式，此时内部的电场属于模搅拌模式，只需测量某个位置处天线在一段时间内的接收功率，比较接收功率最大值和最小值就可以判断混响室的扰动比。依据机械搅拌混响室经验可知，混响室若想获得统计均匀的电磁环境，扰动比需要大于 20dB。

2. 边界形变混响室空间电场统计均匀性要求和测试方法

边界形变混响室和机械搅拌混响室一样，内部都是空间统计均匀的电磁环境，因此对统计均匀性的要求应一致。均匀性容差限制可参考 IEC 61000－4－21 对机械搅拌混响室均匀性的要求，见表 4－2。

表 4－2　场均匀性容差要求

频率范围	标准差的容差要求
80～100MHz	4dB
100～400MHz	100MHz 时 4dB 线性下降到 400MHz 时的 3dB
400MHz 以上	3dB

从表 4－2 中可以看出，要求的均匀性在 80～100MHz 范围内为 4dB，400MHz 以上频段为 3dB。

然而对于混响室来说，其可用频率范围与混响室的几何尺寸密切相关，表 4－2 对应的混响室几何尺寸约为 10m × 8m × 4m，因此不是所有尺寸的混响室都可使用这个容差要求。对于混响室均匀性最严格的要求是 3dB，对于研制的边界形变混响室，只要其标准偏差小于 3dB，就可以认为其均匀性满足要求。

均匀性测试：在边界形变混响室内距离边界超过最低使用频率对应波长 1/4 的区域设置为工作区域；在区域外部布置发射天线，发射天线指向混响室的一个角落；场强计分别配置在工作区域的 8 个顶点上，如图 4－3 所示；混响室表面形变 12 次，分别记录工作区域 8 个顶点上的电场强度，以及每次形变时的输入功率。

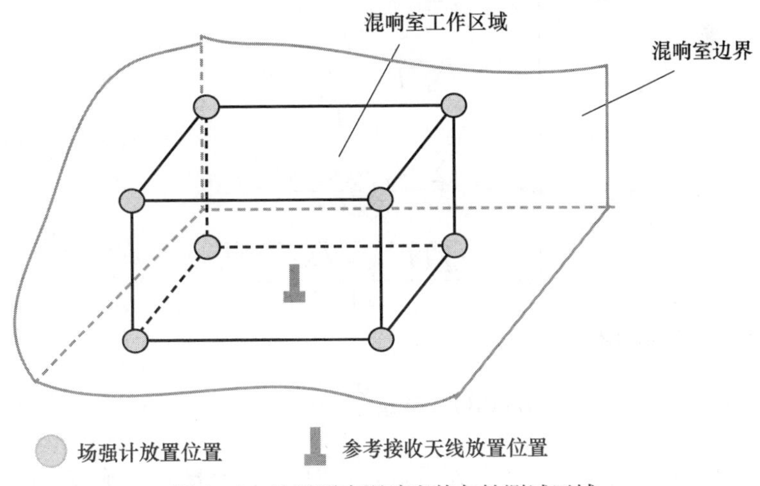

图 4－3　边界形变混响室均匀性测试区域

边界形变混响室场均匀性测试数据处理流程如下：

(1)在每个频率下混响室表面形变 12 次，计算每个频率下平均输入功率，即

$$P_{\mathrm{Input}}=\frac{\sum_{n=1}^{12}P_{\mathrm{Input},n}}{12} \tag{4-83}$$

(2)将每个频率 8 个测试位置处的最大电场强度作归一化处理，即

$$\overline{E}_{\mathrm{Max}x,y,z}=\frac{E_{\mathrm{Max}x,y,z}}{\sqrt{P_{\mathrm{Input}}}} \tag{4-84}$$

式中：$\overline{E}_{\mathrm{Max}x,y,z}$为最大电场强度分量。

(3)对归一化测量分量作平均处理，即

$$\begin{cases}\langle\overline{E}_x\rangle=\dfrac{\sum\overline{E}_x}{8}\\ \langle\overline{E}_y\rangle=\dfrac{\sum\overline{E}_y}{8}\\ \langle\overline{E}_z\rangle=\dfrac{\sum\overline{E}_z}{8}\end{cases} \tag{4-85}$$

$$\langle\overline{E}_{x,y,z}\rangle_{24}=\frac{\sum\overline{E}_{x,y,z}}{24} \tag{4-86}$$

(4)场均匀性测量标准差计算，即

$$\begin{cases}\sigma_x=\sqrt{\dfrac{\sum(E_x-\langle E_x\rangle)^2}{8-1}}\\ \sigma_y=\sqrt{\dfrac{\sum(E_y-\langle E_y\rangle)^2}{8-1}}\\ \sigma_z=\sqrt{\dfrac{\sum(E_z-\langle E_z\rangle)^2}{8-1}}\\ \sigma=\sqrt{\dfrac{\sum(E_{x,y,z}-\langle E_{x,y,z}\rangle)^2}{24-1}}\end{cases} \tag{4-87}$$

(5)将方差用 dB 表示，即

$$\sigma(\mathrm{dB})=20\lg\frac{\sigma+\langle\overline{E}_{x,y,z}\rangle}{\langle\overline{E}_{x,y,z}\rangle} \tag{4-88}$$

(6)将测试结果与 3dB 容差要求进行比对，依此判断边界形变混响室的空间电场统计均匀性。

4.3　体积扰动和边界异动相结合的混响室模型研究

4.3.1　电磁场计算方法选取

目前,求解复杂电磁问题常用的电磁场计算方法主要为有限元法、时域有限差分法和矩量法等。边界形变混响室属于电大尺寸不规则结构腔体,而有限元法适合用于计算电小尺寸物体的电磁耦合问题。混响室一般具有品质因数高的特点,使用时域有限差分法计算时收敛慢,计算精度差。矩量法的特点是计算精度高,适合用于求解不规则结构腔体内部的电磁场分布问题。本章选用矩量法来求解边界形变混响室内部电磁场分布。

4.3.2　矩量法原理介绍

矩量法的计算精度与建立的几何模型以及选取的基函数和权函数等因素有关,计算量取决于计算频率及模型的几何尺寸。

对于非齐次方程,有

$$L(f)=g \tag{4-89}$$

式中:L 为线性算子;g 为已知激励源;f 为未知电场分布。将 f 在 L 的定义域展开,即

$$f=\sum_n a_n f_n \tag{4-90}$$

式中:a_n 是系数;f_n 是基函数。将式(4-90)代入式(4-89)得到

$$\sum_n a_n L(f_n)=g \tag{4-91}$$

在 L 的定义域内构造一个权函数$[W_1, W_2, \cdots, W_n]$,对式(4-91)求内积

$$\sum_n a_n \langle W_m, L(f_n)\rangle=\langle W_m, g\rangle \tag{4-92}$$

将式(4-92)写成矩阵形式

$$[l_{mn}][a_n]=[g_m] \tag{4-93}$$

式中:$[l_{mn}]=\begin{bmatrix}\langle W_1, L(f_1)\rangle & \langle W_1, L(f_2)\rangle & \cdots \\ \langle W_2, L(f_1)\rangle & \langle W_2, L(f_2)\rangle & \cdots \\ \vdots & \vdots & \end{bmatrix}$;$[a_n]=\begin{bmatrix}a_1\\ a_2\\ \vdots\end{bmatrix}$;$[g_m]=\begin{bmatrix}\langle W_1, g\rangle\\ \langle W_2, g\rangle\\ \vdots\end{bmatrix}$。

进一步选定权函数,计算 $\boldsymbol{l}$ 和 $\boldsymbol{g}$ 中的各元素,就可以得到函数 f 的离散解。

4.3.3 混响室模型腔体材料选取

传统机械搅拌式混响室腔体一般使用铝、钢或者一些具有高反射率的镍铝合金材料,目的是实现高的品质因数,电导率约为 10^7S/m 量级。对于边界形变混响室,一般使用高性能屏蔽材料作为腔体材料。高性能屏蔽材料的金属材质可以是屏蔽铜网、银纤维、铜镍合金等。根据查阅到的文献可知,高性能屏蔽材料根据其金属纤维含量、纱线细度、缝制工艺等不同,电导率最大可达 10^4S/m 量级。

为研究电导率对混响室内部空间电场分布特性的影响规律,构建一个尺寸为 1.5m × 1.3m × 1m 的矩形腔体,材料的电导率分别设置为 20000S/m、15000S/m、5000S/m,用以模拟不同制作工艺和金属掺杂的复合材料的材料特性。与 1.5m × 1.3m 面平行的腔体中轴面电场分布情况,如图 4－4 所示。

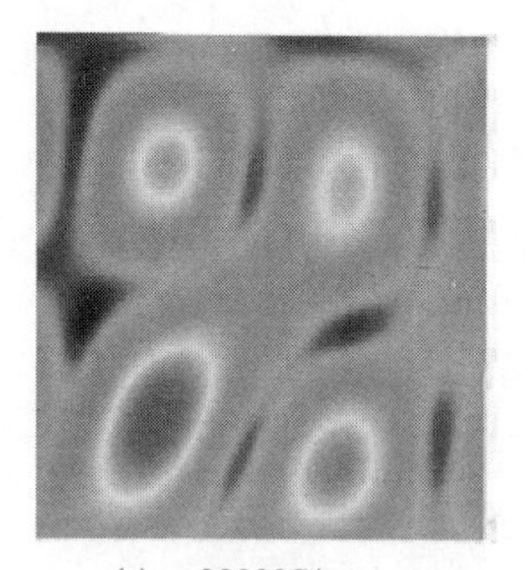
(a) σ=20000S/m

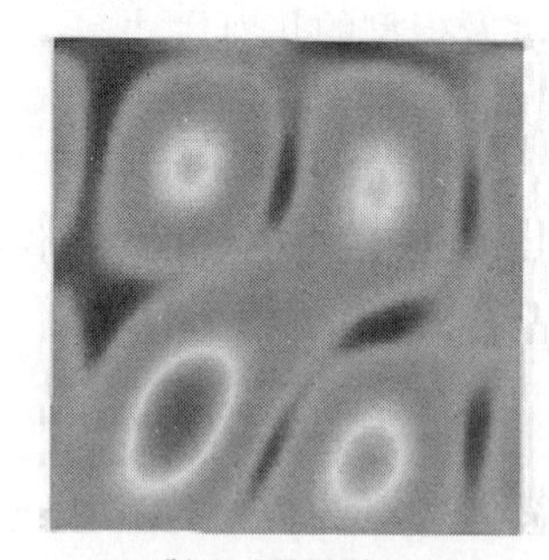
(b) σ=15000S/m

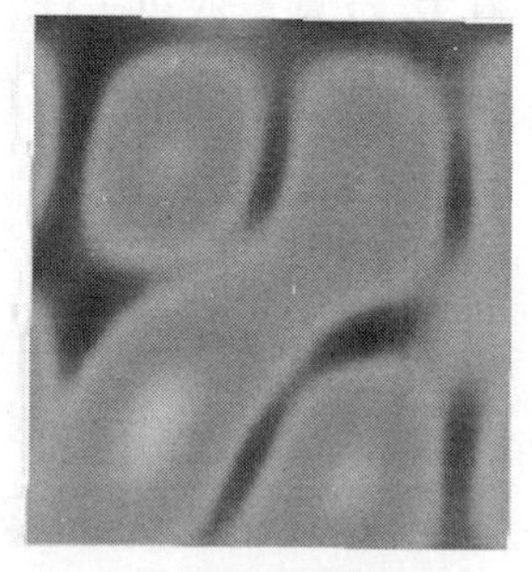
(c) σ=5000S/m

图 4－4　电导率对电场分布的影响(f = 600MHz)

在图 4－4 内颜色代表了电场强度,红、橙、黄、绿、蓝色代表电场强度依次减弱。电磁波在腔体内部传播,由于腔体边界的反射,电磁波在腔体内部的多次反射叠加形成驻波,电磁场在腔体内会形成强弱分明的多个谐振模。无论电导率量值大小,电磁场的分布结构基本相同,电场强度大小有差异。这说明改变腔体材料的电导率不会影响腔体内部电场分布结构。

为研究电导率对电场强度的影响规律,将腔体材料电导率分别设置为 50S/m、5000S/m、15000S/m 和 20000S/m。选择坐标点为(0.4,0.45,0.2)、(1.1,0.45,0.2)、(0.4,1.1,0.2)、(1.1,1.1,0.2)、(0.4,0.45,0.55.)、(1.1,0.45,0.55)、(0.4,1.1,0.55)、(1.1,1.1,0.55)等 8 个点作为计算区域顶点坐标(单位均为 m),在该区域内间隔 0.01m 取样,计算其内部空间电场强度最大值,如图 4－5 所示。可以看

出,腔体内部电场强度最大值与腔体材料电导率正相关,材料电导率越大,腔体内部电场越强。

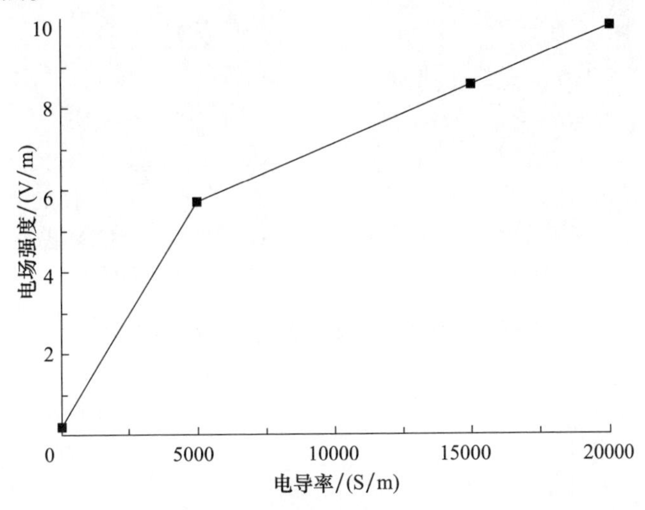

图 4 – 5　材料电导率对腔体内电场强度最大值的影响规律

根据其工艺和复合的金属材料不同,复合材料的磁导率有一定的差异。银纤维复合材料和铜镍纤维复合材料的磁导率大致在 0 ~ 500H/m 之间。为研究材料磁导率对腔体内电磁场分布的影响,分别将腔体材料的磁导率设置为 1H/m、100H/m、200H/m、400H/m 和 500H/m。计算得到的腔体内部电磁场分布和最大电场强度如图 4 – 6 和图 4 – 7 所示。

从计算结果看,当磁导率在 1 ~ 500H/m 范围内变化时,空间电场分布结构基本一致,说明磁导率对空间电场分布影响不大;从空间电场强度来看,磁导率对其有显著的影响,磁导率越小,空间电场强度越大。这说明低磁导率材料制作的混响室,有望获得相对较高的品质因数。

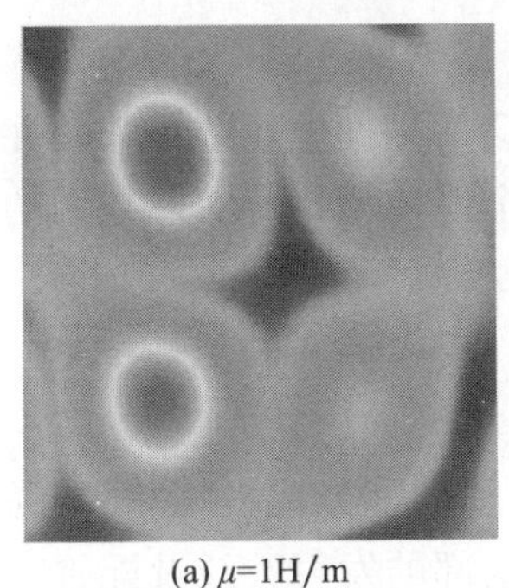

(a) μ=1H/m

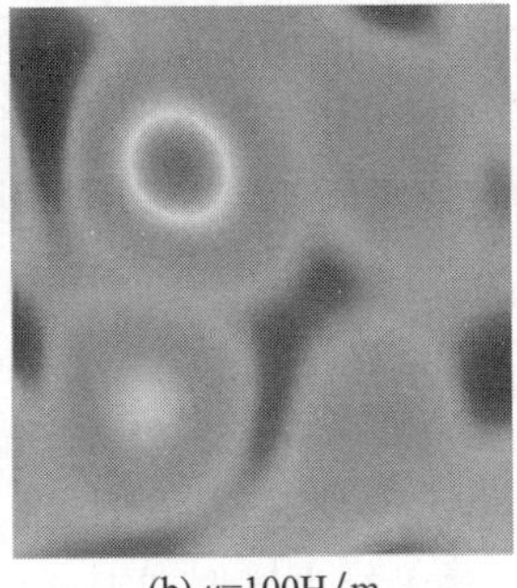

(b) μ=100H/m

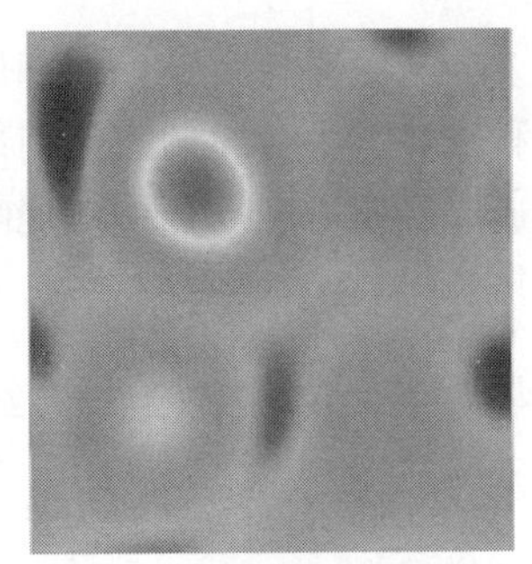

(c) μ=200H/m

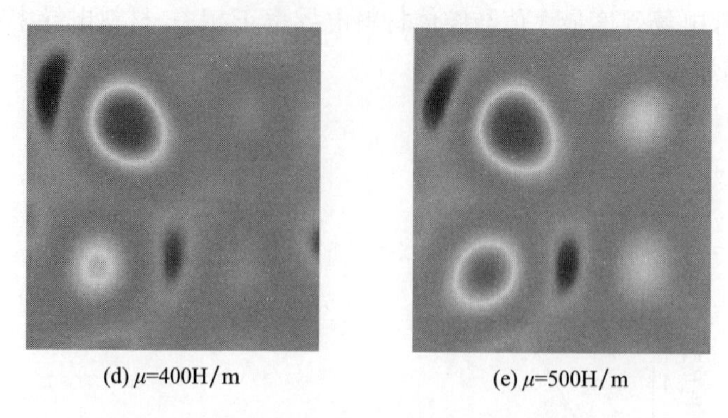

图 4－6　磁导率对电场分布的影响($f=600$MHz)

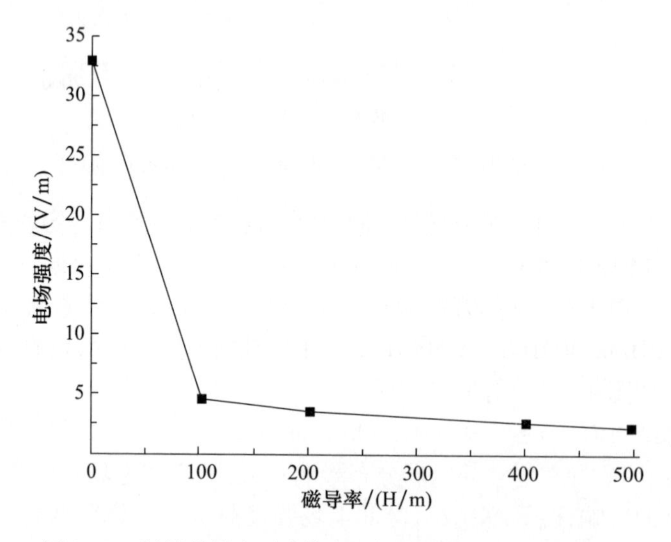

图 4－7　材料磁导率对腔体内电场强度最大值的影响规律

从腔体材料电导率和磁导率对电场分布影响的计算结果可以看出,电导率和磁导率不会影响腔体内部电磁场分布模式,因此不会对空间电场统计均匀性造成实质影响。在构建混响室模型时,可以采用理想金属模型代替实际采用的复合材料。

4.3.4　混响室模型天线配置方式研究

混响室内部电场分布规律与发射天线类型、数量和配置方式密切相关,为了得到良好的空间电场特性,需要对边界形变混响室内部的发射天线及配置方式开展研究,确定其对电场统计均匀性的影响规律。

1. 发射天线类型对电场分布影响规律研究

根据天线辐射方向可以将天线分为全向天线和定向天线。全向天线没有方向性,电磁波沿天线径向方向均匀向外辐射,辐射覆盖区域较大;定向天线在一定立体角范围内辐射,具有方向性,辐射覆盖区域较小。

偶极子天线是一种典型的全向天线,由共轴的一对直线导体构成,导体相互靠近的两端与馈电端口连接,其辐射电阻为

$$R = \frac{2\pi\eta L^2}{3\lambda^2} \tag{4-94}$$

式中:R 为偶极子天线辐射电阻;L 为偶极子天线长度;η 为天线系数;λ 为电磁波对应波长。

在混响室内偶极子馈入功率与辐射电场强度的关系式为

$$\langle P_r \rangle = \frac{1}{2}\frac{E_0}{\eta}\frac{\lambda^2}{4\pi} \tag{4-95}$$

式中:$\frac{\lambda^2}{4\pi}$为偶极子天线的等效面积;$\frac{1}{2}$为偶极子天线极化失配系数。

对数周期天线是实验室常用的定向天线之一,结构简单且具有较宽的频率特性。对数周期天线是由多个平行排列的对称振子按照接收周期率构成,其结构取决于周期率 τ 和结构张角 2α,即

$$\tau = \frac{d_{n+1}}{d_n} = \frac{l_{n+1}}{l_n} = \frac{R_{n+1}}{R_n} < 1 \tag{4-96}$$

$$d_n = R_n - R_{n+1} = R_n(1-\tau) = \frac{l_n}{2}(1-\tau)\cot\alpha \tag{4-97}$$

式中:n 为振子序号;d_n 为两相邻振子的距离;l_n 为虚顶点至最长振子之间的距离;R_n 为天线的几何顶点到第 n 个阵子的距离。

建立的对数周期天线和偶极子天线模型及其三维电磁辐射,如图 4-8 和图 4-9 所示。在对数周期天线端口和偶极子天线中间分别施加电压源,电压幅度为 1V,相位为 0°,端口电阻为 50Ω。两个天线均布置在混响室靠近坐标原点的角落,天线一端指向距离其最近的顶角,天线指向与 z 轴夹角均设置为 30°。混响室的一个表面形变,形变幅度为 30cm,频率范围为 300~500MHz,频率间隔为 20MHz。由于混响室的特性是低频段难以获取空间统计均匀的电磁环境,高频段相对容易获取均匀场环境,因此低频段如果统计均匀,则更高频段理应也是均匀的。采用矩量法计算混响室电场分布特性,计算量随频率升高急剧增多。综合考虑计算量和混响室实际特性,在计算混响室电磁特性时仅考虑 300~500MHz 这一较低频率范围,后续计算频率区间选择与此相同。

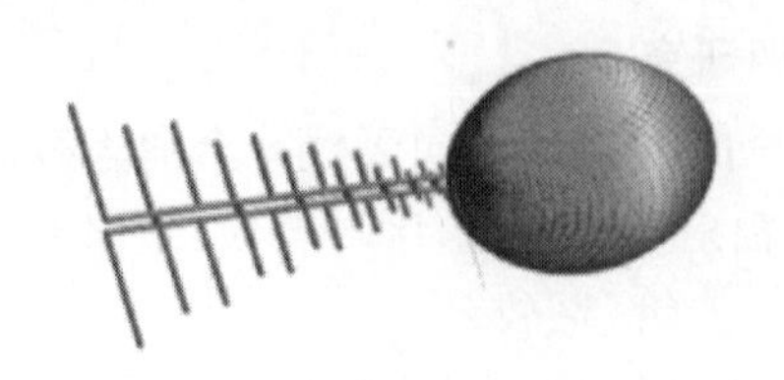

图 4-8　对数周期天线模型

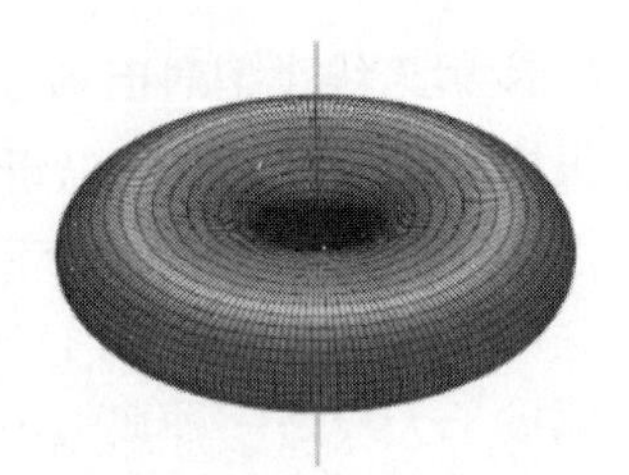

图 4-9　偶极子天线模型

计算得到的空间电场均匀性标准偏差,如图 4-10 所示。

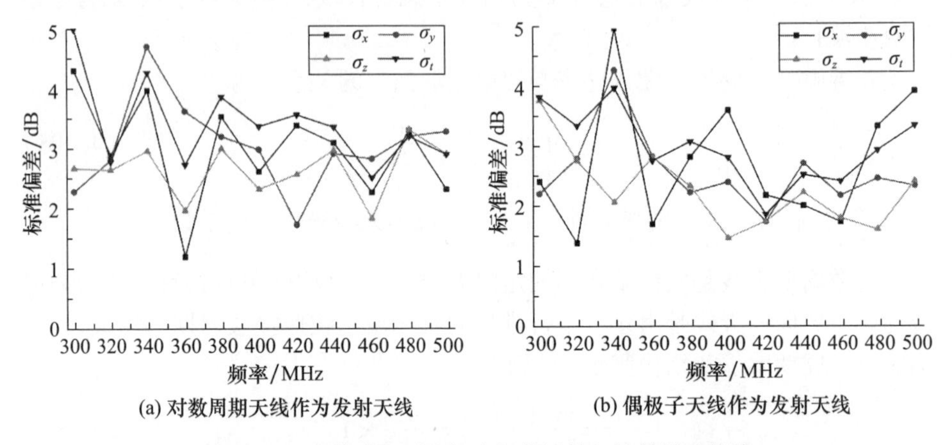

(a) 对数周期天线作为发射天线　　(b) 偶极子天线作为发射天线

图 4-10　天线类型对空间电场统计均匀性的影响规律

从图 4-10 中可以看出,使用对数周期天线和偶极子天线作为发射天线得到空间电场的标准偏差量值都比较大,均不符合空间电场均匀性标准偏差小于 3dB 的要求。对数周期天线作为发射天线时,计算得到的标准偏差最大值约为 5dB,标准偏差超过 3dB 均匀性限值的分量个数为 19 个,超标率为 43.2%;使用全向天线偶极子天线作为发射天线,空间电场的标准偏差大于 5dB,标准偏差超过 3dB 均匀性限值的分量个数为 11 个,超标率为 25%。从整体上看,使用偶极子天线作为发射天线获得的空间电场均匀性要好于对数周期天线。

对数周期天线由于方向性较好,辐射出的电磁波主要经混响室的一个角落进行反射,反射后的电磁波先经过工作区域后才到达腔体的其他表面,然后经过多次折反射在腔体内部形成稳定的电场分布。由于边界形变混响室在角落部位对边界位置的改变不够显著,导致反射电磁波的主要部分是角反射,边界形变未能有效减少未搅拌能量,因此混响室均匀性不好。全向天线辐射的电磁波是沿天线径向向外辐射,辐射出的电磁波经相对远离混响室角落的腔体表面反射,进入到空腔区域,然后经过腔体边界的多次折反射进而在腔体内部形成稳定的电场分布。当腔体边界发生形变时,电磁波到达腔体边界的入射角发生变化,经边界反射的电磁波的传输路径变得随机,边界形变能够对全向天线的直射电磁波进行有效扰动。由于边界形变对全向天线带来的电磁场随机变量超过了定向天线,因此全向天线更适合作为边界形变混响室的发射天线。

2. 发射天线数量对电场分布影响规律研究

发射天线数量是影响混响室内电场分布的重要因素,下面研究发射天线数量对边界形变混响室空间电场均匀性和归一化电场强度的影响规律。将发射天线分为 3 种配置方式,分别为:① 1 幅偶极子天线,放置在混响室的一个角落,轴向方向指向距离天线较近的混响室的顶角;② 2 幅偶极子天线,分别放置在混响室的不同角落,轴向方向分别指向距离天线最近的混响室的顶角;③ 3 幅偶极子天线,分别放置在混响室的一个角落,轴向方向分别指向距离天线最近的混响室的顶角。具体配置方式如图 4 - 11 所示。

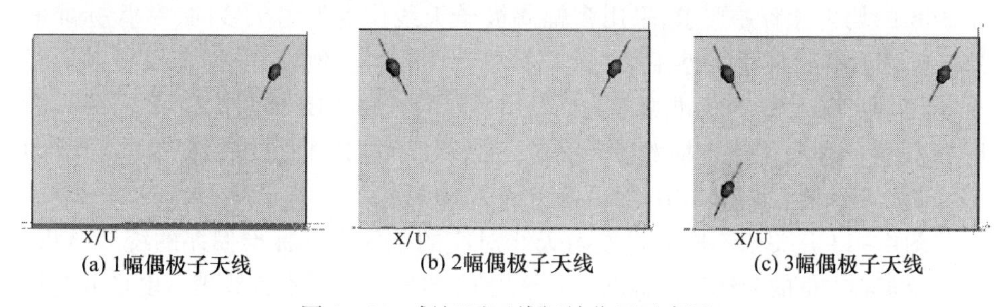

(a) 1幅偶极子天线　(b) 2幅偶极子天线　(c) 3幅偶极子天线

图 4 - 11　偶极子天线摆放位置示意图

分别以上述 3 种偶极子配置方式作为发射天线,混响室 2 个腔体表面发生边界形变,形变幅度为 40cm,计算得到的边界形变混响室空间电场统计特性如图 4 - 12 所示。

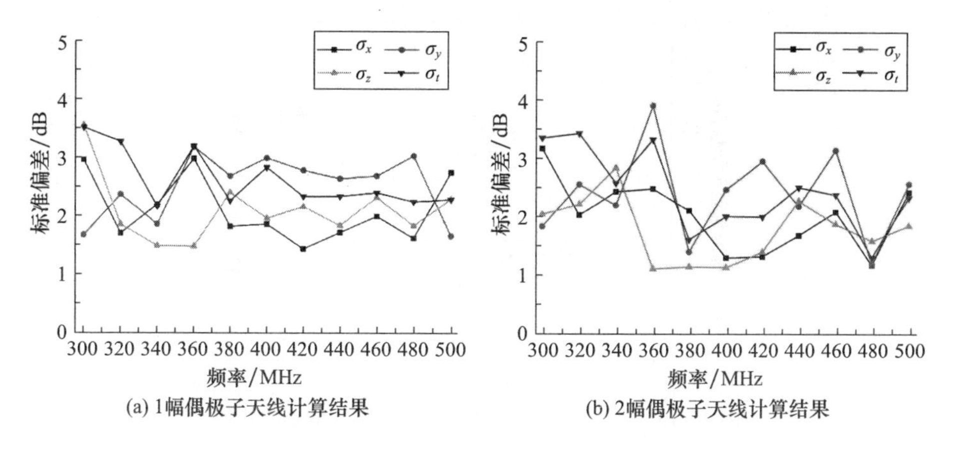

(a) 1幅偶极子天线计算结果　(b) 2幅偶极子天线计算结果

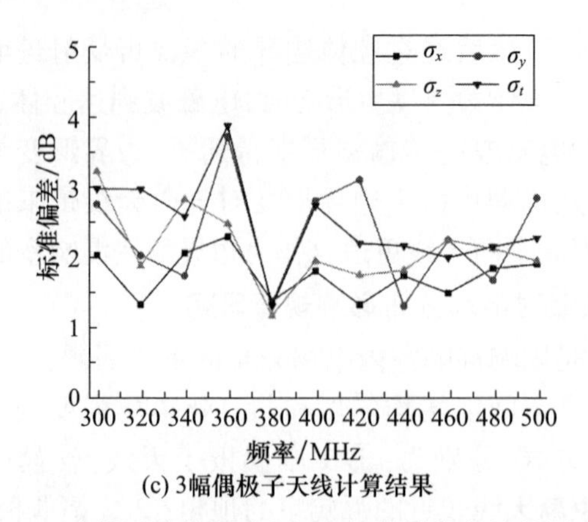

(c) 3幅偶极子天线计算结果

图 4-12　发射天线数量对空间电场统计均匀性的影响规律

从图 4-12 中可以看出,采用 1 幅偶极子天线作为发射天线,空间电场标准偏差随频率升高呈线性下降趋势,频率在 400MHz 以上频段,标准偏差基本小于 3dB 的均匀性容差要求;采用多幅偶极子天线作为发射天线时,尽管标准偏差随频率升高整体呈线性下降趋势,但波动比较大。例如,采用 2 幅发射天线时,频率为 360MHz 时标准偏差为 3.9dB,频率为 380MHz 时最大仅为 2.1dB,前后相差约 1.8dB;采用 3 幅发射天线时,频率为 360MHz 时标准偏差为 3.8dB,频率为 380MHz 时仅为 1.3dB,前后相差约 2.5dB。

图 4-13 是关于不同数量发射天线对应的空间电场标准偏差的统计结果。图中带实心方框的黑线表示标准偏差平均值,带实心圆形的红线表示电场分量小于 3dB 容差要求的个数。从标准偏差平均值的分析来看,多幅天线明显好于 1 幅天线,说明发射天线的多点位摆放能够改善电场均匀性;从符合 3dB 均匀性要求的电场分量的数量来看,多发射天线有 40 个分量符合均匀性要求,而 1 幅天线仅有 36 个分量符合均匀性要求,也说明了多发射天线能够改善空间电场均匀性。

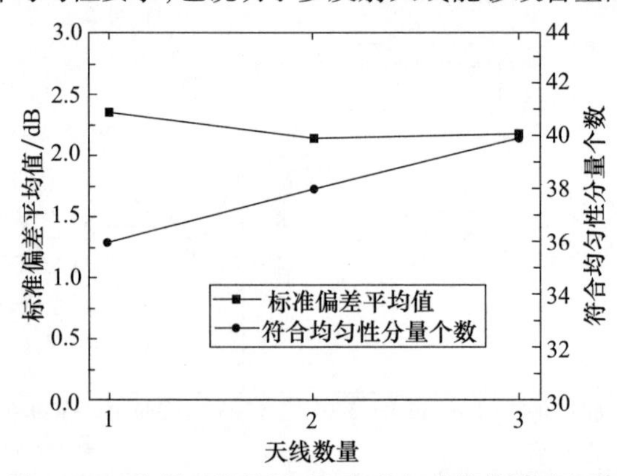

图 4-13　发射天线数量对空间电场特性的影响规律

归一化电场强度是指给发射天线馈入 1W 的输入功率，经过混响室边界形变后在腔体空间能够获取的最大电场强度。分别采用 1 幅发射天线、2 幅发射天线和 3 幅发射天线计算得到的归一化电场强度，如图 4－14 所示。

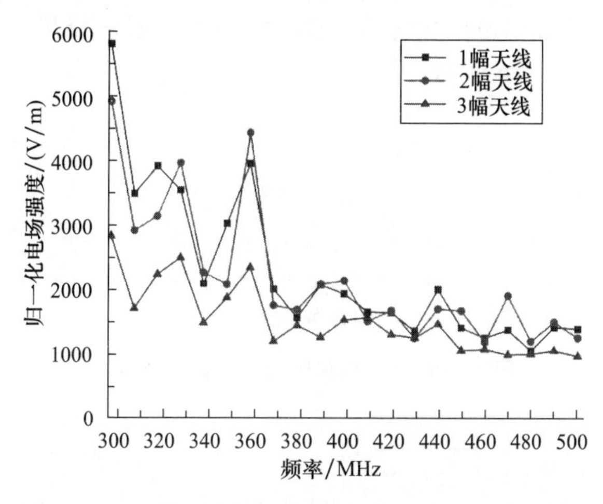

图 4－14　发射天线数量对归一化电场强度的影响规律

从图 4－14 可以看出，归一化电场强度随频率升高而降低，在 400MHz 以上频段归一化电场强度降低的趋势趋缓。单幅天线比多幅天线归一化电场强度高，3 幅发射天线归一化电场强度最低。说明天线数量越多，对馈入功率的转化利用效率越低；且随着天线数量的持续增多，对功率转化利用效率降低的幅度越明显。

这是由于当多幅天线放置在混响室中时，任意一幅天线除了受本身所产生的电磁场的作用之外，还会受到其他天线的作用，将其他天线产生的电磁场作为接受信号传输到混响室外部；另外接收到的电流与自身激励电流叠加还会导致天线极化和阻抗发生变化，影响辐射效率。由此导致多幅天线的归一化电场强度小于单一天线的归一化电场强度。

3. 发射天线配置方式对电场分布影响规律研究

前面研究了发射天线数量对空间电场分布的影响规律，然而即便是同样数量的发射天线，配置方式不一样对空间电场的影响也会存在区别。接下来研究天线配置方式对空间电场的影响规律。

将双发射天线设置为以下 3 种放置方式：

(1) 双角落。2 幅天线分别放置在混响室的两个角落，天线轴向方向分别指向混响室的顶角；

(2) 角落 + 垂直。1 幅天线放置在混响室的角落，天线轴向指向混响室顶角，另外一幅天线放置在混响室两个表面的夹角处，且天线轴向与混响室短棱边平行；

(3)角落+水平。1 幅天线放置在混响室的角落,天线轴向指向混响室顶角,另外一幅天线放置在混响室两个表面的夹角处,且天线轴向与混响室长棱边平行。

分别以上述 3 种天线配置方式作为混响室的发射天线,如图 4-15 所示。混响室的 2 个腔体表面边界形变,形变幅度为 40cm,计算结果与单偶极子天线作对比,结果如图 4-16 所示。

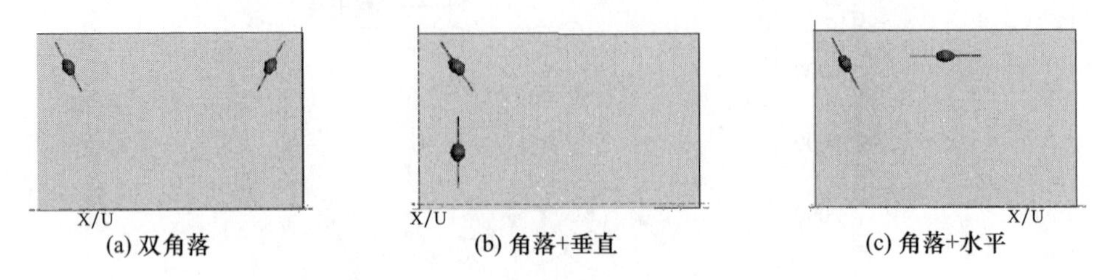

图 4-15　2 个偶极子天线位置摆放方式

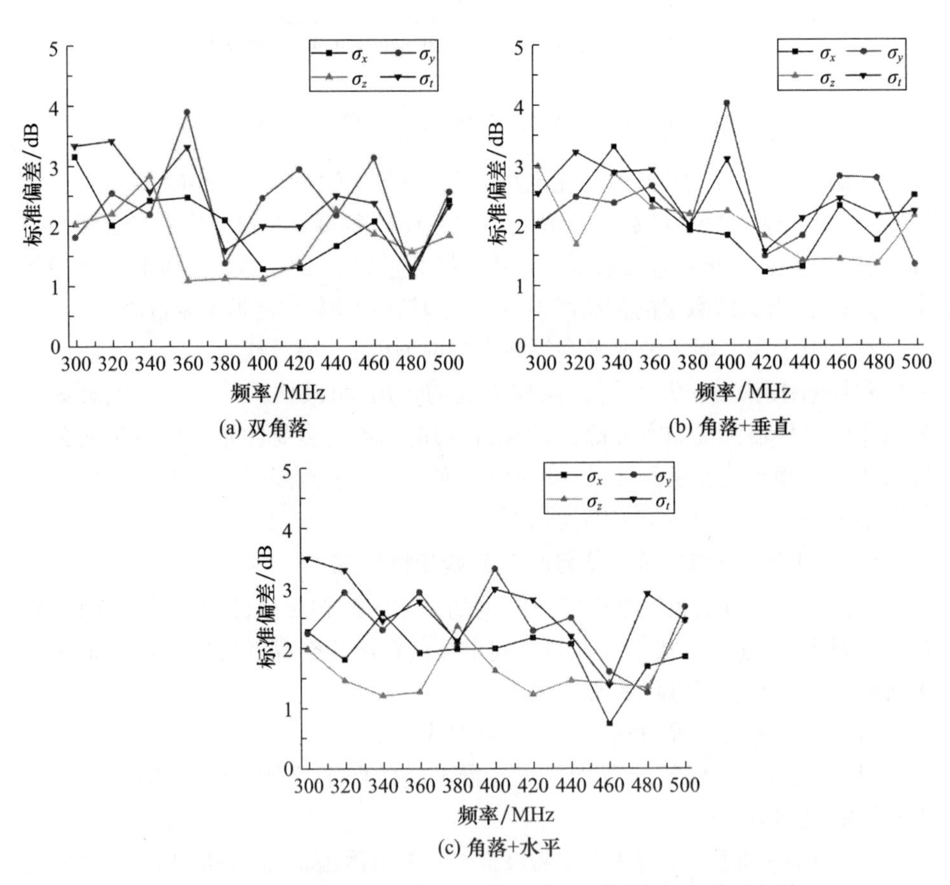

图 4-16　发射天线摆放方式对空间电场统计均匀性的影响规律

从图4－16可以看出,这些天线配置方式,都没有得到空间统计均匀的电磁环境,说明要想获得性能良好的边界形变混响室,还需要在其他参数上继续优化。在双角落天线配置模式中,11个频率中有7个频率的电场及其分量的标准偏差小于3dB,完全符合均匀性统计要求。对于角落+垂直天线模式,11个频率中有8个频率的电场及其分量的标准偏差小于3dB。对于角落+水平天线模式,11个频率中有8个频率的电场及其分量的标准偏差小于3dB。

在图4－17中,横坐标1代表单天线、2代表双角落天线、3代表角落+垂直天线、4代表角落+水平天线;实心方框黑线表示标准偏差平均值,实心圆形红线表示电场分量小于3dB容差要求的个数。从标准偏差平均值分析,几种配置方式基本一致,角落+垂直配置方式量值略高于其他配置方式。从符合3dB均匀性要求的电场分量的数量看,角落+垂直配置方式符合均匀性的分量个数最多,为41个,角落+水平天线配置方式符合均匀性的分量个数最少,为38个,均比单幅天线36个符合要求的分量个数要多。综合来看,角落+水平配置模式效果最好,最适合作为多天线配置模式。

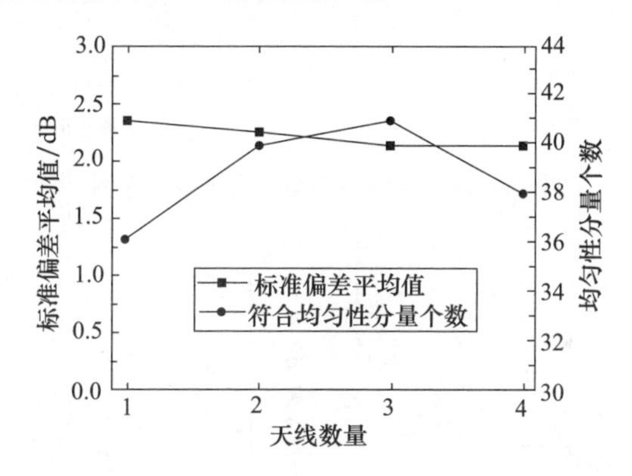

图4－17 发射天线摆放方式对空间电场特性的影响规律

综合分析天线类型、数量和配置方式对空间电场分布的影响发现:全向天线比定向天线更适合作为边界形变混响室的发射天线,多天线配置方式能够改善空间电场均匀性。当边界形变混响室均匀性不满足要求时,可适当增加发射天线数量,以改善电场的统计均匀性。

4.3.5 混响室边界形变部位研究

混响室顶角受牵引形变是混响室形变的可选方案之一。假设使用一台步进电机牵引混响室的一个顶角,线性向外牵引,可使混响室的5个表面发生形变。

构建顶角牵引形变模型如下:建立一个长宽高分别为L、W、H的矩形腔体,通过改变顶角坐标位置,使腔体发生形变。首先确定矩形腔体顶角起始位置:A坐标$(0,0,H)$、B坐标$(L,0,H)$、C坐标(L,W,H)、D坐标$(0,W,H)$、E坐标$(0,0,0)$、F坐标$(L,0,0)$、G坐标$(L,W,0)$、H坐标$(0,W,0)$;在顶角受牵引形变过程中,E、F、G、H4个顶角的坐标保持不变,A坐标变为$(-x,-x,H)$,B坐标变为$(L-x,-x,H)$,C坐标变为$(L-x,W-x,H)$,D坐标变为$(-x,W-x,H)$。腔体结构变形情况如图4-18所示。

将顶角A偏离原来位置的最大距离定义为形变幅度,则形变幅度在量值上为$\sqrt{2}x$。假设顶角形变最大位移分别为30cm和60cm,计算频率区间为300~500MHz,频率间隔为20MHz。计算结果如图4-19所示。

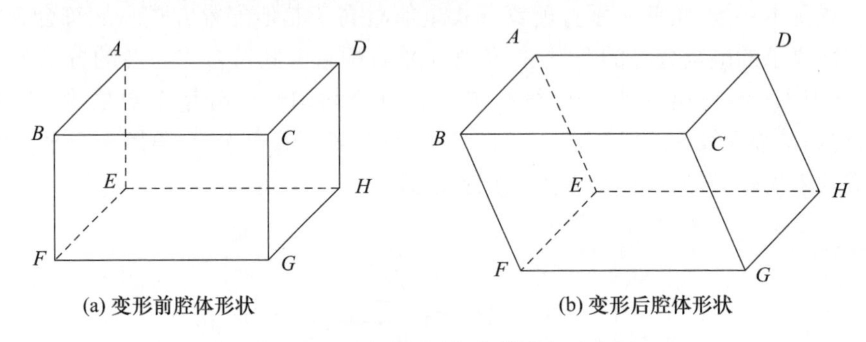

图4-18 混响室顶角牵引形变示意图

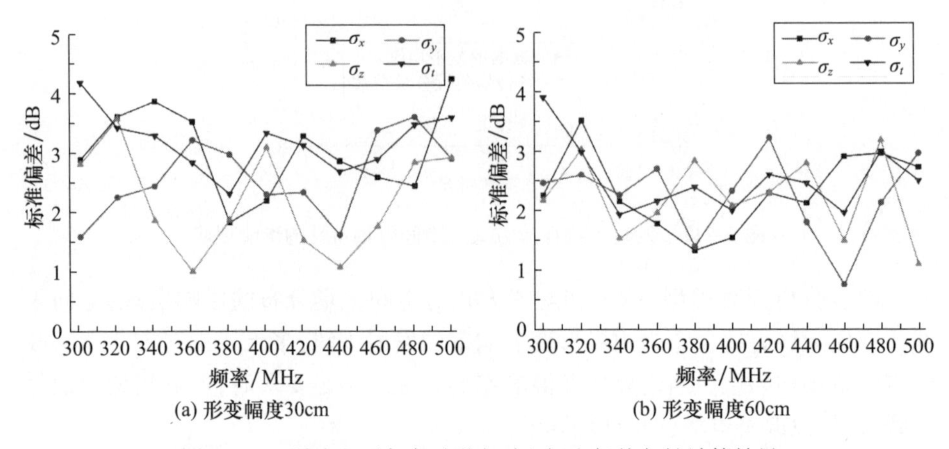

图4-19 混响室顶角牵引形变时空间电场均匀性计算结果

从图4-19可以看出,对于顶角牵引形变混响室来说,当形变幅度为30cm时,空间电场均匀性比较差,11个频点当中仅有2个频点的统计均匀性满足3dB容差要求;当形变幅度增大到60cm时,空间电场均匀性变好,有7个频点的统计均匀性满足3dB容差要求。可见增大形变幅度,能够有效改善空间电场统计特性。

然而,如果为了满足混响室均匀性的要求,需要进一步增大牵引顶角的位移量,由于混响室内部可用测试空间需距离边界至少 1/4 波长,牵引尺寸的进一步增加会减少测试空间,导致混响室失去实际应用价值。因此,混响室顶角形变不是一个理想的形变方式。

4.3.6　边界形变混响室物理模型构建与对比分析

假设边界形变混响室以矩形腔体为主结构,一个表面的中心点受到步进电机沿法线方向向外牵引,形变示意如图 4－20 所示。假设此时腔体的其他几个表面位置和形状不发生变化,受到牵引引起的形变可等效为在受迫形变表面叠加了一个四棱台,四棱台的上表面为步进电机与受迫形变表面的固定点的面积,下表面为受迫形变表面的面积,四棱台的高度就等于受迫形变表面的形变幅度,据此建立混响室的形变物理模型。

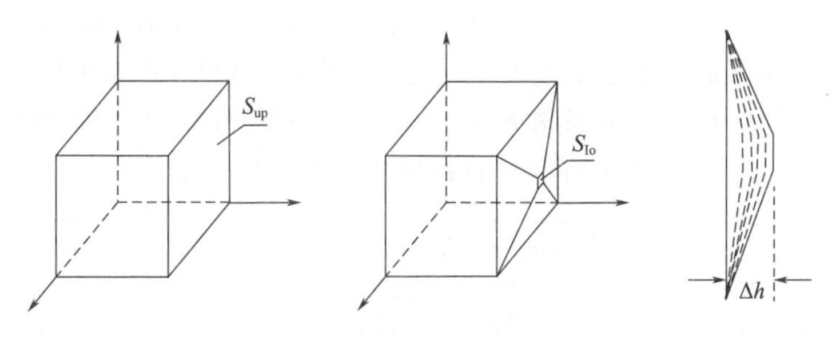

图 4－20　腔体表面形变示意图

参考前面对腔体材料特性、天线类型及配置、边界形变部位对空间电场分布均匀性影响规律的研究结论,在构建边界形变混响室物理模型时,发射天线采用在角落倾斜放置的偶极子天线,腔体材料采用理想金属材料,形变模式采用腔体表面形变,混响室的工作区域为矩形腔体内部距离边界和发射天线小于工作频率对应波长 1/4 的区域。构建的模型如图 4－21 所示。

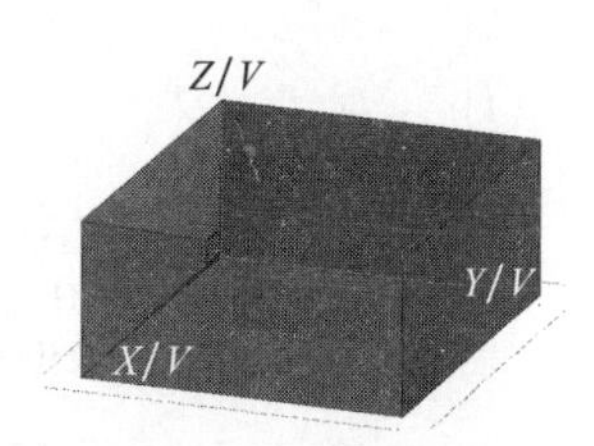

图 4－21　模调谐模式边界形变混响室物理模型

本章提出的物理模型与国际常用模型的比较如表 4－3 所列。与国际上常用模型相比,该模型物理意义清晰,易于理解,容易映射到实际的边界形变混响室,能够做到线性离散式形变,可使混响室工作于模调谐模式。但是与常用模型边界褶皱结构对电磁波的漫发射效应相比,体积扰动时边界依然是准镜面状态,对空间电场的扰动效率不高,获取空间统计均匀电磁环境可能会存在困难。

表 4－3　本章模型与国际常用仿真模型的比较

比较类别	国际常用模型	本章提出的模型
边界形变方式	边界随机褶皱状结构连续形变	腔体表面凸凹状线性离散形变
形变方式在实际应用中的实现难度	较难	容易
对应边界形变混响室的工作模式	模搅拌	模调谐/模搅拌
对电场分布的扰动	效率高	效率低
均匀性获取难度	容易	较难

4.3.7　形变幅度对电场分布的影响规律

假设建立的混响室模型的几何尺寸为 3m×2m×1.5m，在 3m×2m 和 3m×1.5m 两个腔体表面做受迫形变，受迫形变结构的上表面尺寸均为 0.3m×0.3m，形变幅度分别设置为 30cm、40cm 和 50cm。研究的频率范围为 300～500MHz，频率间隔为 20MHz。计算得到的空间电场均匀性如图 4－22 所示。

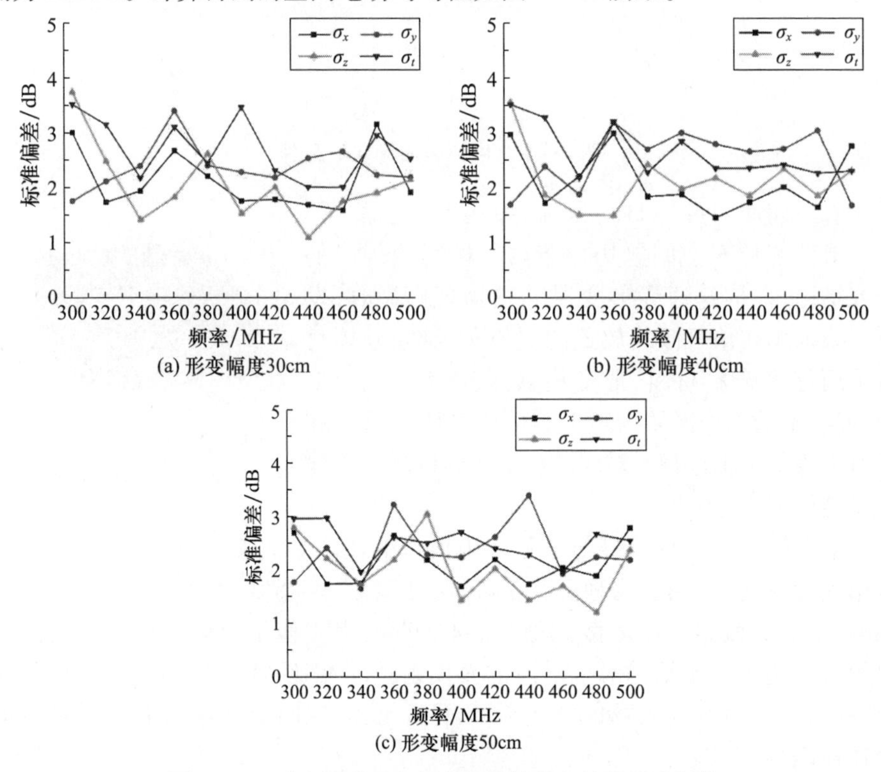

图 4－22　形变幅度对空间电场统计均匀性的影响规律

从图 4 - 22 中可以看出,随着形变幅度的增加,空间电场标准偏差量值逐渐下降;形变幅度为 30cm 时,9 个电场分量的标准偏差超过 3dB,超标率为 20.5%;形变幅度为 40cm 时,7 个电场分量的标准偏差超过 3dB,超标率为 15.9%;形变幅度进一步增加到 50cm 时,电场分量标准偏差超过 3dB 的电场分量降低为 3 个,超标率为 6.8%,标准偏差平均值降低到 2.26dB。由此可见,空间电场均匀性随着形变幅度的增加而改善,这与第 2.2 节中推导的混响室均匀性与边界形变幅度成正比的结论是一致的。

4.3.8　形变表面数量对电场分布的影响规律

为了增加搅拌效果,机械搅拌式混响室搅拌器的数量可以是多个。受此启发,边界形变混响室的形变边界也可以有多个。假设混响室受迫形变表面的数量分别为 1 个、2 个、3 个、5 个,形变幅度为 30cm,计算频率范围为 300 ~ 500MHz,步长为 20MHz。计算结果如图 4 - 23 所示。

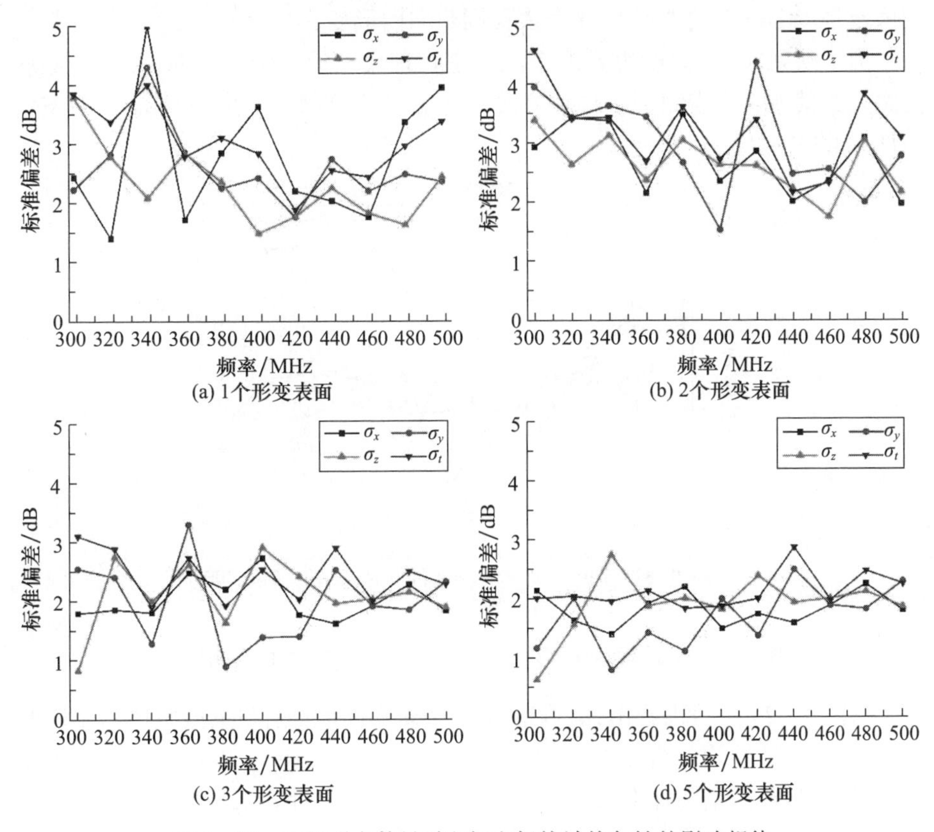

图 4 - 23　边界形变数量对空间电场统计均匀性的影响规律

从图 4 - 23 中可以看出,当混响室的形变表面数量为 1 个时,空间电场的整体均匀性较差,在 300 ~ 500MHz 频段约 1/4 的电场分量的标准偏差超过 3dB 这一混响室均匀性容差要求。当混响室的形变表面数量为 2 个时,电场统计均匀性并没有如预期般变好。当形变数量增加到 3 个时,仅有 2 个分量超标。当形变数量为 5 个时,全部电场分量均满足要求,平均值进一步降低到 1.91dB,完全满足了混响室对空间电场统计均匀性的要求。

4.3.9 多表面协同形变对电场分布的影响规律

尽管在第 4.3.8 节中采用 5 个表面向外形变时混响室的均匀性满足要求,然而却无法映射于实际的混响室。在实际使用中,由于边界形变混响室的制作材料通常为质地柔软的高性能屏蔽材料,当一个表面受迫向外形变时,在大气压力的作用下其他表面会受迫向内形变。混响室的底面一般会放置测试设备,可以认为该底面固定在地板上不会发生形变。因此,混响室真实使用时最合理的假设是 1 个表面向外形变,4 个表面同步向内形变。

为了映射实际,假设边界形变混响室物理模型的 1 个表面向外形变,除底面之外的其他 4 个表面同步向内形变。根据该形变模式计算得到的混响室均匀性,如图 4 - 24 所示。

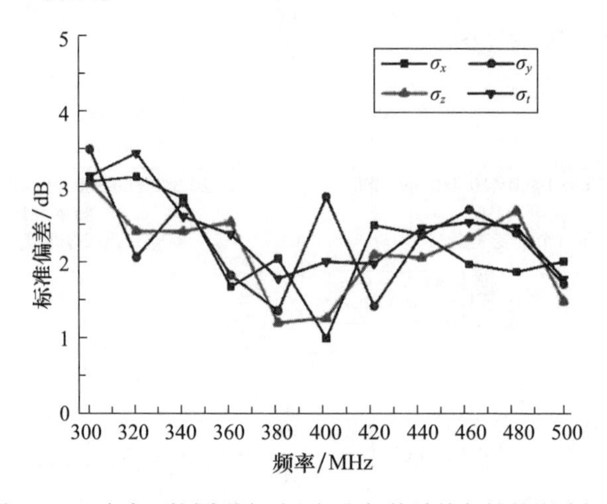

图 4 - 24 多表面协同形变对空间电场统计均匀性的影响规律

从图 4 - 24 中可以看出,混响室的空间电场的标准偏差量值整体呈下降趋势,说明电场统计均匀性随频率升高而变好。仅当频率为 300MHz 和 320MHz 时,电场分量或总量的标准偏差大于 3dB,不满足均匀性要求。当频率达到或高于 340MHz,所有频率对应的电场均匀性均符合要求。

图 4－25 为混响室物理模型采用 1 个表面向外形变、4 个表面向内形变的形变范式时，计算得到腔体内部天线接收功率的变化情况。可以看出，当混响室的边界发生形变时，采样点的接收功率量值变化剧烈，说明边界形变对混响室内的电场扰动比较充分。当频率为 400MHz 时扰动比为 44.6dB，频率为 500MHz 时扰动比为 54.2dB，远远大于混响室机械搅拌器约 25dB 的扰动比，说明该形变范式是有效的。

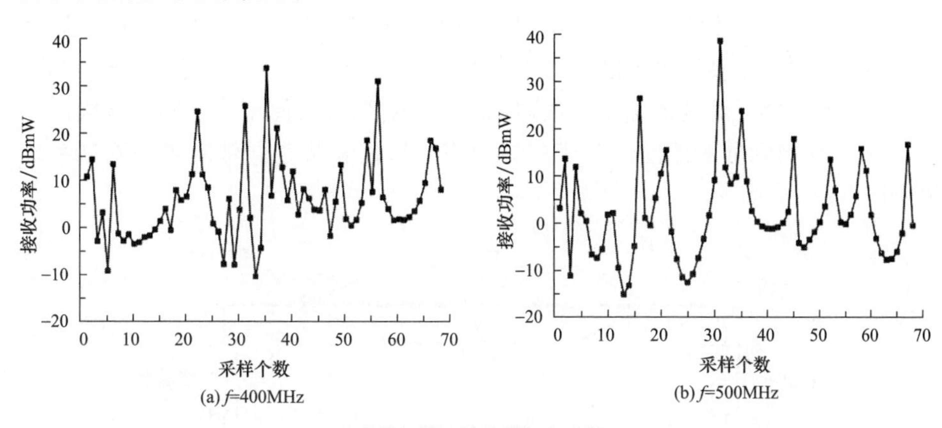

图 4－25　混响室模型内电场接收功率随采样个数变化规律

图 4－26 为混响室中电场累计概率分布函数。图中虚线代表理论 Rician 分布，实线代表计算数据。可以看出当频率分别为 400MHz 和 500MHz 时，仿真数据和理论 Rician 分布函数基本一致，并且频率越高，一致性越好，说明混响室的统计特性也在变好，这与空间电场均匀性计算数据一致。

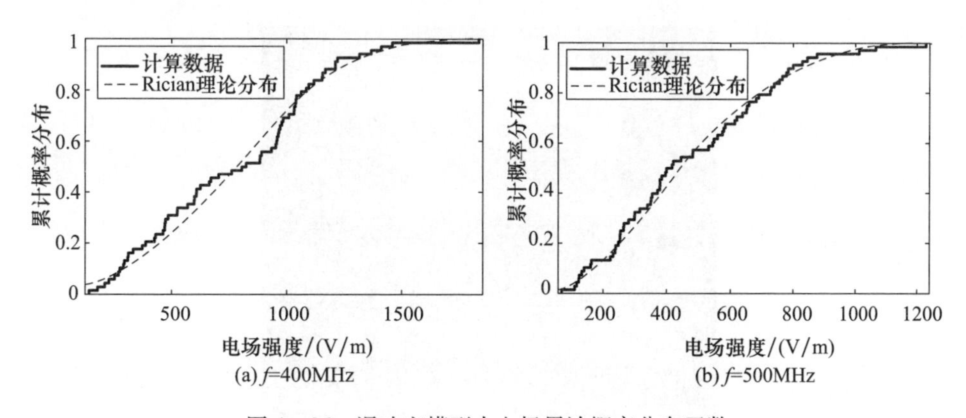

图 4－26　混响室模型内电场累计概率分布函数

4.4 模调谐模式边界形变混响室实现与性能评估

4.4.1 混响室腔体材料选取

边界形变混响室腔体材料应具有易于形变、且兼具一定的电磁屏蔽效能的特点,这样混响室才能易于实现边界的受迫形变,同时还能尽可能多地存储电磁能量,不至于过多失去小输入功率产生高场强的优点。按照 GJB 6190—2008《电磁屏蔽材料屏蔽效能测量方法》规定标准测试方法,使用法兰同轴试验测量了某复合材料的屏蔽效能。基于矢量网络分析仪和法兰同轴装置的测试系统如图 4-27 所示。

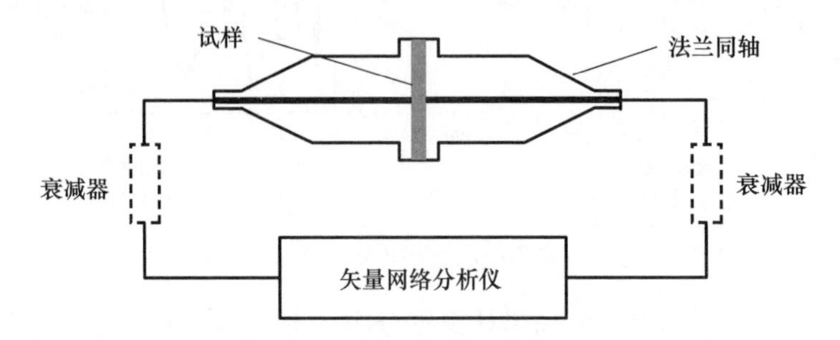

图 4-27　法兰同轴法 SE 测试系统框图

使用某法兰同轴(可用频率带宽为 1~10GHz)试验测量了某型复合材料的屏蔽效能,测试现场如图 4-28 所示,测试结果如图 4-29 所示。

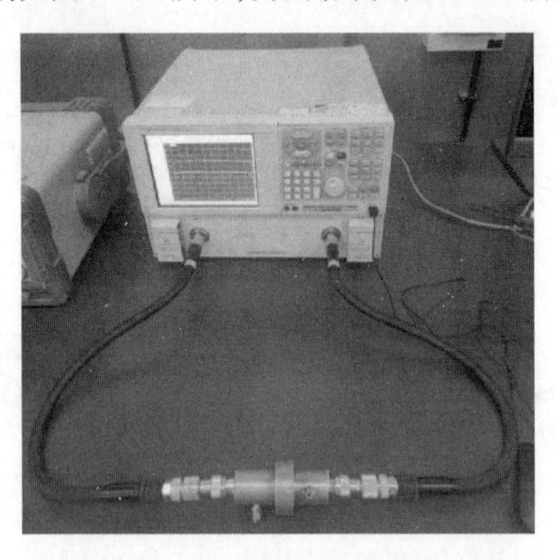

图 4-28　法兰同轴法材料 SE 测试现场

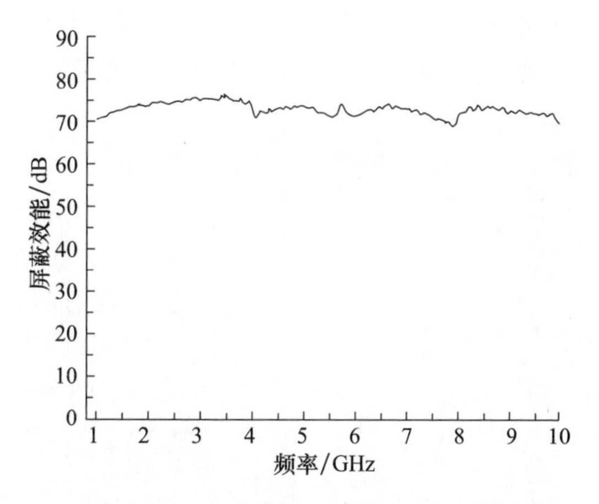

图 4 - 29　法兰同轴法材料 SE 测试结果

从图 4 - 29 中可以看出，在 1 ~ 10GHz 频段，该复合材料屏蔽效能量值在 70 ~ 80dB 之间波动，屏蔽效果较好。并且由于该复合材料质地比较柔软，易于形变，因此选用该复合材料作为边界形变混响室的腔体材料。

4.4.2　边界形变混响室主腔体结构研制

制作边界形变混响室的思路是：首先构建一个框架，将柔性屏蔽材料制作的腔体的 8 个顶点固定在框架上，使用步进电机牵引腔体的一个或多个表面移动，从而形成一个边界形变混响室。边界形变混响室腔体构造示意图如图 4 - 30 所示。

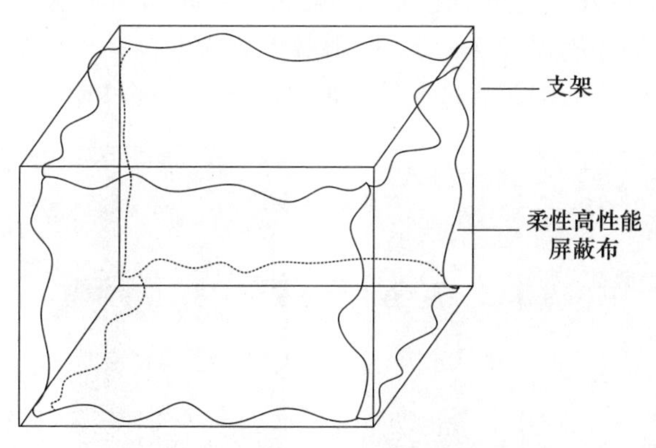

图 4 - 30　边界形变混响室腔体构造示意图

在建造时，使用某型复合材料制作的屏蔽布缝制了一个尺寸为 3m × 2m × 1.5m 的密闭腔体，将屏蔽布的 8 个顶点固定在金属框架上，屏蔽布的一个表面通过连杆与步进电机连接，步进电机的转动带动连杆运动，进而带动屏蔽布的表面沿法线方向做往复运动，这样就构成了一个边界形变混响室，如图 4－31 所示。

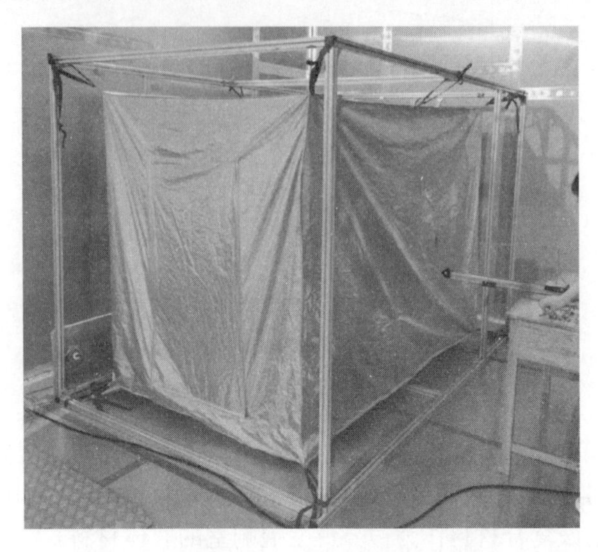

图 4－31　模调谐模式边界形变混响室图片

在屏蔽布上挖掉一个长方形的孔，方便人员和设备进出，然后用屏蔽布制作一个比挖掉部分稍大一些的门，通过磁贴方式密封，防止电磁泄漏，如图 4－32 所示。

设计的运动控制系统包括置于混响室外部的混响室表面运动牵引轨道，以及置于腔体外部的步进电机、运动控制器及供电电源和控制计算机等。使用时，计算机向运动控制器发送命令，控制器将放大的驱动电流通过电缆输送给步进电机并使之转动，然后通过连接杆带动混响室表面移动。

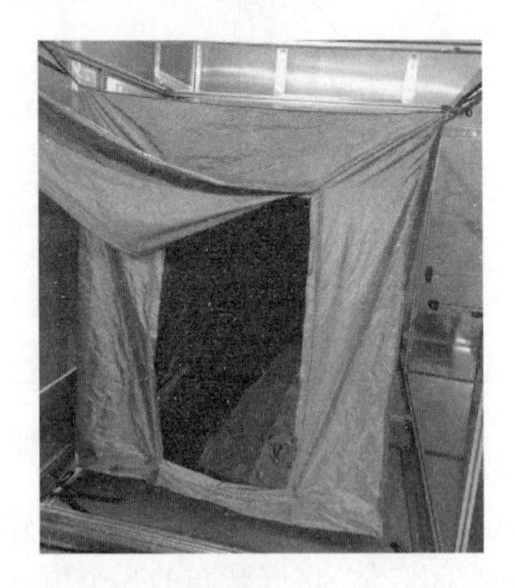

图 4－32　边界形变混响室屏蔽门设计

步进电机带动连杆在直线距离上的运动幅度在量值上等于混响室边界的最大移动距离，因此步进电机带动连杆的移动距离就是边界形变混响室的形变幅度。在开始实验时，需要设置步进电机的运行速度和运行幅度。控制步进电机的运行幅度就控制了混响室的边界形变幅度。

4.4.3　边界形变混响室自动测试系统构建

为了实现边界形变混响室系统的自动测试功能，开发了一套自动测试系统，如图 4-33 所示，测试流程如图 4-34 所示。

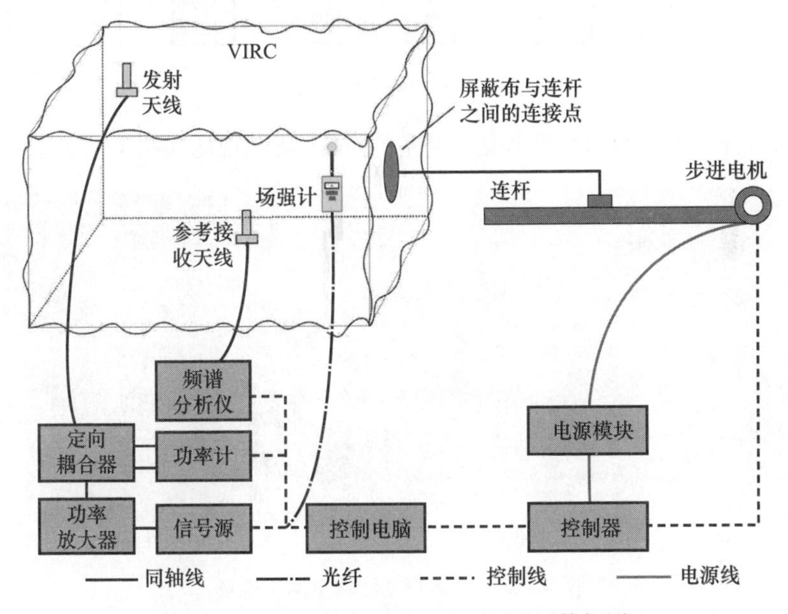

图 4-33　边界形变混响室自动测试系统框图

测试时，首先对编写的软件进行初始化设置，确保信号源、功率放大器、功率计和场强计等设备的连接状态正常。然后，选择电机运动方式。步进模式对应的是混响室模调谐工作模式。步进电机带动混响室表面运动一定距离后停止，混响室内部空间电场形成一个稳态场，场强计、参考天线开始测试数据；测试完成后步进电机根据指令移向下一个位置，依次循环测试。连续模式对应的是混响室的模搅拌模式。此时步进电机在起始位置和终点位置之间以设定的运动速度作循环往复运动，混响室表面连续形变，设备放置在混响室内部就处于一个连续不停变化的电磁环境当中，场强计、参考天线间隔一个固定时间进行测试，相当于从时间上离散取值。测试过程中，系统自动记录空间电场强度、功率计监测到的前向功率和后向功率、连接参考接受天线测试到的频率和电平幅值。

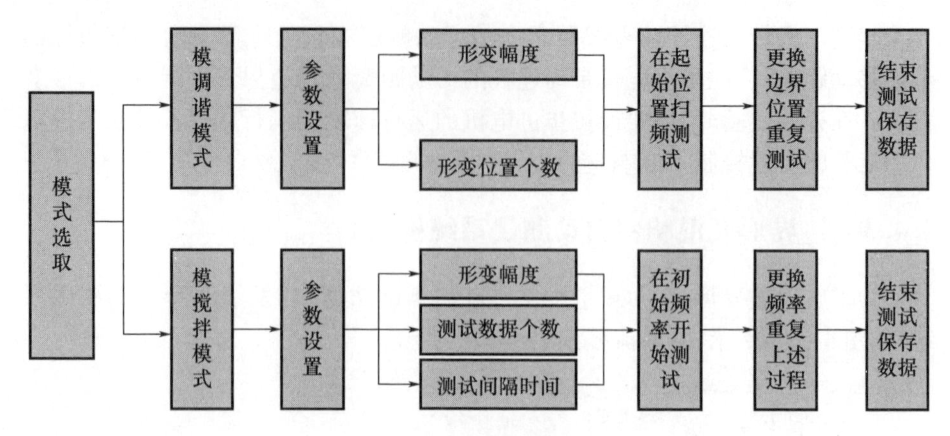

图 4－34　系统测试流程

试验研究了研制的边界形变混响室的性能，测试现场如图 4－35 所示。

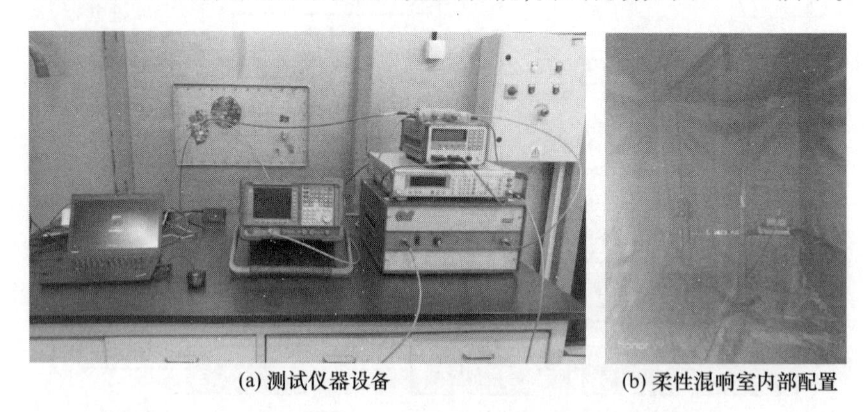

(a) 测试仪器设备　　(b) 柔性混响室内部配置

图 4－35　边界形变混响室测试现场

4.4.4　边界形变效率分析

试验测试了 200MHz、600MHz 和 800MHz 三个频点下混响室的边界形变效率，测试结果如图 4－36 所示。

从图 4－36 可以看出，混响室内电磁场分布随边界形变而发生剧烈变化。在 200MHz 时，天线接收功率最大值约为 24dBmW，最小值约为 5dBmW，扰动比约 19dB；当频率为 600MHz 时，天线接收功率最大值约为 25dBmW，最小值小于 5dBmW，扰动比大于 20dB；当频率为 800MHz 时，天线接收功率最大值约为 15dBmW，最小值小于 －7dBmW，扰动比大于 22dB。可以看出，随着频率升高，边界形变混响室的边界扰动效率在提升，在较高频段混响室有可能获得空间统计均匀的电磁环境。

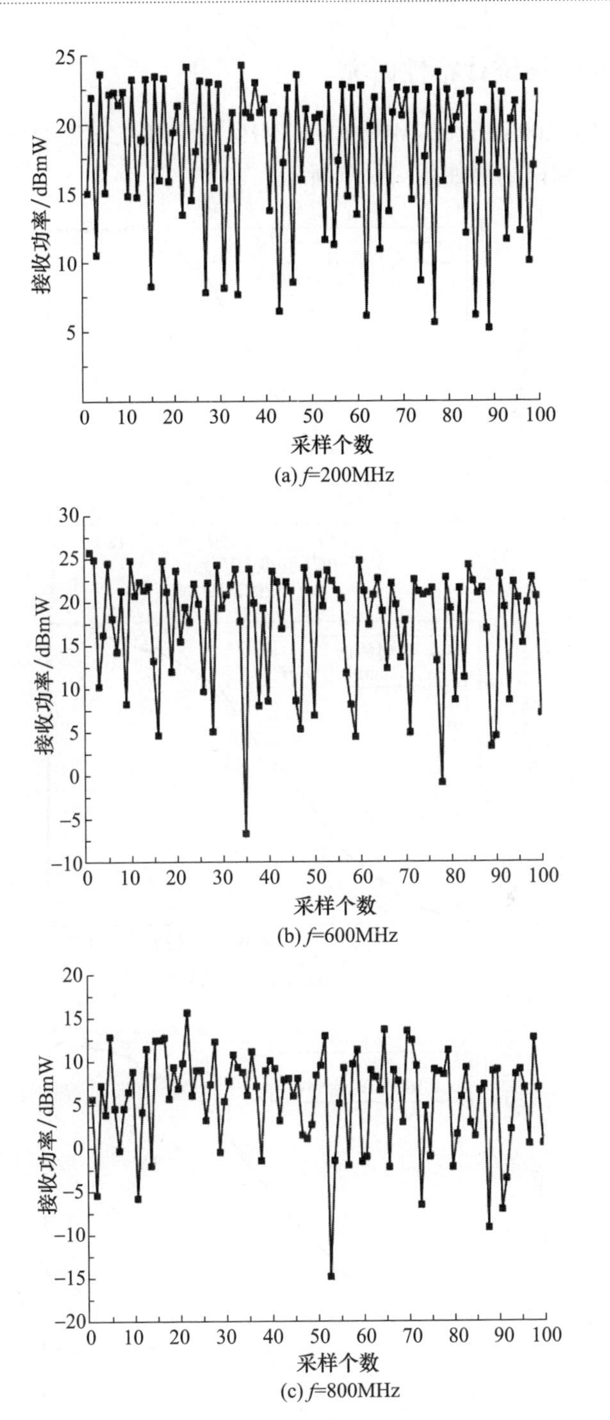

(a) f=200MHz

(b) f=600MHz

(c) f=800MHz

图 4-36　边界形变混响室内天线接收功率随采样个数变化规律

4.4.5 空间电场统计特性研究

试验研究了 200MHz、600MHz 和 800MHz 三个频点下混响室内部空间电场概率分布函数,测试结果如图 4-37 所示。

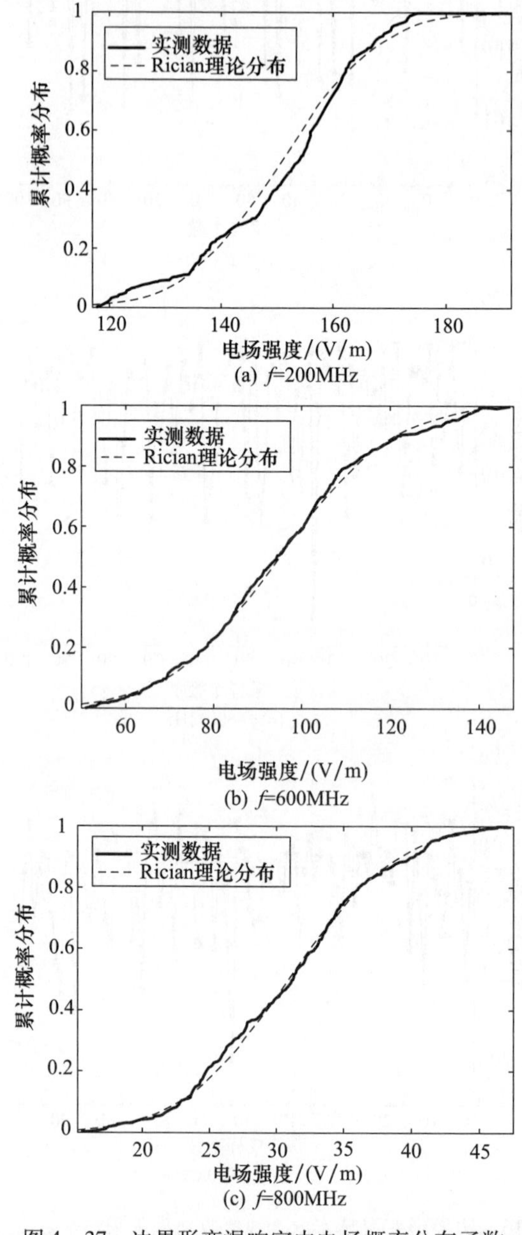

图 4-37 边界形变混响室内电场概率分布函数

图4－37中，实线代表实际测试的电场强度累计概率分布函数，虚线代表拟合的理论分布函数。可以看出，边界形变混响室内的电场分布为累计概率分布函数。频率为200MHz时，实测数据与理论分布函数有一定偏差；当频率升高为600MHz和800MHz，实测数据与理论分布函数的偏差进一步缩小。说明频率越高，实测数据与理想分布函数的一致性越好，研制的混响室内的空间电场统计特性越好，与理想混响室的场分布特征越接近。

4.4.6 空间电场统计均匀性研究

试验研究了形变幅度对混响室均匀性的影响规律，试验结果如图4－38所示。

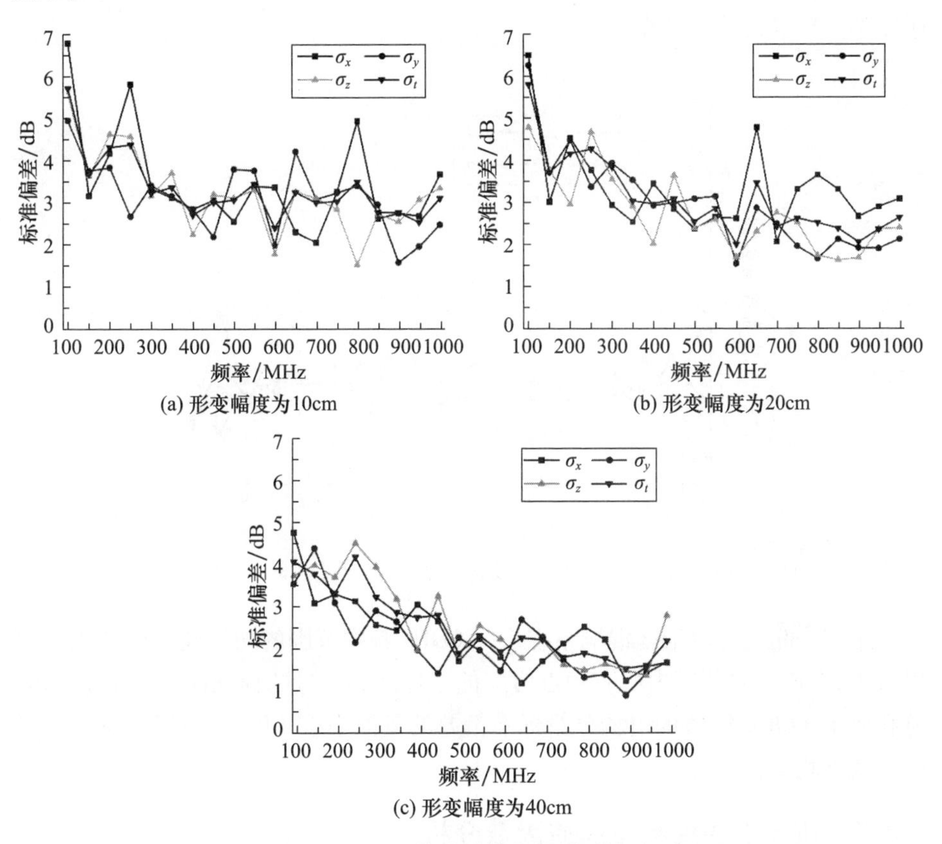

图4－38 边界形变混响室电场统计均匀性测试结果(100～1000MHz)

在图4－38中，σ_x、σ_y、σ_z和σ_t分别表示电场x、y、z分量和总的电场强度的标准偏差。在同一形变幅度下，频率越高标准偏差越小。这是因为随着频率的升高，腔体内部谐振模的数量随之增多，同样的体积扰动下漂移的谐振模数量增多，有更多数量的谐振模落在品质因数带宽内，因此均匀性变好。在同样的频率下，形变幅度越大混响室的均匀性越好。这是因为形变幅度大表示混响室的体积扰动也较大，体积扰动与漂移的谐振模数量正相关，因此均匀性变好。当形变幅度为40cm时，混响室在400MHz及以上频率范围内的电场及其分量的标准偏差小于3dB，满足均匀性要求。

在边界形变混响室最小形变幅度与频率的关系分析中可知，当形变幅度大于39.65cm时，在350MHz以上频率范围内混响室的空间电场分布是统计均匀的；实际测试数据是形变幅度为40cm，400MHz以上频率范围是均匀的。实测数据与计算结果比较接近。实测数据稍差的原因可能是混响室的边界由于重力的作用，形变形状与理想性形变状态不完全一致，导致形变效率下降，最低可用频率高于理论分析数据。

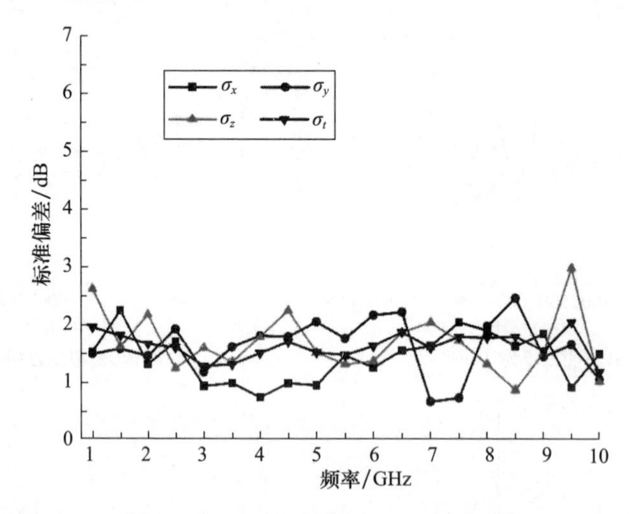

图4-39　边界形变混响室电场统计均匀性测试结果（1～10GHz）

图4-39是边界形变混响室在1～10GHz频率范围的均匀性测试结果。可以看出，在该频率范围内所有频点对应的电场及其分量的标准偏差均小于3dB，符合要求。超过84%的电场分量标准偏差的量值小于2dB，说明混响室在此形变模式下均匀性较好。

4.4.7　边界形变混响室品质因数分析

国际电工委员会给出的混响室品质因数测试公式为

$$Q = \frac{16\pi^2 V}{\eta_{\mathrm{Tx}}\eta_{\mathrm{Rx}}\lambda^3}\left\langle \frac{P_{\mathrm{AveRec}}}{P_{\mathrm{Input}}} \right\rangle_n \tag{4-98}$$

式中:V 表示混响室体积;η_{Tx} 表示发射天线效率;η_{Rx} 表示接收天线效率;λ 工作频率对应波长;P_{AveRec} 表示平均接收功率;P_{Input} 表示前向输入功率;$\langle\rangle_n$ 表示 n 个位置取平均。

上述方法是基于频域测试的,需要测试每个频率下对应参数,测试流程复杂,测试速度慢。

混响室品质因数还可以采用时域方法进行测试。首先测试发射和接收天线的散射参数 S_{21},利用逆傅里叶变换求得其时域响应,即

$$S_{21}(t)=\mathrm{IFT}[S_{21}(f)] \tag{4-99}$$

然后计算其功率时延分布

$$\mathrm{PDP}(t)=\langle S_{21}^2(t)\rangle_N \tag{4-100}$$

时域功率时延分布在混响室中的衰减速率取决于时间常数,$\mathrm{PDP}(t)\sim P_0\mathrm{e}^{-t/\tau_{RC}}$,对 PDP 的衰减函数作一阶最小二乘拟合,得到衰减速率 k,然后可以求解混响室的时间常数为

$$\tau_{RC}=-\frac{10}{k\ln 10} \tag{4-101}$$

之后可计算得到品质因数为

$$Q=\omega\tau_{RC} \tag{4-102}$$

依据此方法测试得到几何尺寸为 3m×2m×1.5m 的边界形变混响室的品质因数,如图 4-40 所示。

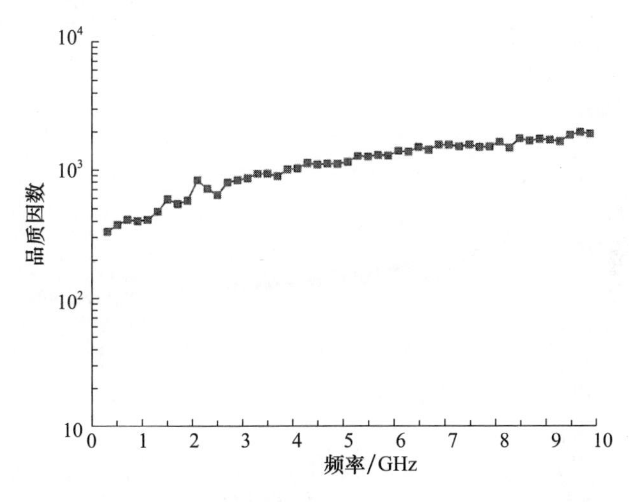

图 4-40　边界形变混响室(3m×2m×1.5m)的品质因数

在图 4-40 中可以看出,建立的边界形变混响室品质因数量值在 $10^2\sim10^3$ 量级,随频率升高而逐渐增大。比几何尺寸为 10.5m×8m×4.3m 的大型机械

搅拌混响室的品质因数略大,如图 4-41 所示。

图 4-42 为边界形变混响室内部归一化电场强度,对应的是使用 1W 的输入功率在不同频段能够获得的最大电场强度。从图上可以看出,使用 1W 的辐射功率,在 1GHz 频段,电场强度最大约为 70V/m。随着频率升高,归一化电场强度呈下降趋势,在 10GHz 时约为 50V/m。由于边界形变混响室建造方便,可以根据实际需要灵活建造小尺寸的混响室用于强场效应试验。

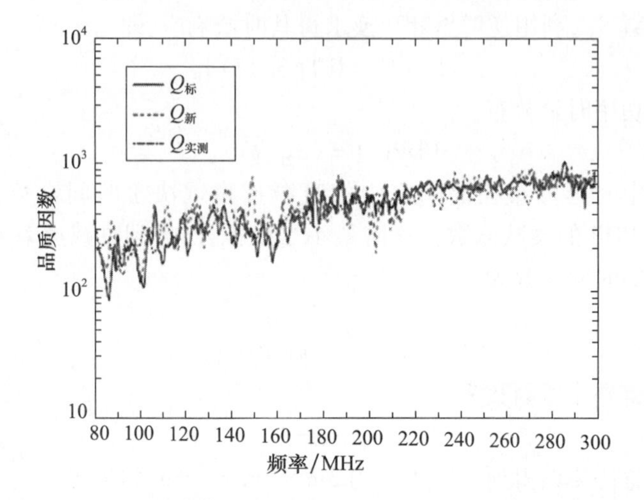

图 4-41　机械搅拌混响室(10.5m×8m×4.3m)的品质因数

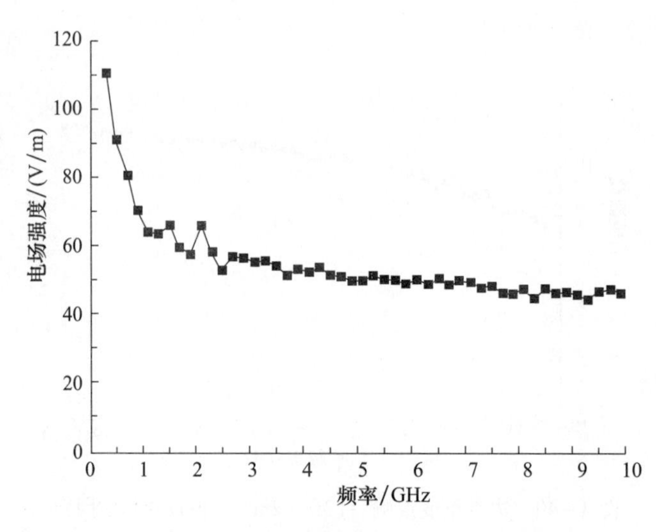

图 4-42　边界形变混响室内归一化电场强度

4.4.8　小尺寸边界形变混响室电场均匀性实验研究

为研究不同体积边界形变混响室的有效性，研制了一个小尺寸的边界形变混响室。几何尺寸为 1.5m × 1.3m × 1m，在 1.5m × 1.3m 的一个表面做边界形变控制，如图 4－43 所示。

图 4－43　小尺寸边界形变混响室（1.5m × 1.3m × 1m）

试验研究了小尺寸边界形变混响室的空间电场均匀性，试验现场如图 4－44 所示。形变幅度分别设置为 20cm、30cm、40cm 和 50cm，测试频率范围为 1 ~ 10GHz。由于小混响室的几何尺寸较小，低于 1GHz 频段的稍大功率的发射天线只能选用对数周期天线或双锥天线，难以放置在小混响室的角落作为发射天线，因此对于小尺寸边界形变混响室的测试频率范围设置为 1 ~ 10GHz。

(a) 混响室门

(b) 混响室内部发射天线

图 4－44　小尺寸边界形变混响室现场测试图片

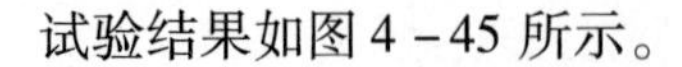
试验结果如图 4 -45 所示。

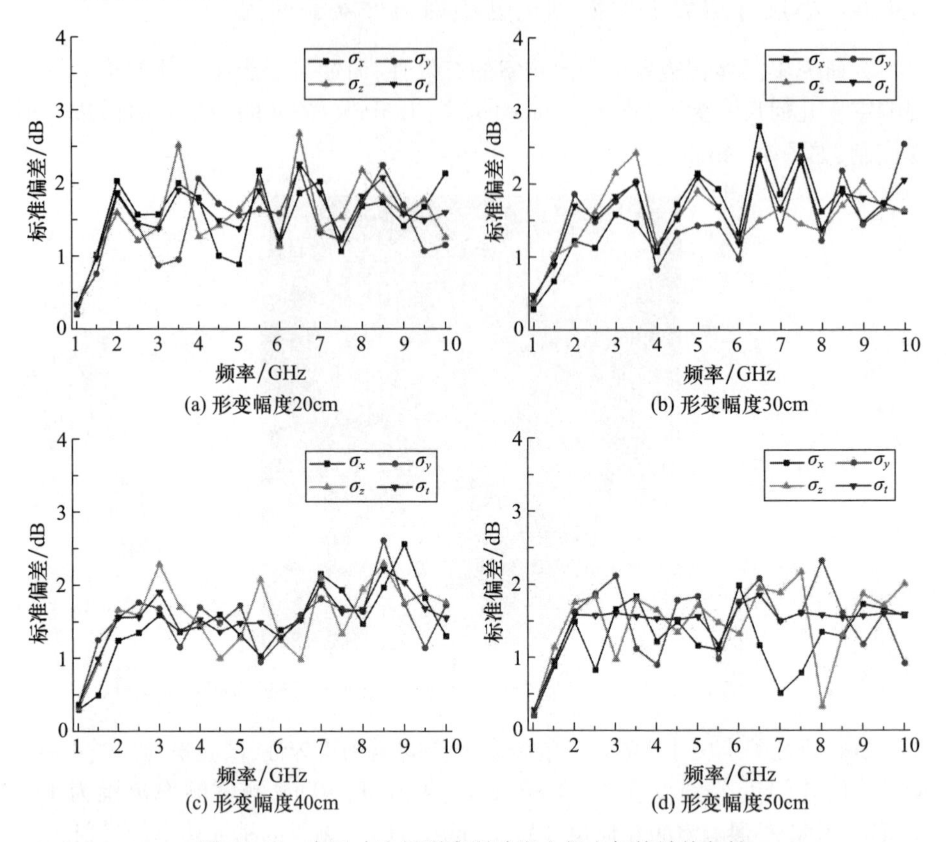

图 4 -45　小尺寸边界形变混响室空间电场统计均匀性

从图 4 -45 可以看出,形变幅度在 20cm 和 50cm 之间都能得到空间统计均匀的电磁环境。当形变幅度小于 50cm 时,3 种形变幅度下标准偏差最大值在 2.7dB 左右,所有分量的标准偏差的平均值在 1.5dB 左右,整个均匀性都比较理想。当形变幅度达到 50cm 时,空间电场均匀性有了较大提升,最大标准偏差小于 2.5dB,这对于机械搅拌混响室来说是一个比较难以达到的量值,所有分量的标准偏差的平均值为 1.44dB,此时混响室可以用于精度很高的电磁测试。

4.4.9　与国际上相关技术的对比分析

与国际上现有边界形变混响室技术相比,本章提出的边界形变混响室技术的边界控制系统在组成上稍显复杂,需要具备步进功能的电机牵引混响室的一个表面沿其法线方向运动。对于形变幅度参数,本方法有理论指导,可根据公式计算出最小形变幅度;而国际上常用的方法,形变幅度及形变部位没有明确规定,需要根据构建的实际混响室测试数据进行逐步调整优化。在空间电场特性上,本章提出的方法,由于边界形变的过程是离散可控的,因此内部场可以是稳态场,能够用于各类型电子设备的效应研究;而国际上目前采用的技术,混响室内部场是非稳态场,仅可用于对能量敏感的电子设备的效应试验。本方法与国际上相关技术的比较见表 4 -4。

表 4 -4　与国际上相关技术的比较

比较类别	国际上常用方法	本章提出的方法
边界形变控制系统	简单	复杂
形变幅度参数设计	无理论指导	有理论指导
混响室工作模式	模搅拌	模调谐/模搅拌
空间电场特性	非稳态场	稳态场
空间电场均匀性的获取	不容易得到,需要多次调整形变幅度等参数	容易得到
混响室应用场景	仅可用于对能量敏感的电子设备的效应试验	可以用于各种类型电子设备的效应试验

第3篇

PART 3

混响室应用技术

HUNXIANGSHI YINGYONG JISHU

第5章 混响室应用技术

本章介绍了国际电工委员会 IEC 61000－4－21 给出的机械搅拌式混响室使用方法，包括校准方法、抗扰度测试方法、辐射反射测试、屏蔽效能测试等。部分测试场景使用机械搅拌式混响室并不是最优解，后续章节将会介绍使用频率搅拌混响室开展相关研究的内容。

5.1 混响室校准

根据国际国内相关标准的要求，混响室在首次建好使用前或大修后应进行一次校准测试来检验混响室的性能，应对混响室在其起始 10 倍频程的工作频率范围内的场均匀性进行验证。满足表 5－1 中规定的 10 倍频程及以上频段的场均匀性要求的混响室才能用于测试，其中采样要求见表 5－2。

表 5－1 场均匀性容差要求

频率范围	标准差的容差要求
80～100MHz	4dB
100～400MHz	100MHz 时 4dB 下降到 400MHz 时的 3dB
>400MHz	3dB

注：每 10 倍频程最多允许 3 个频点的标准差超过容差要求不到 1dB。

表 5－2 采样要求

频率范围	校准和测试中推荐的采样数	校准中频率数要求
f_s～$3f_s$	50	20
$3f_s$～$6f_s$	18	15
$6f_s$～$10f_s$	12	10
$>10f_s$	12	20/decade

注：最小采样数为 12；f_s为起始频率，即 LUF；频点为对数间隔。

5.1.1 空载混响室场均匀性校准步骤

(1)清空混响室,在混响室工作区域内放置接收天线,如图 5-1 所示。设置好幅值测量仪器在正确的频率上监测接收天线输出信号。

(2)将电场探头放置在工作区域周边 8 个顶点上。

(3)在最低工作频率上调节信号源,给发射天线注入适当的输入功率,使探头得到可靠的读数。注意发射天线不要直接对准测试区域或接收天线和场探头,最好将发射天线对着混响室的某一角落。收发天线应是线极化天线,工作频率应在收发天线的频带带宽内。应确保注入混响室的射频谐波分量应在基波幅值的 15dB 之下。

(4)步进旋转搅拌器 360°,最小步数应满足表 5-2 要求。注意设置足够长的时间间隔以使幅值测量仪器和场探头有时间正确反应。

(5)记录接收信号的最大功率 P_{MaxRec} 和平均功率(线性平均)P_{AveRec},记录电场探头各个直角坐标分量的接收信号的最大场强 $E_{\mathrm{Max}x,y,z}$,记录输入功率的平均值 P_{Input}。以上最大值和平均值都是对搅拌器旋转一周而言。

(6)按表 5-2 要求重复上述过程,频率上限至少到 $10f_s$。

(7)对图 5-1 中 8 个场探头位置和接收天线位置中的每一个都重复上述过程。

(8)$10f_s$ 以上的频率范围内只需要测试 3 个场探头位置和接收天线位置,测量仍按以上步骤进行。

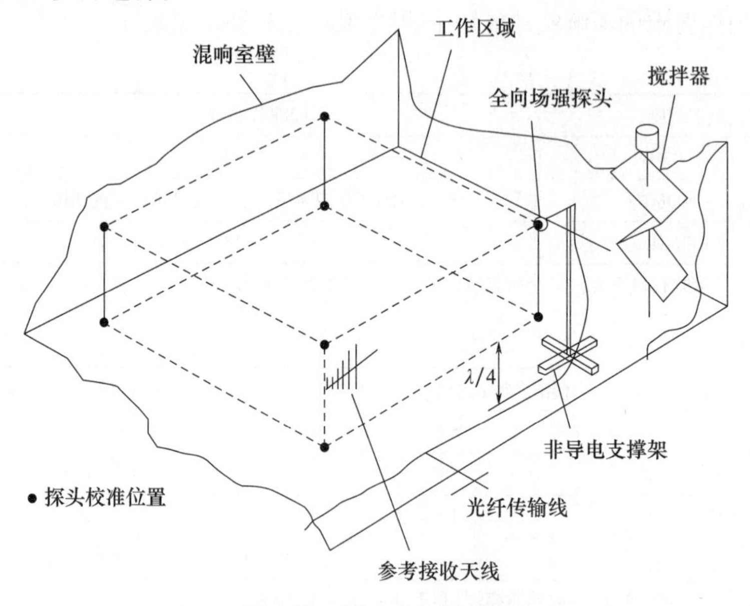

图 5-1 混响室工作区域

5.1.2　数据处理方法

（1）将场探头测量的最大电场强度分量对平均输入功率的平方根进行归一化处理

$$\overline{E}_{\mathrm{Max}x,y,z} = \frac{E_{\mathrm{Max}x,y,z}}{\sqrt{P_{\mathrm{Input}}}} \tag{5-1}$$

式中：$\overline{E}_{\mathrm{Max}x,y,z}$为每个探头测量的最大电场强度分量(共 24 个或 9 个测量值)

（2）对每个校准频率，将上述归一化最大测量分量分别进行平均，即频率低于 $10f_{\mathrm{s}}$时，有

$$\begin{aligned} \langle \overline{E}_x \rangle &= \frac{\sum \overline{E}_x}{8} \\ \langle \overline{E}_y \rangle &= \frac{\sum \overline{E}_y}{8} \\ \langle \overline{E}_z \rangle &= \frac{\sum \overline{E}_z}{8} \end{aligned} \tag{5-2}$$

（3）频率低于 $10f_{\mathrm{s}}$时，对每个校准频率将上述归一化最大测量分量全部进行平均，即

$$\langle \overline{E}_{x,y,z} \rangle_{24} = \frac{\sum \overline{E}_{x,y,z}}{24} \tag{5-3}$$

（4）频率高于 $10f_{\mathrm{s}}$时，对每个校准频率，将上述归一化最大测量分量全部进行平均，此时全部归一化最大测量分量只有 9 个值，即

$$\langle \overline{E}_{x,y,z} \rangle_{9} = \frac{\sum \overline{E}_{x,y,z}}{9} \tag{5-4}$$

（5）场均匀性测量标准差的计算如下：

$$\begin{aligned} \sigma_x &= \sqrt{\frac{\sum (E_x - \langle E_x \rangle)^2}{8-1}} \\ \sigma_y &= \sqrt{\frac{\sum (E_y - \langle E_y \rangle)^2}{8-1}} \\ \sigma_z &= \sqrt{\frac{\sum (E_z - \langle E_z \rangle)^2}{8-1}} \\ \sigma &= \sqrt{\frac{\sum (E_{x,y,z} - \langle E_{x,y,z} \rangle)^2}{24-1}} \end{aligned} \tag{5-5}$$

当频率高于 $10f_{\mathrm{s}}$时，有

$$\sigma=\sqrt{\frac{\sum(E_{x,y,z}-\langle E_{x,y,z}\rangle)^2}{9-1}} \tag{5-6}$$

(6)将方差用 dB 表示为

$$\sigma(\mathrm{dB})=20\lg\frac{\sigma+\langle\overline{E}_{x,y,z}\rangle}{\langle\overline{E}_{x,y,z}\rangle} \tag{5-7}$$

(7)将测试结果与表 5－1 进行对照,如果混响室的场分量的标准差和总数据的标准差均满足表 5－1 规定的场均匀性要求,则混响室通过了场均匀性要求。

注意事项:如果混响室的场分量的标准差和总的数据的标准差均满足表 5－1 规定的场均匀性要求,混响室满足了场均匀性的要求;如果不满足均匀性要求,那么就不能在该频率范围内使用混响室。如果仅仅是少量数据超出均匀性要求,可以通过以下几种方法改善场均匀性:

(1)增加 10% ~50% 的采样步数(仅对混响室步进搅拌而言);

(2)将测试数据归一化到混响室平均净输入功率;

(3)减小测试空间。

如果混响室超过了均匀性要求,则可以减少搅拌器的驻留位置数,但是不能低于 12 个步进位置这个最小的要求。这就使得每个混响室能优化最小取样步数,因而节省测试时间。

如果搅拌器不能提供满足均匀性要求的电磁场,可以通过以下几种方法来改善:增加搅拌器的个数;增大搅拌器尺寸;通过添加吸波材料降低品质因数 Q。

如果混响室接近满足要求,那么也可以从混响室的特性,如尺寸、建筑方法、墙体材料等方面来改善均匀性。混响室在低频段不超过 60 ~100 个波模或者品质因数 Q 很高(比如那些铝质焊接腔体)时很难通过均匀性要求。

一旦经过修正的混响室的结构(比如增加吸收体)或校准过程(搅拌器驻留位置个数)满足场均匀性要求,今后混响室的电磁测试过程也应进行相应修正,即混响室电磁测试过程应与通过场均匀性要求的混响室结构和校准过程相对应。

5.1.3 接收天线校准

空载混响室内部接收天线校准因子(ACF)主要提供加载混响室比较基线。

在每个频点,接收天线校准因子都可以通过以下公式计算:

$$\mathrm{ACF} = \left\langle \frac{P_{\mathrm{AveRec}}}{P_{\mathrm{Input}}} \right\rangle_{8@ \leqslant 10f_0 \mathrm{or} 3@ \geqslant 10f_0} \tag{5-8}$$

式中:P_{Input}是平均输入功率,它与平均接收功率 P_{AveRec}所在位置都一一对应。在校正天线测试因子如天线效应等场合,该校准因子是必须的。

5.1.4　混响室插入损耗

空载混响室插入损耗用来提供必要信息,并依据此计算必须添加的附加物。

每个频点的插入损耗均可由下式计算得到,即

$$\mathrm{IL} = \left\langle \frac{P_{\mathrm{MaxRec}}}{P_{\mathrm{Input}}} \right\rangle_{8@ \leqslant 10f_0 \mathrm{or} 3@ \geqslant 10f_0} \tag{5-9}$$

式中:P_{Input}是平均输入功率,它与最大接收功率 P_{MaxRec}所在位置都一一对应。

5.1.5　用天线估算混响室的电场

混响室内电场模量的期望值,也就是 24 个场探头最大读数的平均值,可以用基于最大参考接收天线读数的表达式对天线位置数 n 进行平均来表示,具体可以写成

$$E_{\mathrm{Est}} = \left\langle \frac{8\pi}{\lambda} \sqrt{5 \frac{P_{\mathrm{MaxRec}}}{\eta_{\mathrm{rx}}}} \right\rangle_n \tag{5-10}$$

式中:P_{MaxRec}为某一天线位置时,搅拌器运行一周时参考接收天线读数最大值;η_{rx}为参考接收天线的天线效率因子,对数周期天线为 0.75,喇叭天线为 0.9。

建议将场探头测得的(最大)电场期望值与参考天线测得的电场期望值相比较,如果相差 3dB,则找出问题并解决。但应注意,由于收发天线的加载影响,在低频段可以有较大差别。当混响室输入功率与参考接收天线最大接收功率相差等于或小于 10dB 时,一般不作要求。

5.1.6　混响室最大加载验证

为了确定混响室是否受到 EUT 加载的影响,应在模拟加载条件下完成混响室场均匀性一次性检测。建议这种加载校准,一个混响室终身只进行一次,或大修后进行一次。每次测试前,还应完成有 EUT 的校准步骤。

(1)在混响室测试区域内任意位置放置足够的吸波材料,加载混响室至少到通常测试时的预期程度,一般认为 ACF 因子改变 16 倍或 12 分贝。(注:每一个混响室都是不同的,这种简单决定吸波材料数量的方法是经过反复试验得到的。)

(2)重复8个位置电场探头的校准过程,注意确保探头和接收天线与吸波材料的距离大于1/4波长,用下式确定混响室的加载影响,即

$$\text{Loading} = \frac{\text{ACF}_{\text{EmptyChamber}}}{\text{ACF}_{\text{LoadedChamber}}} \tag{5-11}$$

(3)重复8个位置电场探头的场均匀性校准。如果校准不满足场均匀性要求,说明混响室加载到不可接受程度,这时应减少加载数量再重复进行加载影响的估计。

5.1.7 测试前混响室的校准

每次测试前,EUT及其他支持设备在混响室中需要完成测试前混响室的校准。

(1)接收天线置于混响室工作区域并且使其与EUT、支持设备等相距大于1m(或最低测试频率的1/4波长),用幅值测量仪器监测接收天线在测试频率上的幅值读数。

(2)在最低测试频率f_s上调节RF源电平向发射天线注入适当的输入功率P_{Input},并确保混响室内的射频谐波输入至少低于基波15dB以下。

(3)测试中应充分考虑在一次性校准中为满足均匀性判据而采取的附加措施,注意确保足够长的驻留时间以使幅值测量仪器有时间正确地响应。

(4)记录接收信号的最大幅值和平均幅值以及输入功率的平均值P_{Input}。应确保测量仪器的噪声电平至少低于最大接收功率20dB以下以保证数据采集的精度。

(5)在测试计划中规定的每个测试频率上重复上述过程。

(6)在每个频率上用下面公式计算混响室校准因子(CCF),即

$$\text{CCF} = \left\langle \frac{P_{\text{AveRec}}}{P_{\text{Input}}} \right\rangle_n \tag{5-12}$$

式中:CCF为EUT和支持设备存在情况下,搅拌器搅拌一周时的归一化平均接收功率;P_{AveRec}为搅拌器搅拌一圈时的平均接收功率;P_{Input}为搅拌器旋转一周时的平均前向功率;n为估计CCF时的天线位置数目,只需要一个位置可以满足要求,多个位置时取其平均值。

(7)在每个频率上用下面公式计算混响室加载因子(CLF),即

$$\text{CLF} = \frac{\text{CCF}}{\text{ACF}} \tag{5-13}$$

5.1.8 品质因数与时间常数校准

为了确保混响室时间响应足够快,能够适应脉冲波测试,可以使用下述方

法计算时间常数。

（1）使用混响室校准因子 CCF，计算每个频点的品质因数 Q，即

$$Q = \left(\frac{16\pi^2 V}{\eta_{\mathrm{Tx}}\eta_{\mathrm{Rx}}\lambda^3}\right)(\mathrm{CCF}) \tag{5-14}$$

式中：η_{Tx}，η_{Rx}分别是发射天线和接收天线的天线因子，一般来说可以认为对数周期天线的天线因子为 0.75，喇叭天线的天线因子为 0.9；V 为混响室体积（m^3）；λ 为相应频率的电磁波的波长（m）；CCF 为混响室校准因子。

注意：如果装载混响室的 P_{AveRec} 小于（不大于）最大加载混响室 P_{MaxRec} 的量值，此时就没有必要计算 CLF，可以假定 CLF 为 1。在这种情况下，可以用 CCF 代替 CLF 来计算品质因数 Q。

（2）对应每个频点的时间常数的计算公式如下：

$$\tau = \frac{Q}{2\pi f} \tag{5-15}$$

式中：Q 为上面计算得到的品质因数；f 为测试频率（Hz）。

（3）如果超过 10% 的频率的混响室时间常数大于 0.4 倍脉冲宽度，混响室内部就需要添加吸波体或者增加脉冲宽度。如果添加了吸波体，就需要重新测试和计算品质因数 Q，从而在吸波体最少的前提下满足时间常数要求。这时应该确定新的 CLF。

5.2　模搅拌混响室校准

5.2.1　模搅拌技术考虑

对于模搅拌混响室，搅拌器的转动速度需认真研究考虑，搅拌器的速度应使场传感器和被测设备对混响室中连续变化的场有适当地响应，因此混响室搅拌器的驱动马达的转速应能控制以适应被测设备不同的响应速度或周期。如果被测设备适当地暴露在混响室的变化场中，模搅拌技术比模调谐技术测试要快。

一般三轴电场探头采样速度不满足连续搅拌混响室校准，而能响应混响室快速变化场的快速响应校准传感器是一维的。应当掌握搅拌器搅拌一周时探头的独立采样数。探头的独立采样数应不超过调谐器的独立采样数。采样数（EUT 响应时间间隔数）可能依据搅拌器转速和设备响应时间增加或减少。如果采样数增加，发射或接收的最大场强的期望值将增加，场均匀性将改善。应仔细考虑搅拌器速度和设备响应时间的关系。

一般在不知道 EUT 的响应时间或周期时,应用模搅拌测量应仔细考虑搅拌器速度和设备响应时间。如果设备响应速度相对场的变化足够快,此方法就更完善了,因为也包含了搅拌器的中间状态。

一些仪器对平均场比对最大场强更敏感(如热效应仪器),这样的被测件能够对周围的场进行时间平均和积分,这样快速搅拌器就更优越了。这种情况下测试不再是混响室的最大场强了而是平均场强,这时搅拌器的最大允许速度无关紧要了。

确定调谐器的转速是应用模搅拌技术的关键所在,搅拌器的转速应允许 EUT 有足够的时间响应且任何敏感现象均可以检测到。通常是 EUT 出现敏感现象反过来确定搅拌器的转速是否合适,一旦出现敏感现象,通过调节搅拌器的转速,增加或减少,来观察敏感度阈值是否发生变化,设备敏感度阈值的任何较明显的改变都说明了最开始的调谐器的转速存在问题。模搅拌技术更适合响应时间很短(快速)的 EUT。

5.2.2 搅拌考虑

1)被测设备响应时间和时间周期

EUT 的响应时间或时间周期越快就越适合搅拌测试,这就是为什么屏蔽效能测试用模搅拌方法测试更好的原因之一,因为屏蔽效能测试接收机一般都是快速设备。对敏感度测试 EUT 的响应时间要求能检测到 EUT 对实际作用的电磁场所产生的敏感现象或误动作;对发射测试,必须考虑被测设备的时间周期和监测设备的响应时间。

2)搅拌器的转速

每次测试前应先确定搅拌器的转速,它是由场的变化速率决定的。对于敏感度测试场的变化速率或搅拌器的转速是由 EUT 对外场响应的时间和以能检测到毁坏或降级来确定的;对发射测试,转速是由被测设备的时间周期和监测设备的响应时间来确定。混响室内的场的变化速率不仅与搅拌器的转速有关,还与测试频率有关,频率越高场的变化速率就越快。在整个测试频率范围应对混响室内的场变化率进行估计,再根据最大允许场的变化速率设置搅拌器的转速。一般 1GHz 以下每隔 100MHz 就要对搅拌器转速进行估计,1GHz 以上每隔 1000MHz 就要对搅拌器转速进行估计。

图 5 - 2 是 500MHz 频率时搅拌器旋转一周(5.2s)时内场变化图;图 5 - 3 是 1000MHz 频率时搅拌器旋转一周(5.2s)时内场变化图。

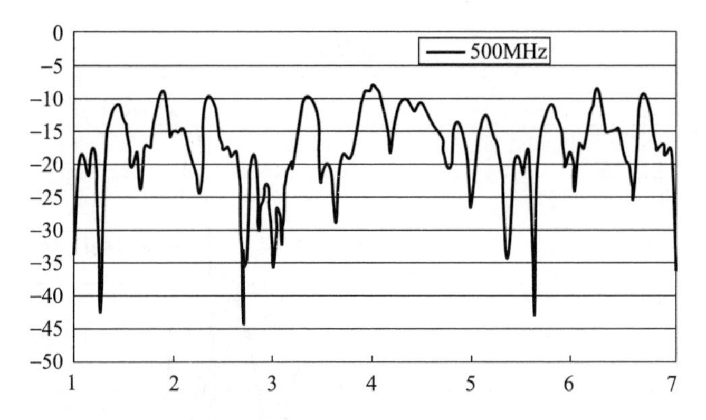

图 5-2　搅拌器旋转一周时接收功率的变化($f=500$MHz)

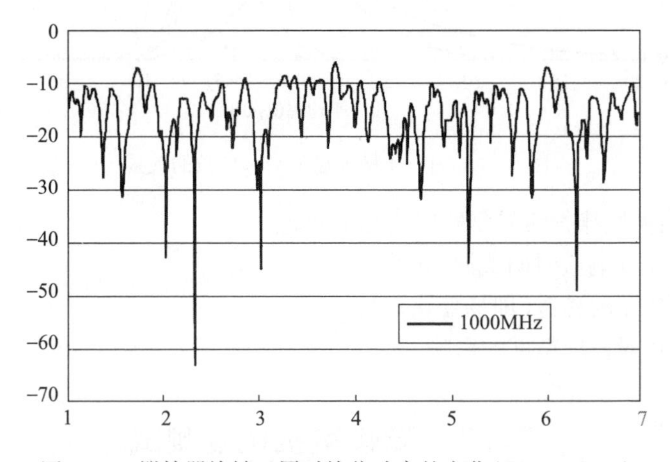

图 5-3　搅拌器旋转一周时接收功率的变化($f=1000$MHz)

3)调谐器对电场的期望值的影响

一般混响室内最大电场的期望值与采样数(调谐器步数)有关,混响室内最大电场的期望值由采样数也就是调谐器的步数决定。图 5-4 表明最大电场的期望值随着采样数的增加而增加。实际上采用模搅拌方法时,很可能得到与模调谐校准不同的采样数。如果采样数比模调谐的多,对敏感度测试的影响就是实际测试的敏感度电平比要求的要高;对辐射发射的影响就是测试得到的 EUT 发射功率比实际发射的功率低,这是因为混响室测量是基于最大功率测量。当采样数增加时,基于平均功率测量将更准确。一般希望校准采样数与测试时的采样数相等,如果两者采样数不等,应尽量使二者采样数尽可能大,采样数越大,电场的期望值的变化就越小。

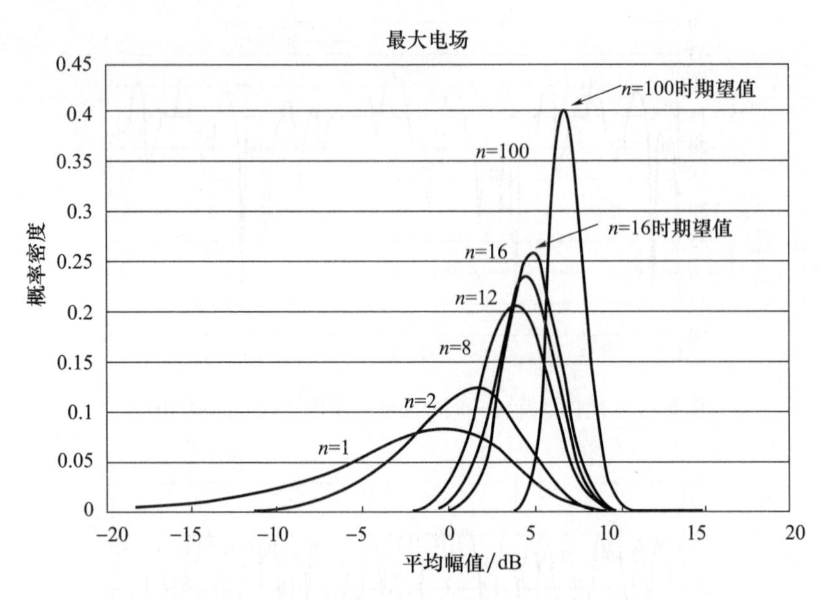

图 5－4　归一化最大场强与采样数的关系

4）应用模搅拌方法需要处理的几个问题

（1）EUT 的响应时间或周期时间。

（2）搅拌器的转速（即场变化率）。

（3）搅拌对校准精度的影响。

5.3　混响室抗扰度测试

5.3.1　测试布置

混响室的典型的测试布置如图 5－5 所示，被测设备依实际的安装要求放置。EUT 距混响室壁在最低可用频率应至少有 1/4 波长的距离。对于桌面设备，EUT 距混响室地面也应有 1/4 波长的距离。对于落地设备，EUT 应由低耗绝缘材料支撑，离地面应有 10cm。测试设备和电缆的安放应在测试报告中记录。发射天线应与校准测试时的位置相同，发射天线不应直接照射 EUT 或接收天线，建议将发射天线对着混响室的某一角落。安装适当的操作模式软件系统、EUT 稳定工作测试装置和所有的监控电路和负载。

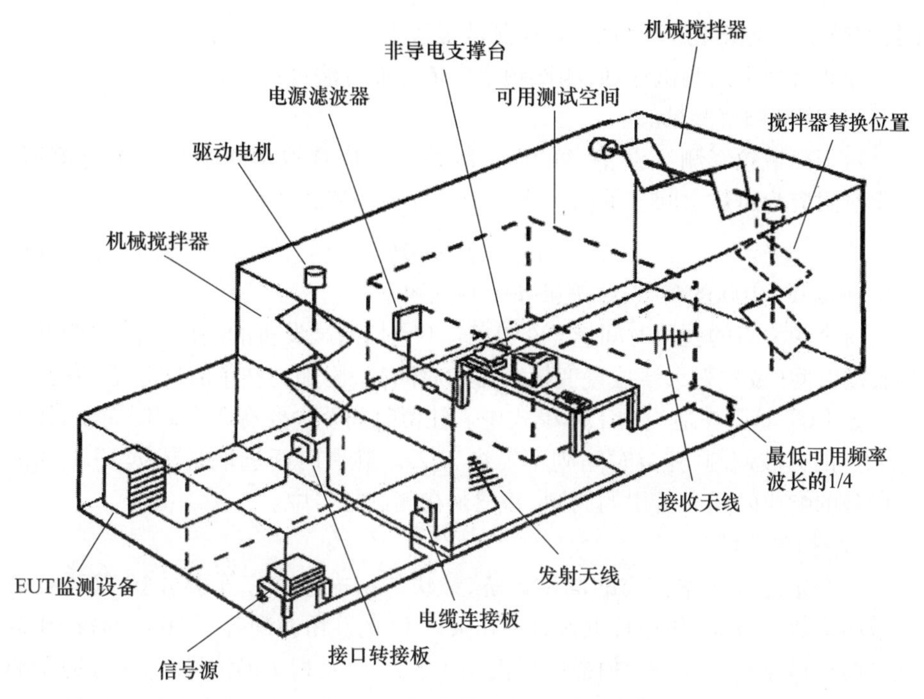

图5-5 抗扰度测试设备配置

5.3.2 测试前的校准

开始采集数据前,应先检查EUT及支持设备是否使混响室有害加载,检查过程见混响室校准。如果采用模搅拌方法,也应注意搅拌器的转速等问题是否得到相应的处理。

5.3.3 辐射抗绕度测试步骤

1)确定混响室输入功率

用下式确定混响室的输入功率,即

$$P_{\text{Input}} = \left[\frac{E_{\text{test}}}{\langle \overline{E} \rangle_{24或9} \times \sqrt{\text{CLF}(f)}} \right]^2 \tag{5-16}$$

式中:P_{Input}为产生所需场强值的前向输入功率;E_{test}为测试要求的场强;CLF(f)为混响室加载因子,频率的函数;$\langle \overline{E} \rangle_{24或9}$为混响室一次性校准时的归一化场强的平均值。

2)频率扫描的速率和间隔的选取

考虑被测设备的响应时间、被测设备的敏感度带宽和监测设备的响应时间,扫描速率应据此进行调整,并在测试报告中进行记录。

除非有特别的测试计划,测试频率应依下面方法进行选取。

(1)离散频率测试。

对于离散频率测试设备,每 10 倍频程至少应选取 100 个频点进行测试。频率空间应为对数空间。下面公式用于计算测试频点,即

$$f_{n+1}=f_n\times 10^{\frac{1}{99}} \tag{5-17}$$

式中:n 是 1~100 的整数;f_n 是第 n 个测试频率。

每个频率点的驻留时间应至少 0.5s,不包括测试设备的响应时间和调谐器的转动时间(或发射天线位置变换所需的时间)。附加的驻留时间是必须的,是为了让 EUT 暴露在适当的工作模式中。驻留时间至少要有 2 个调制周期,如果是 1Hz 的方波调制,驻留时间则不能少于 2s。驻留时间选取是依据 EUT 和测试设备的响应时间和所用的调制,并记录在测试报告中。

(2)扫描测试。

对产生连续频率扫描的测试设备,最快的扫描速率应等于每 10 倍频程的离散频率数乘以驻留时间,也就是 100 乘以 1s 的驻留时间等于 100s 的每 10 倍频程的扫描速率。最快的扫描速率仅用于 EUT 以及相应测试设备,能够完全响应测试激励。如果不能验证 EUT 可以适当响应扫描激励,那么就用离散频率测试。测试频率应增加已知设备的响应频率,如图像频率、时钟频率等。测试中应优先考虑制造商、政府及标准所指定的扫描速率和频率间隔。

(3)完成测试。

辐射抗扰度测试既可用模调谐的方法也可用模搅拌的方法。模调谐的方法测试时,应使用混响室校准相同的最小采样步数。如果用模搅拌的方法测试,应确保 EUT 测试采样数至少与校准时的采样数相同。两种方法都应使 EUT 有足够的驻留时间暴露在场电平下,这对模搅拌法尤为重要。如果混响室的性能足够好,混响室的校准采样步数可以减少到 12。

在每个频带的校准中,都要用接收天线监测和记录 P_{MaxRec} 和 P_{AveRec}。以确保产生了规定的场强值。P_{AveRec} 用来确保混响室加载与校准时没有改变,P_{AveRec} 任何大于 3dB 的变化都应予以解决。P_{MaxRec} 也可以用于估计产生的峰值电场。

监测并记录 P_{Input} 和 $P_{\text{Reflected}}$ 的平均值,搅拌器搅拌一圈时 P_{Input} 大于 3dB 的变化都应记录在测试报告中。加上载波调制,用适当的天线和调制扫描测试频率确保峰值幅度与测试计划一致。

(4)测试报告。

测试报告除了涉及被测 EUT 之外,还应该在每个频点包括以下参量:

(1)混响室内监测场强的接收天线接收到的最大功率;

(2)混响室内监测场强的接收天线接收到的平均功率;
(3)传输给发射天线的前向功率;
(4)发射天线接收到的反向功率;
(5)测试过程中前向功率大于3dB的变化;
(6)基于混响室输入功率的场强偏差超过3dB且无法消除;
(7)混响室内部的线缆敷设情况及与EUT的距离;
(8)测试装置图表(如照片)。

5.4 混响室辐射发射测试

混响室辐射发射测量对设备无特殊的要求,一般满足CISPR16-1标准即可。有两种情况需另考虑:

(1)由混响室品质因数Q引起的短时脉冲(一般小于10μs)变形;

(2)由于机械搅拌器引起的发射信号幅值的明显改变。

Q值(或混响室的时间常数τ)主要由调制脉冲宽度决定,混响室的时间常数τ应小于0.4倍的脉冲调制宽度。在选择驻留时间、调谐器转速和检波方式时应考虑调谐器的影响。

5.4.1 测试布置

混响室测试布置按CISPR16-2进行布置,附加要求是EUT应距墙至少有1/4波长的距离。对于落地设备,EUT应由低耗绝缘材料支撑,离地面应有10cm高度。如果工作需要,EUT可以接地平面。此外,接口电缆的位置不再需要处理,支撑桌面应是非导电的。发射天线(在混响室校准中用于检查混响室加载)应保持和校准时相同的位置。发射天线在测试时不应直接照射EUT和接收天线,接收天线也不直接对着EUT,最好将发射天线对着混响室的某一角落。安装好软件。建立EUT的工作方式并使之稳定,调节好测试设备和全部的监测电路和负载。

5.4.2 测试前的校准

开始采集数据前,应先检查EUT及支持设备是否使混响室有害加载,检查方法见混响室校准。如果用模搅拌方法,也应注意搅拌器的转速等问题是否得到相应处理。一旦加载检查完成,发射天线端口应接一个与校准测试的射频源阻抗等效的阻抗。

5.4.3 辐射发射的测试步骤

辐射发射测试既可以用模调谐的方法也可以采用模搅拌方法进行，重要的是要确保对 EUT 的采样至少同校准时校准设备的采样一样多。对模调谐的测量方式，采样数应与校准时的最小采样数一样。如果用模搅拌的测量方式，采样数至少应与混响室校准时的采样数一样多。同模调谐的方法一样，在调谐器转一整圈时采样应是空间均匀的。

两种方法都应确保每次采样都监测 EUT 足够长的一个时间周期来检测全部的发射（见 CISPR16－2 接收机扫描时间指导），这对模搅拌操作特别重要。模搅拌方法仅适用于非调制信号峰值检波的测量。由于调谐器的运动引起的接收信号幅值的变化，测试时间通常增加了（对峰值检波来说）。模搅拌方法不能用于平均值检波或其他加权检波上。

对调制波发射，如果用 RMS 检波器检波，测量的是测量带宽内的辐射平均功率。如果发射谱比测量带宽宽，全部的平均辐射功率可由在发射频段上对平均功率谱密度积分测得。

用于校准时相同的 Rx 天线监测并记录 P_{MaxRec} 和 P_{AveRec} 值。为得到精确的 P_{AveRec} 值，接收设备的噪声电平至少应低于 P_{MaxRec} 值 20dB 以上。

5.4.4 EUT 辐射功率的确定

测量接收天线接收到的功率并对混响室的损耗进行校正就能得到放在混响室中的设备辐射的射频功率（测量带宽内）。设备所辐射的功率既可以用平均接收功率也可以用最大接收功率表示。式（5－18）用于平均接收功率的测量，式（5－19）用于最大接收功率的测量。平均接收功率的测量优点是不确定度低，缺点是测量系统的灵敏度应低于测量的最大功率 20dB 以上才能得到精确的平均测量值。

$$P_{\mathrm{Rad}}=\frac{P_{\mathrm{AveRec}}\times\eta_{\mathrm{Tx}}}{\mathrm{CCF}} \tag{5-18}$$

$$P_{\mathrm{Radiated}}=\frac{P_{\mathrm{MaxRec}}\times\eta_{\mathrm{Tx}}}{\mathrm{CLF}\times\mathrm{IL}} \tag{5-19}$$

式中：P_{Rad} 为测量带宽内仪器所辐射的功率；CCF 为混响室校准因子；CLF 为混响室加载因子；IL 为混响室插入损耗；P_{AveRec} 为测量带宽内参考天线所接收的功率对调谐器的步数（即采样步数）进行平均；P_{MaxRec} 为在整个调谐器的步数（即采样步数）范围中，测量带宽内参考天线所接收的最大功率；η_{Tx} 为混响室校准中使用的 Tx 天线的天线效率因子，对于对数周期天线可认为效率因子为 0.75，对于喇叭天线一般认为其效率因子为 0.9。

评估 EUT 在自由空间产生的场强(远场)。在 R 处 EUT 产生的电场强度可以用下式进行估算

$$E_{\mathrm{Rad}} = \sqrt{\frac{D \times P_{\mathrm{Rad}} \times 377}{4\pi R^2}} \tag{5-20}$$

式中:E_{Rad}为 EUT 产生场强的估算值(V/m);P_{Rad}为测量仪器带宽内所辐射的功率(W);R 为到 EUT 的距离(m),应满足远场条件;D 为 EUT 的等效方向性系数,一般 EUT 的方向性系数取 1.7,与偶极子辐射等效。如果产品委员会不能提供 EUT 的方向性系数 D 的值,推荐 D 值取 1.7。

干扰场强的计算结果并不总能与开阔场地(OATS)的测量结果兼容(一致),如果需要,兼容性应由 EUT 类型或产品组的特定程序显示。

5.4.5 测试报告

(1)接收天线接收到的最大功率;

(2)接收天线接收到的平均功率;

(3)测量带宽内接收到的 EUT 的辐射功率;

(4)如果需要估算场强大小,需要记录计算场强大小时的等效方向性系数;

(5)混响室加载数据;

(6)混响室内部的线缆铺设情况以及与 EUT 的距离;

(7)测试装置图表(照片等)。

5.5 电缆组件、电缆、连接器、波导和微波无源器件的屏蔽效能测试

5.5.1 EUT 屏蔽效能测试

就像辐射抗扰度测试一样,也有很多技术来评估衬垫、窗口材料以及其他为提供屏蔽能力而设计的系统的屏蔽效能。在这里,通过对 EUT 外部的电磁场与渗透到 EUT 内部电磁场之间的比较来计算屏蔽效能。屏蔽效能的定义为

$$\mathrm{SE} = 10\lg\left(\frac{P_{\mathrm{Ref}}}{P_{\mathrm{EUT}}}\right) \tag{5-21}$$

式中:P_{EUT} 为耦合到 EUT 内部的能量(W);P_{Ref} 为耦合到接收天线上的能量(W)。

5.5.2 测试装置记录

1)混响室

屏蔽壳体上应该至少有一个额外端口去连接 EUT。其他 EUT 可能需要更多端口。

2)天线

发射天线和接收天线应该和校准时保持一致。

3)测试装置

屏蔽效能自动测试系统需要用到的设备和典型构成如图 5-6 所示。如果想获得需要的动态范围也许还需要前置放大器、放大器等设备。

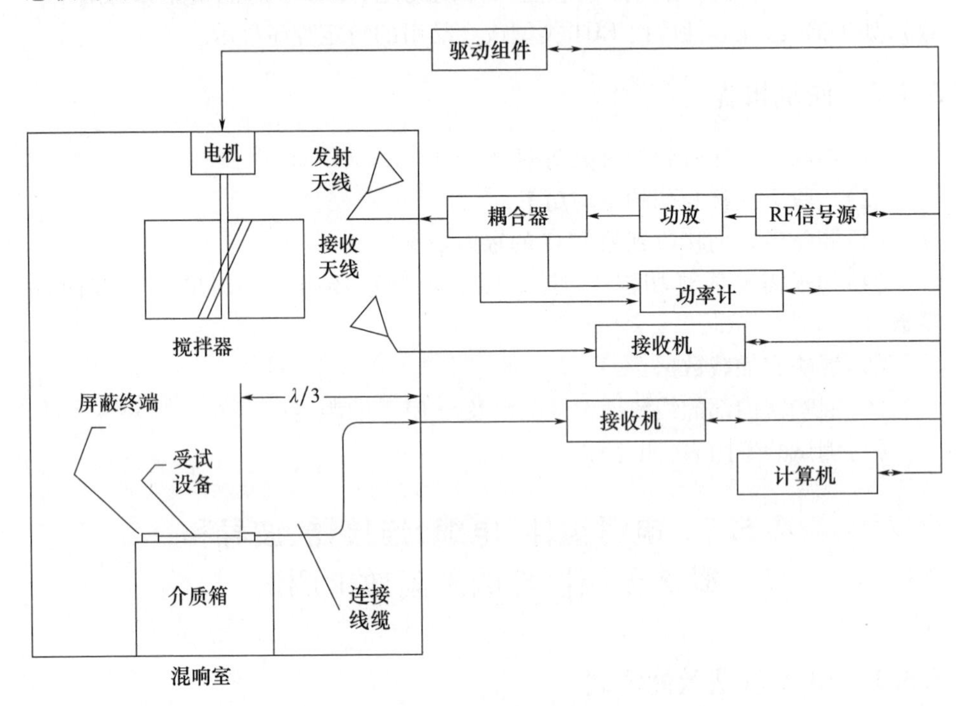

图 5-6　典型测试配置

4)被试 EUT

被试 EUT 通过一定长度的适当媒介与测试设备连接(如同轴电缆、波导管等)。要确保 EUT 在混响室的均匀区域,连接器的长度应当至少达到最低可用频率波长的 1/3。被试 EUT 的端口连接到测试设备,其他端口连接有屏蔽能力的匹配负载。该负载的屏蔽效能至少比 EUT 的屏蔽效能高 5dB(或者比期望的屏蔽效能至少高 10dB)。

5)连接设备

通常采用的连接设备为 50 Ω同轴电缆,屏蔽效能至少比 EUT 高 10dB(或者比期望的屏蔽效能至少高 10dB)。在开始测试之前,应明确所有连接设备的衰减特性,包括被试 EUT 和参考天线。

5.5.3 测试流程

1)概要

测试时使用模调谐或模搅拌方法。采用模调谐模式操作时,使用的步进数目至少与校准时一致。这是为了保证测试时的不确定度不高于校准时。搅拌器空间均匀步进,这样就得到了完全搅拌的所有频点。对于模搅拌操作来说,搅拌器最大旋转速率应该使 EUT(如监控接收机)经历与校准时类似的电场强度的可能量值。无论如何要确保 EUT 经受适当长时间的场强照射。这一点对模搅拌特别重要。如果采用模搅拌操作,应该仔细确保完整记录连续搅拌的要点。

注意:如果被试 EUT 和监控设备响应速度较快,那么屏蔽效能测试通常非常适合采用模搅拌操作,这也是这种测量方法的要求。

测量参数可以是平均接收功率和最大接收功率。平均接收功率将提供一个比较精确的测试结果。然而为了采集精确的平均值数据,它需要的测试设备的灵敏度比最大功率测试设备的灵敏度至少得低 20dB。对于最大功率接收设备而言,其测试设备的动态范围应该至少比期望的屏蔽效能高 10dB。

2)UT 测试

将射频信号发生器连接到混响室(如果需要,则经过放大器)并且在给定频点向混响室输送一定的输入功率。按照期待的模式选择模调谐/模搅拌操作。

将测量设备与 EUT 连接起来,混响室参考天线与混响室监控设备连接。

当按照要求采样完毕或搅拌器旋转一周后,从参考天线和 EUT 上读取并记录下每个频点的关键参数(如平均功率或最大功率)。

将天线和 EUT 连线之间的衰减考虑进来,就可以计算屏蔽效能了。

注意:不要混淆参数。比较参考天线接收到的平均功率与 EUT 上接收到的平均功率或参考天线接收到的最大功率与 EUT 上接收到的最大功率。

3)测量 EUT 的替代性方法

如果不是采用两个测试设备,那么测试设备可以一次只连接 EUT 和参考天线中的一个设备。

如果使用两个连接测试设备,那么在计算屏蔽效能时需要同时考虑 EUT 和参考天线的耦合衰减。

如果只使用一个连接装置，那么连接设备的衰减可以忽略，并且屏蔽效能在两个接收功率（峰值或平均值）上有差异。

5.5.4 测试装置控制

在任何测试之前，对于 EUT 来说都应该校准和消除测试装置的动态范围，除非用良好屏蔽后的装置代替 EUT。这个动态范围至少比期望的屏蔽效能好 5dB。

5.6 衬垫、材料屏蔽效能测试

5.6.1 测试方法

与辐射敏感度测试一样，也有多种方法测试衬垫、窗口材料和其他屏蔽设计结构的屏蔽效能。一般来说，屏蔽效能通过放置屏蔽材料或衬垫前后屏蔽体内部的电磁场的比值来计算。在很多标准中（如 MIL－STD－285）都描述过屏蔽效能测试方法。然而，很多测试方法都缺少测试重复性和测试装置的可比性。其中一些差异是由于测试方法引起的，其他因素如表面匹配状况、松紧度等会显著影响屏蔽效能测试重复性。

对于很多屏蔽设计（如衬垫、窗口），混响室测试采用内置混响室法（一个混响室在另一个混响室内部）。在测试设备内部安置一个接收天线和搅拌器，目的是检测泄漏到测试设备内部的射频电磁场。屏蔽效能计算公式为

$$SE = 10\log\left(\frac{P_{\text{Ref}}}{P_{\text{EUT}}}\right) \tag{5-22}$$

式中：P_{EUT}代表渗透到屏蔽体内部的功率；P_{Ref}代表参考天线功率。

5.6.2 测试装置描述

对于测试衬垫和材料，通常要求构造一个测试装置来进行测试。在一些情况下，构建的密闭腔体不适用于材料的测试。在这种情况下，可以采用混响室测试方法。混响室测试屏蔽效能的方法是采用内置混响室法。将一个接收天线和机械搅拌器安置在测试设备内部测量泄漏到测试设备内部的射频能量。搅拌器的几何尺寸应该尽可能大，但是要确保距离接收天线至少 1/4 个波长。图 5－7 就是一个内置混响室的例子。对于材料或窗口测试项目来说，也许需要在活动盖板上开孔缝。

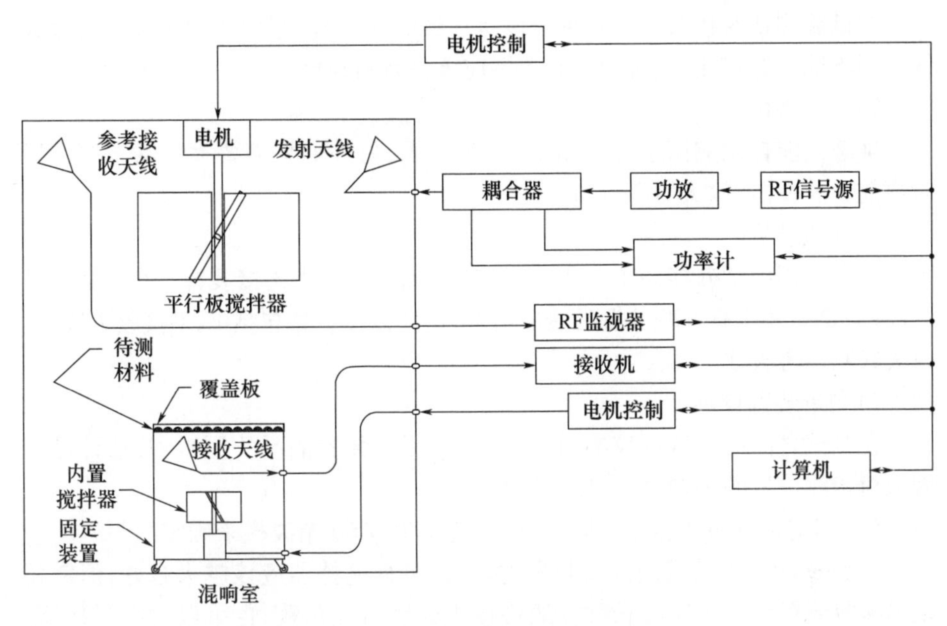

图 5－7　材料屏蔽效能测试设备典型配置

1)衬垫屏蔽效能测试设置

对于衬垫屏蔽效能测试来说,需要一个特定的装置。装置的几何尺寸决定了能够使用的最低可用频率。对于大部分的装置来说,这个最低可用频率对应的频点要能保证装置有大约 60 个波模。该频率的计算公式为

$$N=\frac{8\pi}{3}abd\frac{f^3}{c^3}-(a+b+d)\frac{f}{c}+\frac{1}{2} \tag{5-23}$$

式中:a、b 和 d 分别代表腔体的长、宽、高(m);c 为电磁波的传播速度(m/s);f 为频率(Hz)。

2)材料屏蔽效能测试

对于材料屏蔽效能测试,需要一个测试装置。该装置的一个样品如图 5－7 中所示,需要由一个与衬垫兼容的表面(覆盖板)。在测试时,被试材料可以代替覆盖板,或者安装在孔缝上。装置的几何尺寸决定了最低可用频率。对于大部分的装置来说,可以通过确定具有 60 个波模的频率的方式来确定最低可用频率。

3)混响室

屏蔽壳体应该装置多输入端口,以便于将测试装置与测量设备连接起来。

4)天线

输入天线应该在被测频段是有效的,并且输入天线的发射效率越高越好。

在试验测量时接收天线效率应该是一致的,推荐使用同一副天线。接收天线效率不能恰好够用,为确保动态范围应该是越高越好。

5)测试装配

屏蔽效能自动测试系统如图 5 - 7 中所示,另外如果需要大的动态范围还需要前置放大器、放大器等设备。

6)连接装置

通常采用屏蔽效能高于 10dB 的 50Ω 同轴电缆作为连接装置。在开始测试之前,需要知道所有互联装置的衰减特性,这些连接设备包括 EUT 接收天线、发射天线和参考天线。

7)测量装置校准

在测试之前应当进行校准,目的是确定测量装置的品质因数 Q,估计品质因数对接收信号的影响,校准程序如下。

(1)确定最低可用频率,通过测试装置至少有 60 个波模来确定。

(2)校准时,在装置内部安装发射天线,机械搅拌器应该越大越好,但需要距离接收天线至少 1/4 波长。一般将接收天线对准角落,也可以对准搅拌器。必须屏蔽好接收天线和搅拌器馈入装置的接口,馈源端口至少比预期屏蔽效能高 5dB。

(3)将衬垫/材料安装在测试装置上。对于每个频率来说,向装置内的发射天线注入已知功率(校准应该相对于发射天线和接收天线终端)。记录下装置内搅拌器旋转一周时接收天线接收到的最大功率,以及最大功率对应的发射天线的前向功率和后向功率。

注意:由于接收机的响应时间快,所以屏蔽效能测试也可以采用连续搅拌模式。

(4)装置校准因子(TFCF)通过比较入射功率和最大接收功率的比率来确定。

$$\mathrm{TFCF} = \frac{P_{\mathrm{MaxRec}}}{P_{\mathrm{Input}}} \qquad (5-24)$$

式中:P_{MaxRec}代表在装置内机械搅拌器旋转一周时间内天线终端接收到的最大功率(W);P_{Input}代表装置内天线终端接收到的净输入功率,净输入功率等于前向功率减去发射功率。

(5)如果时间允许,改变装置内发射天线和接收天线的位置,多次重复此过程。对于每个频点,使用最大接收功率的平均值来确定插入损耗。当输入天线和接收天线能三维测试时,使用 3 组数据中的最大读数来计算每个频点下的装置校准因子。重复时,确保输入功率不变,否则就需要计算每种输入功率对应的装置校准因子,然后再计算其平均值。

8)确定测量动态范围

在测试之前,需要按照下列方法确定动态测试范围。

(1)在测量装置上移除待测材料或活动盖板,确保接收天线在适当的位置。这在本质上等于移除了测量装置的侧面。

(2)从测量装置内部移除发射天线和连接装置,并屏蔽好发射天线耦合端口,屏蔽效能至少比预测量值高 10dB。

(3)对于每个测试频率,往发射天线输入给定的功率,记录下在机械搅拌器旋转一周内接收到的最大接收功率。

(4)改变接收天线的位置,同时做好端口屏蔽。

(5)重复步骤(3)。注意,输入功率应该保持一致,否则需要将测试数据进行归一化处理。

(6)改变测量装置接收天线。

(7)通过计算步骤(3)和步骤(5)记录数据的比率确定动态范围,通过式(5-25)计算测量装置插入损耗。确保该量值至少大于期望屏蔽效能 5dB。

$$\mathrm{DR}=10\log\left(\frac{P_{\mathrm{RxAntenna}}}{P_{\mathrm{RxTermination}}}\right)+10\log(\mathrm{TFCF}) \tag{5-25}$$

式中:$P_{\mathrm{RxAntenna}}$是测量装置内接收天线的最大功率;$P_{\mathrm{RxTermination}}$是天线终端最大接收功率;TFCF 是测量装置校准因子。

5.6.3　测试流程

1)概要

使用步进搅拌和连续搅拌模式进行测试。对于步进搅拌操作,步进数不能少于校准时搅拌器的步进数。测量装置内部搅拌器的步进数与其校准时一致。使用步进搅拌模式时,混响室搅拌器每改变一个位置,对应的测量装置内部的搅拌器旋转一周。使用连续搅拌时,搅拌器最大旋转速度应该确保 EUT 和相关测试设备与采用最少步进数量步进搅拌时的暴露效果相当。无论哪种方法,都应该确保测量设备在电磁场中有适当的驻留时间。这一点对于连续搅拌模式来说尤其重要。

注意:通常来说,综合采用连续搅拌和步进搅拌的复合搅拌模式更为方便。混响室中的搅拌器采用步进搅拌方式,步进数量与校准时一致,测量装置内搅拌器采用连续搅拌模式。对于混向室内搅拌器的每一个驻留位置,测量装置内搅拌器连续旋转一周,搅拌速度与测量装置校准时一致。这就确保在测量装置内搅拌器旋转一周的过程中满足测量设备必须的采样率。

测量参数是最大接收功率。由于测试基于最大接收功率,测试系统动态范围至少比预想屏蔽效能高 5dB。

2)EUT 测试

(1)将射频辐射源连接到混响室(必要时使用放大器)。

(2)将测试设备与测量装置内部接收天线连接起来(必要时使用前置放大器)。

(3)将混响室参考天线与监测设备连接起来(需要时使用衰减器)。

(4)去掉测量装置上的衬垫或材料。

(5)开始转动混响室和测量装置内部的搅拌器。

(6)以一定的输入功率往混响室内部注入第一个测试频率。

(7)在搅拌器旋转一周的过程中,从混响室监测设备和 EUT 监测设备上记录下最大读数。

(8)在所有测试频点上重复步骤(7)。

(9)在可能产生电磁泄漏区域安装屏蔽效能已知的材料(铝箔或铜箔、丝网)。在馈源端口或测量装置等其他不评估的区域不能添加任何屏蔽。

(10)重复步骤(5)~步骤(8)测试电磁泄漏。

注意:无论是前面的数据测量还是泄漏测试,要保持输入功率不变。否则,在计算屏蔽效能之前,需要对测量数据进行归一化处理。

(11)考虑到 EUT 和参考天线的连接衰减,屏蔽效能计算公式为

$$\mathrm{SE} = 10\log\left(\frac{P_{\mathrm{Ref}}}{P_{\mathrm{EUT}}}\right) - 10\log(\mathrm{TFCF}) \tag{5-26}$$

式中:P_{EUT}是测量装置内部接收天线最大接收功率(校正连接损耗);P_{Ref}是混响室内参考天线最大接收功率(校正连接损耗);TFCF 是测量装置校准因子。

3)EUT 测试替代性方法

如果没有两套测试装置,可以分别连接 EUT 和参考天线。

如果使用两套连接装置,测试屏蔽效能时需要考虑 EUT 和参考天线的衰减。

如果只使用一套连接装置,连接装置的衰减可以忽略,两个接收功率的差值就是屏蔽效能。

5.6.4 传输横截面

另外一种计算屏蔽效能的方法是根据传输横截面 σ_a。传输横截面的定义方法如下

$$P_{\mathrm{Trans}} = \sigma_a S_{\mathrm{inc}} \tag{5-27}$$

式中：P_{Trans}是穿过缝隙的功率(W)；S_{inc}是辐照到缝隙上的功率密度(W/m^2)。

一般来说，如果辐照电磁波为平面波，σ_a 取决于电磁波的入射角度和极化方向。使用混响室测试时，σ_a 是所有入射角度和极化方向的等效平均。

可以通过对前面测试数据进行修正，以获得传输横截面参数。通过记录平均接收功率来代替最大接收功率，之后计算基于平均功率的测量装置校准因子的倒数，传输横截面的单位为 m^2，计算公式如下：

$$\sigma_a = \frac{\lambda^2 \times \eta_{\mathrm{Rx}} \times \eta_{\mathrm{Tx}}}{8\pi} \frac{P_{\mathrm{Input}}}{P_{\mathrm{AveRec}}} \left\langle \frac{P_{\mathrm{TestFixture}}}{P_{\mathrm{Reference}}} \right\rangle \tag{5-28}$$

式中：$\frac{P_{\mathrm{Input}}}{P_{\mathrm{AveRec}}}$是用平均功率代替最大接收功率而计算得到的测量装置校准因子的倒数；$\langle P_{\mathrm{TestFixture}} \rangle$是测量装置内天线的平均功率；$\langle P_{\mathrm{Reference}} \rangle$是混响室内参考天线的平均功率；$\eta_{\mathrm{Rx}}$、$\eta_{\mathrm{Tx}}$是接收天线和发射天线的天线效率；$\lambda$ 是激发电磁波频率对应的波长。

可以用下式估算电大尺寸腔体平均屏蔽效能：

$$\langle \mathrm{SE} \rangle = \frac{2\pi V}{\sigma_a \lambda Q} \tag{5-29}$$

式中：V 和 Q 是腔体(测量装置)的体积和品质因数；λ 是激发电磁波频率对应的波长。

5.6.5 测试装置控制

在进行测试之前，使用和 EUT 一样的连接设备检查测试装置的动态范围。动态范围至少比期望屏蔽效能高 10dB。

在测试材料屏蔽效能之前，应先确定测量装置的校准因子。这里推荐使用待测样品来计算测量装置校准因子。

当材料或衬垫与申请测试装置的品质因数近似时，往往省略装置插入损耗的测试。另外，当测试多重项目来确定相对屏蔽效能时，也可以省略测量装置校准。

也许测量数据的频率低于测量装置的最低可用频率，应当小心观察这些数据，因为低于最低可用频率时测试不确定度急剧增高。

5.7 腔体屏蔽效能测试

5.7.1 测试方法

在国际上，IEC 61000-4-21 标准给出了壳体的屏蔽效能测试方法，其原理是在测试腔体内部安装搅拌器,将其等效为一个小混响室,利用搅拌器的转动得到腔体内外的场强均值。屏蔽效能测试是基于腔体外部的电磁场与渗透到腔体内部的电磁场的比值,屏蔽效能定义如下:

$$\mathrm{SE}=10\log\left(\frac{P_{\mathrm{Ref}}}{P_{\mathrm{EUT}}}\right) \tag{5-30}$$

式中:P_{EUT}是渗透到屏蔽体内部的功率;P_{Ref}是参考天线功率。

5.7.2 测试装置描述

对于腔体屏蔽效能测试来说,不需要另外构造一个测量装置。混响室测试屏蔽效能的方法是采用内置混响室法(在一个大混响室内部置入一个小混响室)。将一个接收天线和机械搅拌器安置在测试设备内部测量泄漏到测试设备内部的射频能量。待测腔体距离混响室墙壁至少 1/4 波长,用于桌面操作腔体设备,需要距离混响室地面至少 1/4 波长。地面站立腔体设备需要介质支撑,保证距离地面至少 10cm。

1)腔体测试装置

腔体几何尺寸决定了最低可用频率。对于大多数的腔体而言,可以认为腔体内部存在 60 个波模时的频率为最低可用频率。为了进行屏蔽效能测试,腔体内部需要添加一个接收天线和机械搅拌器。

2)混响室

这个屏蔽壳体应该装置多输入端口,以便于将测试装置与测量设备连接起来。

3)天线

输入天线应该在被测频段是有效的,并且输入天线的发射效率越高越好。

在试验测量时接收天线效率应该是一致的,推荐使用同一副天线。接收天线效率不能恰好够用,为确保动态范围应该是越高越好。

4)测试装配

试验设备和组成的核心是需要一套屏蔽效能自动测试系统,如图 5-8 和图 5-9 所示。如果需要大的动态范围,还需前置放大器、放大器等设备。

5)连接装置

通常采用屏蔽效能高于 10dB 的 50Ω 同轴电缆作为连接装置。在开始测试之前,需要知道所有互联装置的衰减特性,这些连接设备包括 EUT 接收天线、发射天线和参考天线。

6)被测腔体准备

与衬垫和材料屏蔽效能测试需要测量装置损耗不同,腔体屏蔽效能测试不需要进行校准。这是因为腔体损耗可以看做是其提供的屏蔽效能的一部分。然而仍然需要确定获得准确数据的频率范围。因此,可以认为待测腔体的最低可用频率可以获得重复性好的精确数据。测试前腔体准备步骤如下。

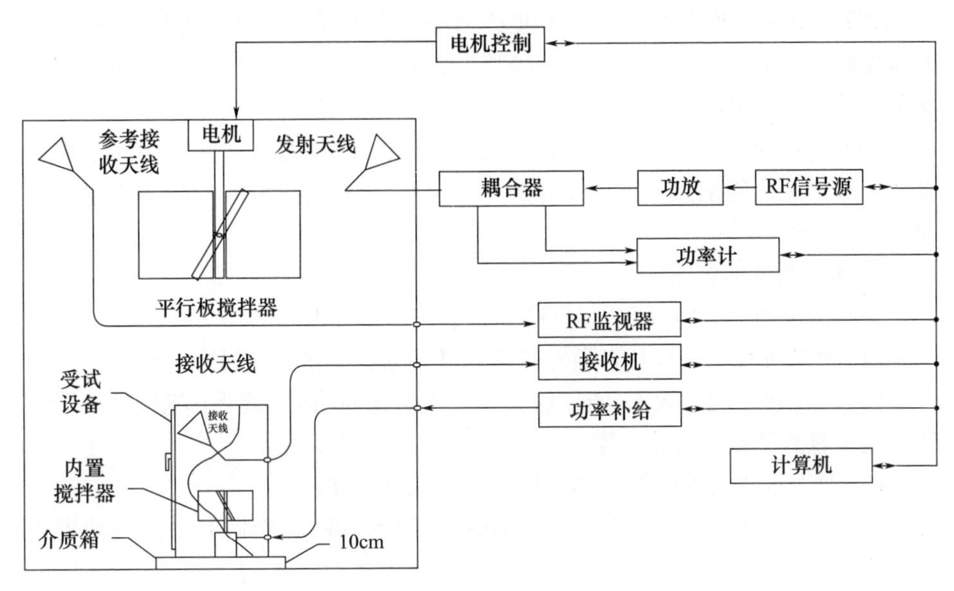

图 5－8　落地设备腔体屏蔽效能测试装置

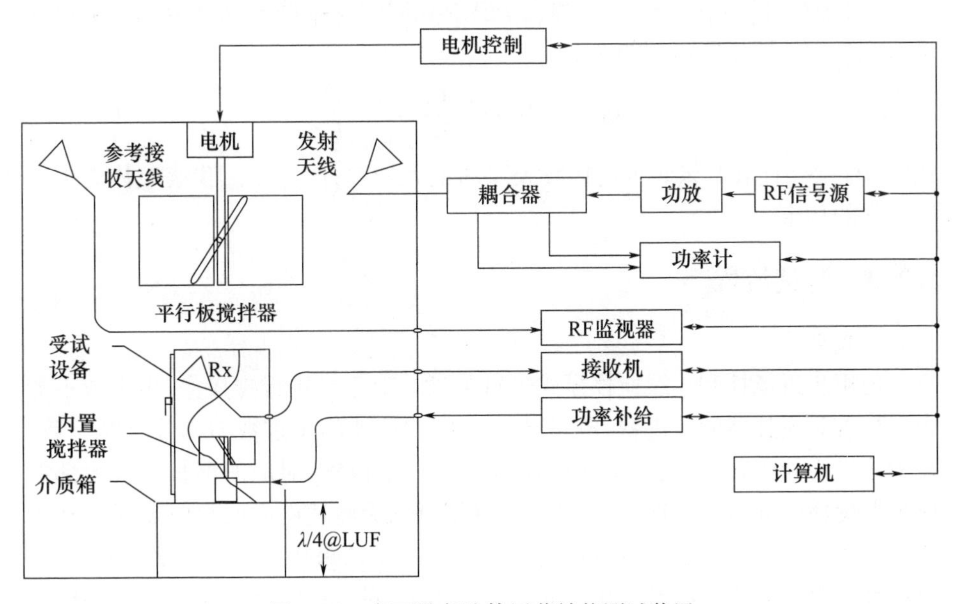

图 5－9　桌面设备腔体屏蔽效能测试装置

(1)确定最低可用频率,通过测试装置至少有60个波模来确定,参见式(5-23)。

(2)测试前在腔体内安装接收天线和机械搅拌器。机械搅拌器应该越大越好,但需要距离接收天线至少1/4波长。一般将接收天线对准角落,也可以对准搅拌器。必须屏蔽好接收天线和搅拌器馈入装置的接口,馈源端口至少比预期屏蔽效能高5dB。

(3)由于接收系统响应速度快,所以屏蔽效能测试非常适合采用连续搅拌模式工作。无论使用连续搅拌或者是步进搅拌,搅拌速度和步进位置数量都必须与校准一致。

7)确定测量动态范围

在测试之前,需要按照下列方法确定动态测试范围。

(1)移除所有舱口、门,必须使腔室内部暴露在测试电磁场中。

(2)对于每个测试频率,给发射天线输入给定的功率,记录下机械搅拌器旋转一周接收到的最大接收功率。

(3)改变接收天线的位置,同时做好天线端口屏蔽。

(4)重复步骤(3)。注意输入功率应该保持一致,否则需要将测试数据进行归一化处理。

(5)改变测量装置接收天线。

(6)通过计算步骤(3)和步骤(5)记录数据的比率确定动态范围。确保该量值至少大于期望屏蔽效能5dB。

$$\text{Range} = 10\log\left(\frac{P_{\text{RxAntenna}}}{P_{\text{RxTermination}}}\right) \tag{5-31}$$

式中:$P_{\text{RxAntenna}}$代表测量装置内接收天线的最大功率;$P_{\text{RxTermination}}$代表腔体内天线接收到的功率。

5.7.3 测试流程

1)概要

使用步进搅拌和连续搅拌模式进行测试。对于步进搅拌操作,步进数不能少于校准时搅拌器的步进数,测量装置内部搅拌器的步进数与其校准时一致。使用步进搅拌模式时,混响室搅拌器每改变一个位置,对应的测量装置内部的搅拌器旋转一周。使用连续搅拌时,搅拌器最大旋转速度应该确保EUT和相关测试设备与采用最少步进数量步进搅拌时的暴露效果相当。无论哪种方法,都应该确保测量设备在电磁场中有适当的驻留时间。这一点对于连续搅拌模式来说尤其重要。

注意:通常来说,综合采用连续搅拌和步进搅拌的复合搅拌模式更为方便。混响室中的搅拌器采用步进搅拌方式,步进数量与校准时一致,测量装置内搅拌器采用连续搅拌模式。对于混向室内搅拌器的每一个驻留位置,测量装置内搅拌器连续旋转一周,搅拌速度与测量装置校准时一致。这就确保在测量装置内搅拌器旋转一周的过程中满足测量设备必须的采样率。

测量参数是最大接收功率。由于测试基于最大接收功率,测试系统动态范围至少比预想屏蔽效能高5dB。

2)EUT测试

(1)将射频辐射源连接到混响室(必要时使用放大器)。

(2)将测试设备与测量装置内部接收天线连接起来(必要时使用前置放大器)。

(3)将混响室参考天线与监测设备连接起来(需要时使用衰减器)。

(4)配置测试腔体。

(5)开始转动混响室和测量装置内部的搅拌器。

(6)以一定的输入功率往混响室内部注入第一个测试频率。

(7)在搅拌器旋转一周的过程中,从混响室监测设备和EUT监测设备上记录下最大读数。

(8)在所有测试频点上重复步骤(7)。

(9)在可能产生电磁泄漏区域安装屏蔽效能已知的材料(铝箔或铜箔、丝网)。在馈源端口或测量装置其他不评估的区域不能添加任何屏蔽。

(10)重复步骤(5)~步骤(9)测试电磁泄漏。

注意:无论是前面的数据测量还是泄漏测试,要保持输入功率不变。否则,在计算屏蔽效能之前,需要对测量数据进行归一化处理。

(11)考虑到EUT和参考天线的连接衰减,屏蔽效能计算公式如下:

$$SE = 10\log\left(\frac{P_{\mathrm{Ref}}}{P_{\mathrm{EUT}}}\right) \tag{5-32}$$

式中:P_{EUT}代表测量装置内部接收天线最大接收功率(校正连接损耗);P_{Ref}代表混响室内参考天线最大接收功率(校正连接损耗)。

3)EUT测试替代性方法

如果没有两套测试装置,可以分别连接EUT和参考天线。

如果使用两套连接装置,测试屏蔽效能时需要考虑EUT和参考天线的衰减。

如果只使用一套连接装置,连接装置的衰减可以忽略,两个接收功率的差值就是屏蔽效能。

5.7.4 测试装置控制

在进行测试之前,使用和 EUT 一样的连接设备检查测试装置的动态范围。动态范围至少比预期屏蔽效能高 5dB。

也许测量数据的频率低于测量装置的最低可用频率,应当小心观察这些数据,因为低于最低可用频率时测试不确定度急剧增高。

5.8 天线效率测试

5.8.1 天线效率

天线辐射的射频功率 P_{RA} 与无损耗天线辐射的总功率 P_{RLA} 的比值定义为天线效率,即

$$\eta_{Antenna} = \frac{P_{RA}}{P_{RLA}} \tag{5-33}$$

在实际操作中,天线效率定义为天线辐射功率与天线终端输入功率的比值,即

$$\eta_{Antenna} = \frac{P_{RA}}{P_{IAT}} \tag{5-34}$$

根据互易原理,天线接收效率等同于发射效率。

根据上面的定义可知,没有任何一副天线的效率能达到 100%,所有天线都有损耗。这些损耗可以归因于电阻损耗,比如变换损耗(传导变辐射/辐射变传导),传输损耗(同轴适配器)等。需要注意阻抗不匹配不是天线自身特性,与天线效率无关。

尽管天线效率是天线的一个真实特性,但不能按照天线特性的常规测试方法进行测试。事实上,天线效率尽管可以按照数值仿真的方法进行计算,但却不容易试验测试。很多性能优良的天线效率很高,比如一个典型的商用双脊天线在射频段的效率一般为 95%,对数周期天线效率为 75%。

使用混响室测试时,为了精确估计混响室特征参数,如品质因数或时间常数等,此时需要知道天线效率。上面提到的天线效率来源于美国国家标准技术局的试验。由于生产厂家并不提供天线效率数据,为了获得准确的混响室特性参数就必须明确天线效率。规定的天线效率是基于美国国家标准技术局对几个喇叭天线和对数周期天线的测量数据,这些数据稳定在规定量值附近。

5.8.2 天线效率测试

也许混响室是一种最好的试验测试天线效率途径。通过一个特征参数已知的天线来测试混响室参数,然后用一个特征参数未知的天线来代替测试,这样就能够计算出天线的相对效率。这样一个完整的测试可获得少量的数据,要想获得精确的天线效率,需要大量测试数据。

第6章 混响室环境下腔体屏蔽效能测试技术

设备的屏蔽腔体既能够有效消除外部电磁干扰的威胁,又可以避免自身电磁波向外部泄漏形成电磁污染,这种外加防护壳体的方法成为保证电子设备具有合格电磁兼容性的有效技术手段。屏蔽腔体普遍采用金属良导体制成,腔体材料具有良好的电磁屏蔽性能。然而为了保障设备的正常工作,屏蔽腔体通常还需为电源线、控制线等留下引线孔;基于散射、通风等需要,还要在腔体上开窗开孔,这就造成了屏蔽的不完整性。

腔体上开有的各种孔缝成为影响其屏蔽效能的主要因素,而电磁波穿透孔缝的能力与入射角度、极化方式有着极大的关系,因此传统电磁波垂直辐照腔体的 SE 测试结果并不能表征其真实的电磁屏蔽能力,并且腔体内部受谐振效应的影响,测试点的选取也不够合理。因此混响室条件下的随机极化、各向同性的测试环境更加贴近实际,基于统计特性的 SE 测试结果更加合理。

然而,混响室传统机械搅拌方式下的 SE 测试逐渐暴露出测试时间较长,无法对小尺寸腔体开展测试等问题。为克服机械搅拌的诸多不足,采用频率搅拌替代机械搅拌方式,对腔体的屏蔽效能测试展开研究。本章针对直接替代测试方法中暴露的不足,改进测试方案,拓展被测箱体的下限尺寸,提出复合搅拌方式与基于滤波的数据处理方法,提高测试结果的精确度。

6.1 频率搅拌腔体屏蔽效能测试方案与数值分析

本节首先对基于频率搅拌的腔体屏蔽效能测试原理进行分析,并针对频率搅拌特点,选取合适的屏蔽效能测试方案与数据处理方法,实现混响室条件下频率搅拌代替机械搅拌的腔体屏蔽效能测试。

6.1.1 基于频率搅拌的腔体屏蔽效能测试方案

混响室条件下的腔体 SE 测试需要将被测腔体视为一个小型混响室,形成嵌套混响室装置。在线性扫频搅拌方式下,控制激励信号在一定带宽内扫频,可使得外部大混响室内形成统计均匀场,而耦合进入小混响室内的电磁波频率也会随激励信号的变化而被搅动,同样形成统计均匀场。通过对比搅拌带宽内大、小混响室的功率平均值,即可获得箱体的屏蔽效能

$$SE = -10\log\left(\frac{\langle P_{in}\rangle}{\langle P_{out}\rangle}\right) \tag{6-1}$$

式中:P_{in}、P_{out}分别为屏蔽箱体内、外部的功率值;< · >代表对搅拌周期内的数据取平均。

根据矢量网络分析仪在频率搅拌混响室性能检验中的使用经验,可利用矢量网络分析仪的扫频特性实现频率搅拌,并利用散射参数 S_{21} 表征场值大小,计算箱体的屏蔽效能。基于矢量网络分析仪的频率搅拌嵌套混响室法箱体屏蔽效能测试方案如图 6-1 所示。

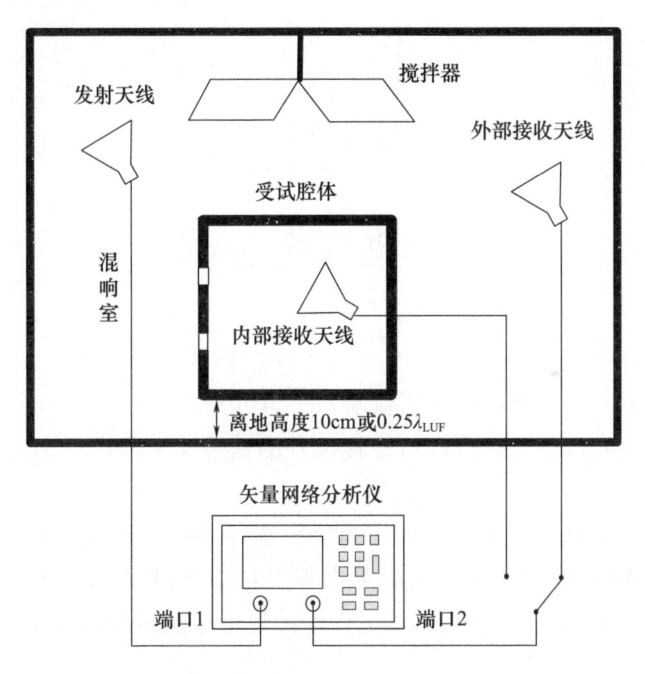

图 6-1　频率搅拌嵌套混响室法箱体 SE 测试布局

6.1.2　基于散射参数的腔体屏蔽效能计算方法

根据制定的测试方案,结合 S_{21} 正比于场强值这一结论,可对屏蔽效能计算式(6-1)进行整理,得到基于 S_{21} 参数的屏蔽效能表达。由于测试中箱体大小实际情况不同,需要选用不同类型的测试天线。为消除天线效率等因素的影

响，这里首先从 S 参数的定义出发，完善腔体屏蔽效能的计算方法。

根据传输线理论，归一化入射波（反射波）电压和入射波（反射波）电流满足 $u^+=i^+, u^-=-i^-$，故入射波功率 P^+ 为

$$P^+=\frac{1}{2}\mathrm{Re}(u^+i^{+*})=\frac{1}{2}|u^+|^2 \tag{6-2}$$

由上式可知，入射波（反射波）功率与归一化入射波（反射波）电压的平方成正比。

根据散射参数的定义，各 S 参数也可等效为反射波电压与入射波电压的比值。以二端口网络为例；S_{11} 表示端口 2 匹配时，端口 1 的反射系数；S_{22} 表示端口 1 匹配时，端口 2 的反射系数；S_{12} 表示端口 1 匹配时，端口 2 到端口 1 的反向传输系数；S_{21} 表示端口 2 匹配时，端口 1 到端口 2 的正向传输系数。因此散射参数的计算表达式可定义为

$$\begin{cases} S_{11}=\left.\dfrac{u_1^-}{u_1^+}\right|_{u_2^+=0} \\ S_{12}=\left.\dfrac{u_1^-}{u_2^+}\right|_{u_1^+=0} \\ S_{21}=\left.\dfrac{u_2^-}{u_1^+}\right|_{u_2^+=0} \\ S_{22}=\left.\dfrac{u_2^-}{u_2^+}\right|_{u_1^+=0} \end{cases} \tag{6-3}$$

因此，$|S_{11}|^2$ 为矢量网络分析仪端口 1 信号反射波功率与入射波功率的比值，$|S_{21}|^2$ 为矢量网络分析仪端口 2 接收到的信号功率与端口 1 入射波功率的比值，$|S_{22}|^2$、$|S_{12}|^2$ 的意义依次类推。

将矢量网络分析仪的端口 1 作为发射端口，端口 2 作为接收端口，接收天线在屏蔽箱体内、外部测得的 S_{21} 参数分别标记为 S_{21}^{i} 和 S_{21}^{o}（用上标 i，o 区分屏蔽箱体内、外部的数据），基于式(6-1)的箱体屏蔽效能表达式可写为

$$\mathrm{SE}=\frac{\langle |S_{21}^{\mathrm{i}}|^2\rangle}{\langle |S_{21}^{\mathrm{o}}|^2\rangle} \tag{6-4}$$

在实际测试中，受屏蔽箱体体积或测试条件等因素的限制，通常会在箱体内部选用小型接收天线，造成被测箱体内、外部接收天线的不一致。由于天线效率不同，同样场环境下不同天线测得的 S_{21} 参数不同，接收效率高的天线测得的数据要高于接收效率低的天线，这将直接导致测试结果的不一致。因此当接收天线和外部参考天线失配时，需要对式(6-4)进行修正。

对任意接收天线，天线效率 η 定义为天线实际辐射功率与入射波功率的比值，因此 η 可描述为

$$\eta = 1 - |S_{22}|^2 \tag{6-5}$$

为消除天线效率带来的误差，可将其归一化。根据互易定理可知，对 S_{21} 修正后的理论均值为

$$\langle C_{21} \rangle = \frac{\langle |S_{21}|^2 \rangle}{1 - |S_{22}|^2} \tag{6-6}$$

式中，$\langle C_{21} \rangle$ 表征了真实电磁波功率值（理想无耗接收天线测得的功率值）。因此天线失配情况下的箱体屏蔽效能计算式可写为

$$\mathrm{SE} = \frac{\langle C_{21}^{\mathrm{i}} \rangle}{\langle C_{21}^{\mathrm{o}} \rangle} = \frac{\langle |S_{21}^{\mathrm{i}}|^2 \rangle}{\langle |S_{21}^{\mathrm{o}}|^2 \rangle} \frac{1 - \langle |S_{22}^{\mathrm{o}}| \rangle^2}{1 - \langle |S_{22}^{\mathrm{i}}| \rangle^2} \tag{6-7}$$

当箱体内、外部的接收天线一致时，$S_{22}^{\mathrm{i}} = S_{22}^{\mathrm{o}}$，此时式（6-7）即变为式（6-4）。根据式（6-6）可知，理论均值 $\langle C_{21} \rangle$ 和实测均值 $\langle S_{21} \rangle$ 间的误差与 S_{22} 的平方成反比，这种反比关系表现为：当反射系数 S_{22} 接近全反射 0dB 时，测试误差可高达 10dB 多；随着 S_{22} 的减小，误差值迅速降低，当反射系数 S_{22} 减小到 -7dB，测试误差值减小到 1dB 以下，并逐渐趋于稳定，此时可基本忽略天线系数的影响。

需要注意的是，由于混响室的储能能力较强，能量衰落较慢，在混响室内对天线 S_{22} 进行测试时，被测天线同时会吸收一部分混响室内的能量，测得的反射功率实际为天线吸收功率与真实反射功率的叠加值，这会导致测得的 S_{22} 值较真实值偏大，因此需要在开阔场条件下对天线的反射系数进行测试。

6.2　频率搅拌腔体屏蔽效能实测与结果准确性分析

根据给出的频率搅拌嵌套混响室法腔体屏蔽效能测试方案，选取某开缝腔体为被测对象，对其屏蔽效能进行测试研究。通过对比不同方式下的测试结果及仿真计算结果，检验频率搅拌测试方法的正确性与合理性，总结频率搅拌测试方法的优缺点，明确改进方向。

6.2.1　被测对象特性与屏蔽效能测试

将频率搅拌技术用于腔体的屏蔽效能实测，被测对象为某型屏蔽箱体，长宽高分别为 $1\mathrm{m} \times 0.8\mathrm{m} \times 0.7\mathrm{m}$，箱体材质为不锈钢，密度 $\rho = 7.9 \times 10^3 \mathrm{kg/m^3}$，电阻率 $\sigma = 6.9 \times 10^{-7} \Omega \cdot \mathrm{m}$。各边被角铁包裹用于加固箱体，防止形变。在箱体最大面（$0.8\mathrm{m} \times 1\mathrm{m}$）的中间位置开有尺寸为 $52\mathrm{cm} \times 20\mathrm{cm}$ 的矩形窗口，窗口焊接有厚度为 8mm 的法兰盘，用以安装开有不同孔缝的法兰面板。通过更

换法兰面板能够实现对腔体在不同开缝情况下的 SE 测试，试验选取开缝尺寸为 20cm×4cm 的法兰盘，对箱体的屏蔽效能进行测试，实测箱体如图 6－2 所示。

图 6－2 被测箱体实物图

根据图 6－1 给出的测试布局框图，在混响室内搭建测试系统，相关试验设备的选取与指标见表 6－1。

表 6－1 试验设备

试验设备	性能参数
混响室	体积:10.5m×8m×4.3m 最低可用频率约 80MHz
小屏蔽箱体	体积:1m×0.8m×0.7m 最低可用频率约 900MHz
网络分析仪	型号:N5230A 频率范围:20MHz～20GHz
喇叭天线	频率范围:1～18GHz

试验中连接矢量网络分析仪与测试天线间的同轴电缆较长，线缆在高频段的衰减严重，当工作频率接近 11GHz 时，矢量网络分析仪已经无法准确对线缆的损耗进行校正。结合表 6－1 中试验设备的性能指标，对 1～10.6GHz 下箱体的屏蔽效能进行测试。

测试前首先根据搅拌参数选取方法，扫频得到小箱体内部的 S_{21} 曲线，找到样本独立的最小搅拌间隔 Δf_{ind} 约为 0.2MHz。试验中矢量网络分析仪各参数设置如下:输出功率 $P_{in}=5dBm$;起始频率 $f_{min}=1GHz$;终止频率 $f_{max}=10.6GHz$;扫频间隔 $f_{step}=0.2MHz$;扫频时间 $t=5s$;采样数 $N_{sample}=16001$ 个。将 1~10.6GHz 等间隔分成 3 个带宽采样,即实现 0.2MHz 的扫频间隔。试验过程中的部分场景如图 6-3 所示。

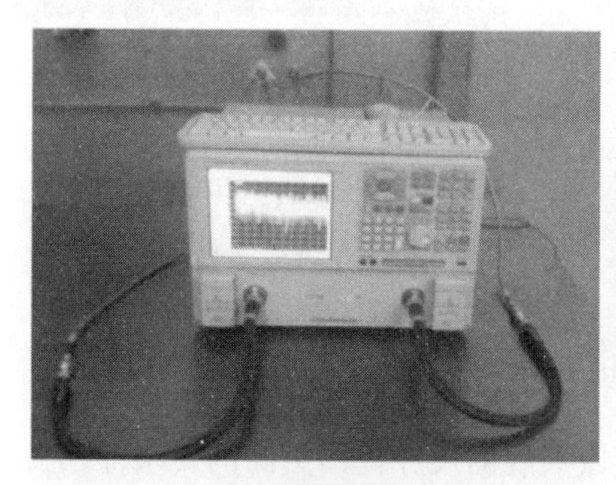

(a) 矢量网络分析仪

(b) 箱体外部发射、接收天线

(c) 大混响室内嵌套测试箱体

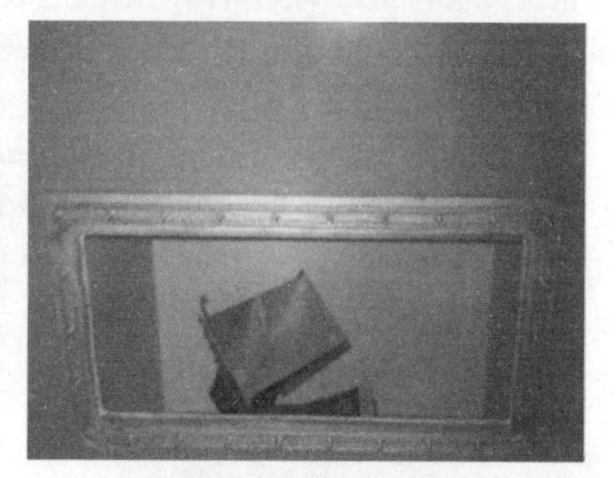

(d) 箱体内部喇叭接收天线

图 6-3 箱体屏蔽效能实测场景图

图 6-4 给出了喇叭天线测试得到的屏蔽箱体内、外部的 S_{21} 曲线。从图中可以看出,随着频率的变化 S_{21} 参数围绕某一均值上下波动,根据最优搅拌带宽选取方法,应选用至少 40 个数据取平均,为保证均值曲线更加平滑,这里增大了搅拌带宽内的样本容量,选取 100 个样本数据进行平均。由于试验选取的受试天线均为喇叭天线,因此无需考虑天线效率对 SE 结果的影响,可直接利用式(6-4)计算箱体的 SE 值。

图 6-5 给出了箱体屏蔽效能的计算结果,从图中可以看出,在该测试频段内,箱体的屏蔽效能基本稳定在 15dB 左右。

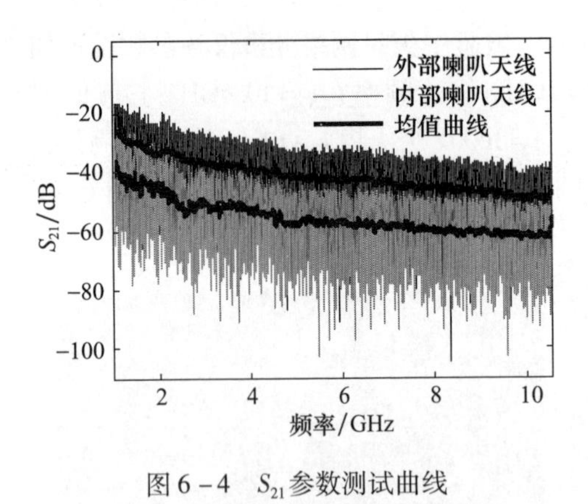

图 6-4 S_{21}参数测试曲线

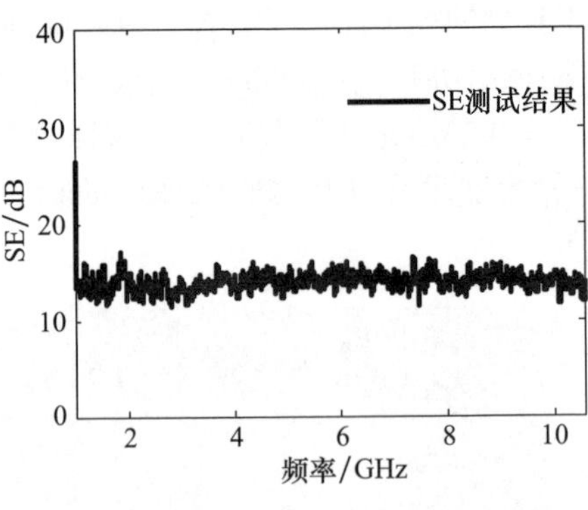

图 6-5 屏蔽效能测试结果

6.2.2 不同接收天线下的测试结果分析

当被测箱体的体积变小时,会对接收天线的尺寸提出更高的要求,因为较大的天线会严重影响到箱体内部的电磁分布,或箱体内部根本就无法容纳过大的天线。因此在屏蔽腔体内部经常需要选用小型测试天线,这也会导致箱体内、外部接收天线不一致。

为分析天线类型对 SE 结果的影响,利用同轴连接器分别制作了长度为 2.5cm 和 3.5cm 的小型单极子天线,如图 6-6 所示。为消除天线效率的影响,可通过测试天线的反射系数对 SE 结果进行修正。为此分别在混响室与微波暗室内对天线的反射系数 S_{22} 进行了测试,其中 2.5cm 单极子天线在微波暗室的场景如图 6-7 所示。

图 6-6 单极子天线实物图

图 6-7 微波暗室环境天线 S_{22} 参数测试场景

图 6-8 为 3.5cm 单极子天线在混响室和微波暗室内测得的 S_{22} 曲线。由于单极子天线为谐振式天线,一般只在半波长奇数倍的频点能够有效工作,从图中可以看出,单极子天线只在个别频点附近的反射系数较小。图 6-8 也反

映出混响室内测得的天线 S_{22} 参数高于其实际真值(微波暗室内测得的 S_{22}),并且具有一定的波动性。因此利用式(6-7)计算箱体屏蔽效能时,不宜采用混响室条件下测试得到的 S_{22} 参数,这会造成一定的误差。

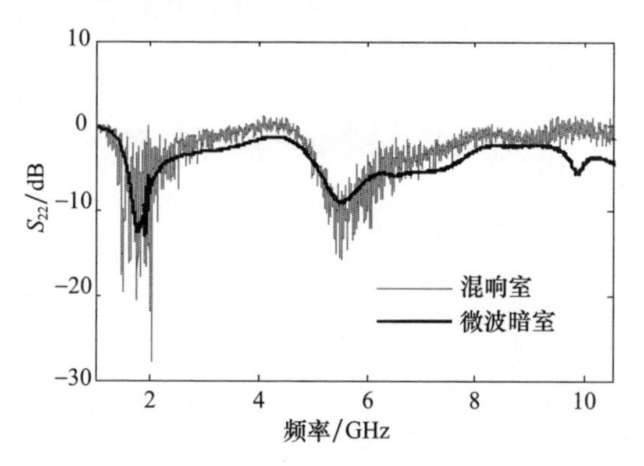

图 6-8　混响室与微波暗室内 S_{22} 参数测试曲线

图 6-9 给出了未考虑天线失配的影响,而直接利用式(6-4)计算得到的箱体 SE 曲线。很明显,不同天线测得的屏蔽效能值各不相同,在大部分频段内,单极子天线测得的箱体 SE 要高于喇叭天线的测得值,这是由于单极子天线的天线效率低于喇叭天线,导致检测到的场强值较箱体内部的真实值偏低。因此当参考天线与箱体内部接收天线不匹配时,必须对失配因子进行校正。

图 6-10 给出了利用式(6-8)计算得到的箱体 SE 测试曲线,考虑天线效率后,可以看到测得的 SE 结果已经吻合得比较一致,有效消除了天线类型对 SE 结果的影响。因此通过合理的计算公式,混响室腔体屏蔽效能测试方法将不受天线类型的影响。

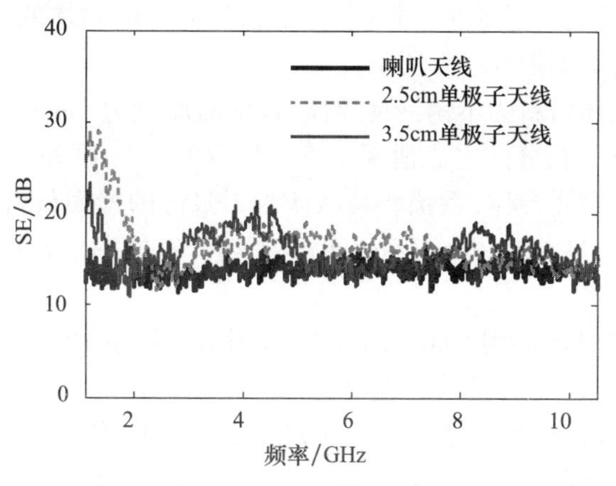

图 6-9　未校正失配天线影响测得的 SE 曲线

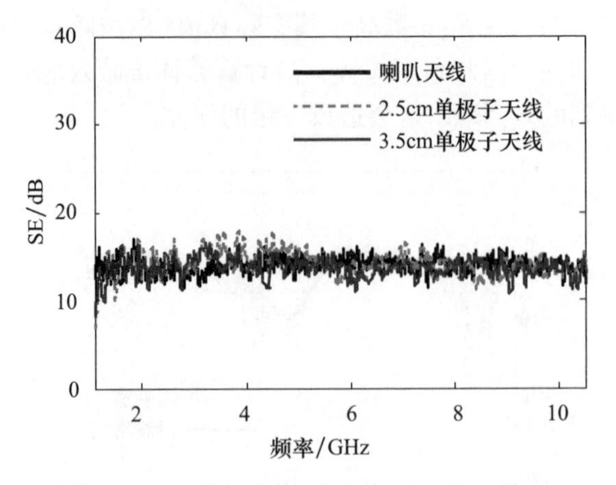

图 6－10　校正失配天线影响测得的 SE 曲线

6.2.3　与仿真计算结果比对分析

为检验箱体 SE 测试结果的准确性，评估频率搅拌腔体屏蔽效能测试方法的合理性，本节采用理论仿真的方法计算开缝箱体的屏蔽效能，并将仿真结果与测试结果进行对比，根据理论仿真的 SE 计算值阐述测试结果的可信度。第 3 章的研究结果表明，通过合理设置平面波参数，采用有限列平面波叠加能够模拟得到与混响室场分布相一致的电磁环境。本节利用该方法，并结合 IEC 61000－4－21 标准中给出的混响室条件下腔体屏蔽测试步骤，对测试箱体的屏蔽效能值进行仿真计算。

IEC 61000－4－21 标准中规定，对比 12 个搅拌位置下箱体内、外部的场强值，对数据取平均，利用均值场强比来表征其屏蔽能力。为了对比取样点对 SE 结果的影响，仿真选取了 3 组不同测试位置，计算屏蔽箱体的防护性能。箱体模型与测试点选取如图 6－11 所示。

由于实际箱体材料为不锈钢良导体，且壁面厚度为 3mm，因此透过箱体壁面的电磁波相对于孔缝的电磁泄漏基本可以忽略。在 FEKO 仿真软件中设置箱体材料为理想金属导体，系统将其默认为无限薄的壁面材料，相对具有一定厚度的真实材料，只需对一个面剖分网格，所需计算的网格数目会减小一半，从而大大降低计算量。

仿真利用 Matlab 调用 FEKO 的方法，采用语言程序构建仿真模型。设定叠加平面波数 N 为 200 个，模拟次数 M 为 12 次，根据表 6－1 设置平面波各参数的随机变量，每次模拟的频率间隔为 0.2MHz。在 POSTFEKO 中查看构建的仿真模型如图 6－12 所示。

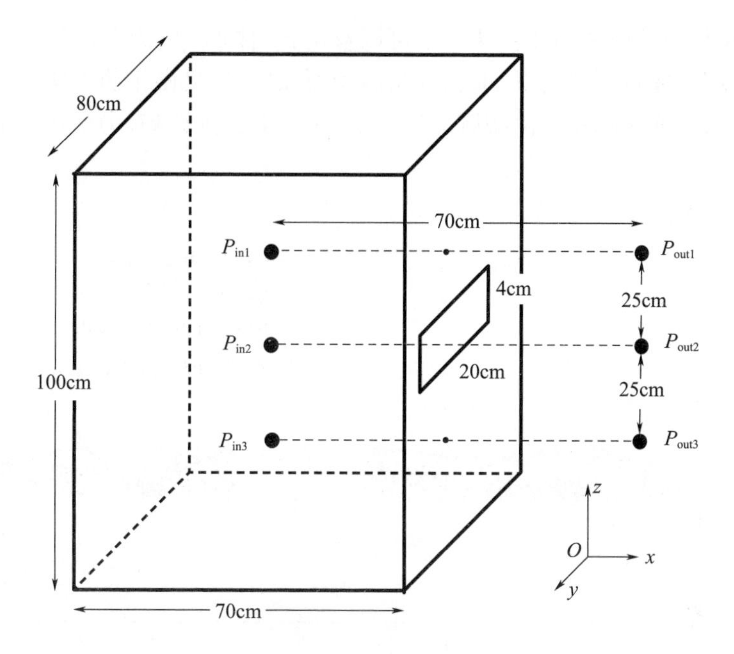

图 6－11　箱体几何模型及采样点选取

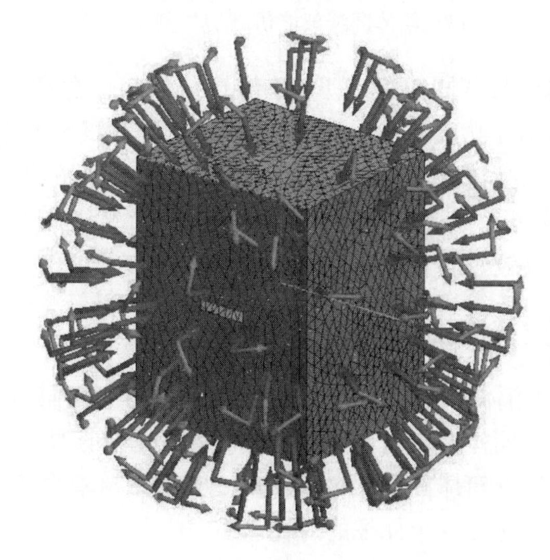

图 6－12　箱体屏蔽效能仿真模型

计算腔体在 1～10GHz 下(频率间隔 1GHz)11 个频点的屏蔽效能值，对仿真得到的 3 组采样数据进行处理，得到的腔体屏蔽效能曲线如图 6－13 所示。为方便对比仿真与实测结果之间的吻合程度，图中同样给出了频率搅拌方式下的实测箱体屏蔽效能曲线。从图中可以看出，箱体的 SE 仿真值与实测值基本一致，大部分频点下的仿真 SE 值要略高于测试值，这是由于仿真所用模型为理想导电材料，而实际箱体除测试窗口外，受加工工艺等影响，仍存在一定的孔缝泄漏。

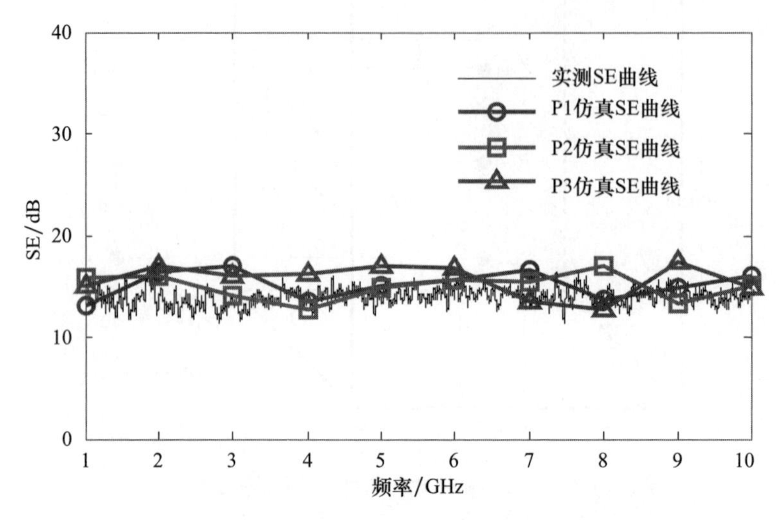

图 6－13　箱体屏蔽效能仿真值与测试值对比图

同时应该注意到，不同取样点下 SE 仿真结果间仍存在一定的差别（小于 5dB），而这主要是由于仿真只对 12 个搅拌位置下的测试数据进行了平均，样本均值与理论均值间的误差稍大，如果增大采样点数，得到的屏蔽效能曲线应会更加趋于一致。这也表明混响室条件下的屏蔽效能测试几乎不受测试位置的影响，测试结果具有较好的重复性。

6.2.4　与机械搅拌测试结果比对分析

由于试验所用箱体尺寸为 1m×0.8m×0.7m，允许我们为其加装一个搅拌器，使得小混响室内同样实现机械搅拌，进而能够完全按照 IEC 61000－4－21 标准给出的方法，测试箱体的屏蔽效能，进一步验证频率搅拌测试方法的准确性，并对两种测试方法做一个详细的对比。

为将机械搅拌测试方法应用于被测箱体，需要完成电机控制摸块与搅拌扇叶两部分的设计与制作。为实现小箱体内的搅拌器统一由主控计算机控制，构建了基于 GPIB 总线的步进电机控制系统，该系统主要由步进电机、控制模块和 GPIB 卡组成，其硬件构成如图 6－14 所示。主控计算机通过基于图形化编程环境的 LabVIEW 软件开发平台，实现对步进电机的控制。为防止步进电机转动过程中产生的电磁干扰影响小混响室内的电磁分布，将步进电机机固定在箱体外部，固定方式如图 6－15 所示。箱体内部设计的垂直搅拌扇叶宽为 15cm，高为 80cm，如图 6－16 所示。

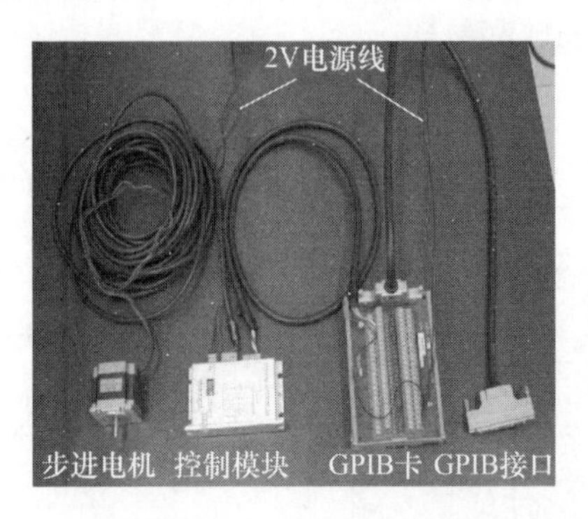

图 6－14　电机控制系统

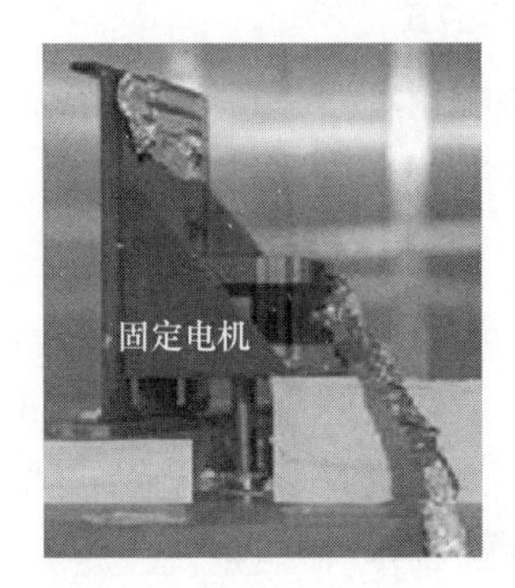

图 6－15　外部电机

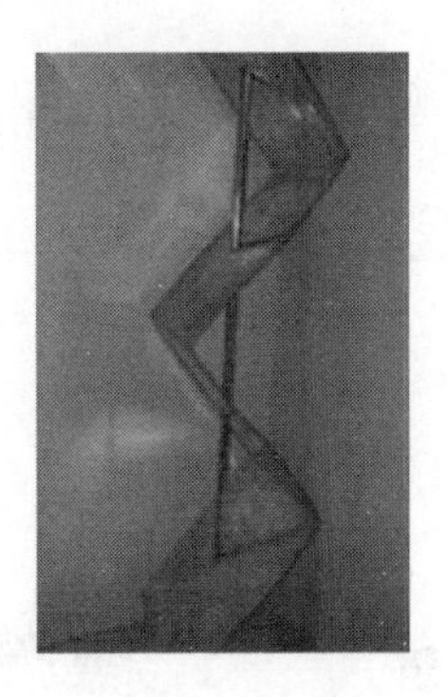

图 6－16　搅拌扇叶

小混响室搅拌器安装完毕后，严格按照机械搅拌混响室法的步骤对箱体 SE 进行测试。主控计算机分别控制大、小混响室内的搅拌器转动 12 个不同的步进位置，并检测内部的场值。信号检测方法仍旧使用矢量网络分析仪，此时将矢量网络分析仪设置工作在 CW 模式下即可。当搅拌器静止在某一位置时，矢量网络分析仪测得的 S_{21} 参数是某一常数，因为此时混响室内建立的是稳定场。

矢量网络分析仪工作频率为 1GHz 时，大、小混响室在 12 个搅拌位置下的 S_{21} 数据如图 6－17 所示。从图中可以看出，小混响室内的 S_{21} 值普遍小于大混响室内的 S_{21}，通过对比二者的均值曲线可以看出，在 1GHz 下的箱体屏蔽效能约为 16dB。

以 1GHz 频率间隔分别测试大小混响室 12 个搅拌位置下的 S_{21} 参数，截止至10GHz,分别对各频点下的数据取平均,并计算其屏蔽效能值。图6-18给出机械搅拌下箱体SE测试曲线,并与频率搅拌测试结果进行了对比。从图中可以看出,二者测试结果吻合较好,曲线的重合度较高,这说明频率搅拌能够替代机械搅拌测试箱体的屏蔽效能。

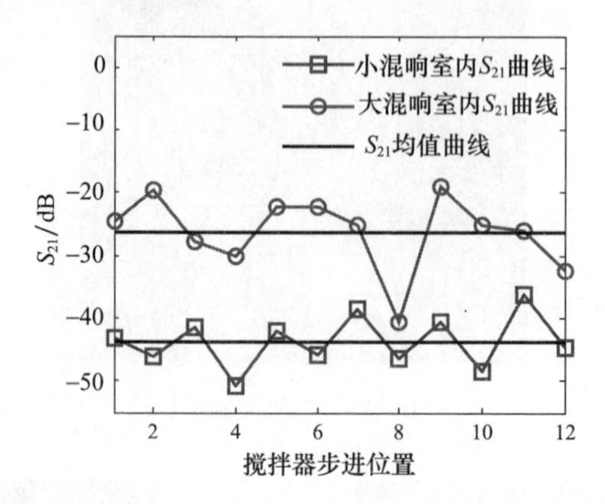

图6-17　1GHz下大小混响室内的S_{21}测试曲线

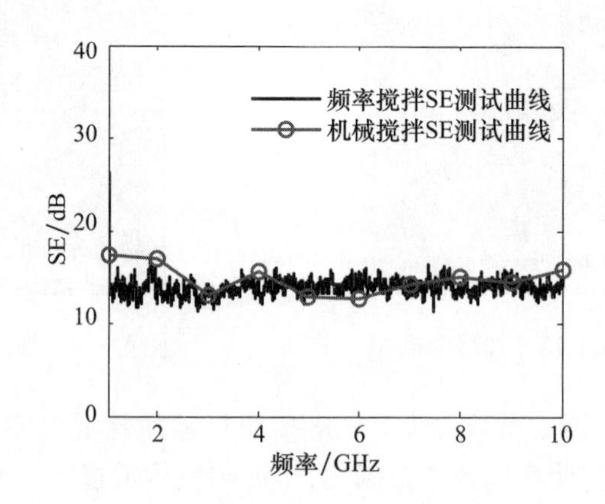

图6-18　机械与频率搅拌测得的箱体SE曲线

该测试过程对比频率搅拌测试方式,更能体会到机械搅拌测试方法的繁琐性与复杂性。因为对小型屏蔽箱体设计一个合适的搅拌器及电机控制系统是需要耗费巨大的精力与一定的财力,且测试时间长,后续的数据处理也较为繁琐。如果需要获得更多频点下的箱体屏蔽效能值,测试工作量是成倍增长的;若需提高测试精度,则要测试更多搅拌位置下的样本数据。

相比之下,频率搅拌的优势无疑是巨大的,扫频测试箱体内外部的样本数据仅仅需要数分钟的时间,并能够获得测试频段内连续的屏蔽效能曲线,测试信息更加丰富。频率搅拌在腔体屏蔽效能测试中的工程应用价值明显。

6.2.5　存在不足与待改进方向

根据前文的测试研究,证明了频率搅拌测试方法的合理性与准确性,并且选取合适的计算方法,能够消除天线类型的影响。然而回顾整个测试过程,可以发现该方法仍存在某些不足与有待改进之处。

一是测试天线的大小将严重制约被测箱体的尺寸。可以设想,如果被测箱体的尺寸有所减小,即使是小型单极子天线也将难以放入被测箱体,其内部的电磁场将无法有效检测;即使能够放入其中,仍必须保证天线不会严重影响内部的场分布。

二是测试得到的屏蔽效能曲线不够平滑。SE 曲线如同添加了噪声一般,呈现出较多的“毛刺”,这种“毛刺”的幅度接近 2dB。这主要是由于数据处理过程中的样本数据较少所致;并且参与计算的测试量越多,各量值误差在传递过程中会被进一步放大,从而加剧这种现象的产生。

6.3　小尺寸腔体屏蔽效能测试方法改进

由于无需要搅拌器,理论上来讲,频率搅拌能够使任意大小箱体的内部达到混响效果。然而随着被测箱体体积的减小,箱体内部的电场检测装置将成为制约其下限体积的关键因素。本节针对该问题展开研究,并试图拓展被测箱体的下限尺寸。

6.3.1　改进的腔体屏蔽效能测试方案

在第 6.1 节中,为了对比受试天线对测试结果的影响,制作了长度不同的单极子天线,并不同天线下的测试结果进行了对比分析。结果表明,将天线效率归一化后,采用修正后的计算式,测试结果将不受被测天线的影响。当箱体体积减小时,为避免单极子天线影响箱体内部场分布,可将单极子天线安装在被测腔体的内壁,此时腔体内部只留有一小根探针,该方法几乎可以完全忽略掉被测天线对箱体内部场分布的扰动,从而大大拓展被测箱体的下限尺寸。基于该思路,得到如图 6 - 19 所示的改进的箱体屏蔽测试方案,用于拓展被测箱体的下限尺寸。

目前,国际上已有学者采用壁面单极子天线实现了小尺寸腔体的屏蔽效能测试,并且这种测试方法已经被业界所认可。然而混响室的测试区域要求距混响室墙壁至少为最低可用频率的 1/4 波长,因此壁面单极子天线检测到的场强值能否代表可用区域内的场强值同样受到了质疑,为此有必要对壁面单极子天线检测场环境的可行性给予证明。

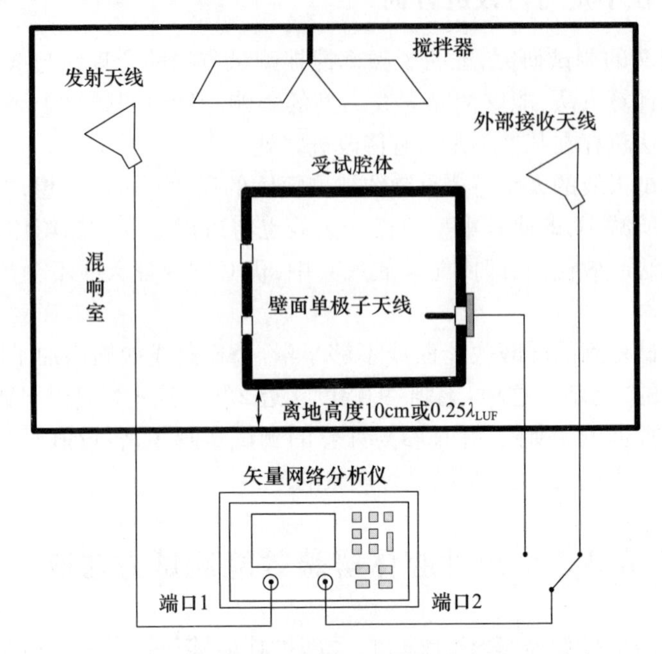

图6-19 改进的频率搅拌法箱体屏蔽效能测试方案

6.3.2 壁面单极子天线检测场强的可行性分析

David A. Hill 给出了任意天线在混响室测试区域内的平均接收功率为

$$\langle P_r \rangle = \frac{1}{2}\frac{E_0^2}{\eta}\frac{\lambda^2}{4\pi} \tag{6-8}$$

为得到混响室壁面上单极子天线的平均接收功率,本节将根据混响室内的空间电场分布规律,对单极子天线的响应进行分析,并期望得到与式(6-8)相一致的结论。

6.3.2.1 混响室边界场分布特性

混响室内部测试区域任一点的电场均方值为一常数,根据混响室的空间相关特性可知,任一点直角分量(E_z,以 z 方向为例)的均方值为

$$\langle |E_z|^2 \rangle = \frac{E_0^2}{3}[1+\rho_l(2z)] \tag{6-9}$$

式中:ρ_l 为 z 方向上的电场空间相关函数,其表达式为

$$\rho_l(z)=\frac{3}{(kz)^2}\left[\frac{\sin(kz)}{kz}-\cos(kz)\right] \tag{6-10}$$

式中：k 为波数。

将 sin 函数和 cos 函数展开为泰勒级数，可知

$$\begin{cases}\lim\langle |E_z|^2\rangle=\dfrac{E_0^2}{3} & z\to\infty\\[2ex] \lim\langle |E_z|^2\rangle=\dfrac{2E_0^2}{3} & z\to 0\end{cases} \tag{6-11}$$

上式表明，混响室墙壁处电场法向分量的均方值最大为$\frac{2E_0^2}{3}$，远离墙壁后其值逐渐减小并趋于稳定，最终减小为初始值的一半，即$\frac{E_0^2}{3}$。

6.3.2.2　基于感应电动势法的单极子天线响应

假设长度为 H 的单极子天线坐落在 z 轴方向，当 $H<\lambda/2$ 时，单极子天线作为辐射天线的电流 I 近似呈正弦分布

$$I(z)=I_0\frac{\sin k(H-z)}{\sin kH}\quad 0<z<H \tag{6-12}$$

式中：I_0 为 $z=0$ 处的电流。根据互易定理，当该单极子天线作为接收天线时，利用感应电动势法可以得到其开路电压为

$$V_{oc}=-\frac{1}{I_0}\int_0^H E_z(z')I(z')\mathrm{d}z' \tag{6-13}$$

假设单极子天线的输入阻抗为 Z_m，负载阻抗为 Z_L。当阻抗匹配时，即 $Z_L=Z_m^*$（上标 * 代表复数值的共轭），此时在一个搅拌周期内，单极子天线的平均接收功率为

$$\langle P_r\rangle=\frac{\langle |V_{oc}|^2\rangle}{4R_m} \tag{6-14}$$

式中：R_m为输入阻抗的实部，即 $R_m=\mathrm{Re}(Z_m)$。

根据式(6-13)可知

$$\langle |V_{oc}|^2\rangle=-\frac{1}{I_0^2}\int_0^H\int_0^H\langle E_z^i(z_1)E_z^{i*}(z_2)\rangle I(z_1)I(z_2)\mathrm{d}z_1\mathrm{d}z_2 \tag{6-15}$$

上式中电流分布函数 $I(z)$ 可由式(6-12)得到，根据空间相关函数 $\rho_l(z)$ 的定义可知

$$\rho_z(z_1,z_2)=\frac{\langle E_z^i(z_1)E_z^{i*}(z_2)\rangle}{\sqrt{\langle |E_z^i(z_1)|^2\rangle\langle |E_z^i(z_2)|^2\rangle}} \tag{6-16}$$

结合式(6－10)与式(6－11)可知,在混响室壁面附近满足

$$\langle E_z^i(z_1)E_z^{i*}(z_2)\rangle = \frac{2E_0^2}{3}\rho_l(z_2 - z_1) \tag{6-17}$$

将式(6－15)与式(6－17)代入式(6－14)可得

$$\langle P_r\rangle = \frac{E_0^2}{6R_m I_0^2}\int_0^H\int_0^H \rho_l(z_2 - z_1)I(z_1)I(z_2)\mathrm{d}z_1\mathrm{d}z_2 \tag{6-18}$$

式(6－18)可进一步写作

$$\int_{-H}^H\int_{-H}^H \rho_l(z_2 - z_1)I(z_1)I(z_2)\mathrm{d}z_1\mathrm{d}z_2 = \frac{6\pi I_0^2 R_d}{k^2\eta} \tag{6-19}$$

式中:R_d是长度为$2H$的偶极子天线输入阻抗的实部。故长度为H的单极子天线输入阻抗$R_m = R_d/2$,并且注意到被积函数为偶函数,因此可以得到

$$\int_0^H\int_0^H \rho_l(z_2 - z_1)I(z_1)I(z_2)\mathrm{d}z_1\mathrm{d}z_2 = \frac{3\pi I_0^2 R_m}{k^2\eta} \tag{6-20}$$

将上式结果代入式(6－18),最终可得到与式(6－8)相同的结果:

$$\langle P_r\rangle = \frac{E_0^2}{\eta}\frac{\lambda^2}{8\pi} \tag{6-21}$$

这说明安装在壁面上的单极子天线与置于混响室测试区域内的天线具有相同的接收响应,检测结果能够表征混响室内的场环境,并用于腔体的屏蔽效能测试中。

6.3.3 某微型腔体的屏蔽效能测试示例

根据前文的分析与改进的测试方案,试验选取某装备电气系统模块的箱体为研究对象,对其屏蔽效能进行试验测试。该设备箱体尺寸为38cm×32cm×19cm,内部无法放置场强计或喇叭天线等仪器,传统方法尚不能完成对该尺寸箱体的屏蔽效能测试。根据图6－19中给出的SE测试系统布局,将制作的单极子天线安装在测试箱体的壁面,利用频率搅拌方式,实现对该箱体屏蔽效能的测试研究。

利用同轴连接器制作的单极子天线长度为3cm,为了对比天线在不同测试位置下的SE结果,在箱体3个相互正交的壁面上均安装单极子天线,用以检测其内部信号功率。试验场景如图6－20所示。优化后的搅拌间隔最终确定为0.3MHz。

图6－21给出了位置1单极子天线测得的原始S_{21}及其均值曲线。可以看到在1～2.5GHz频段内,图中的S_{21}均值曲线呈现出一定的振荡特性(见局部放大图)。这是由于将测试箱体视作为嵌套小型混响室,按照混响室最低可用频

率至少应为其谐振频率 3 ~4 倍的原则，可知其起始工作频率约为 3GHz。而在其工作频率的下限，内部为少模状态，激发的主模占据了大部分能量，故呈现出一定的谐振特性。

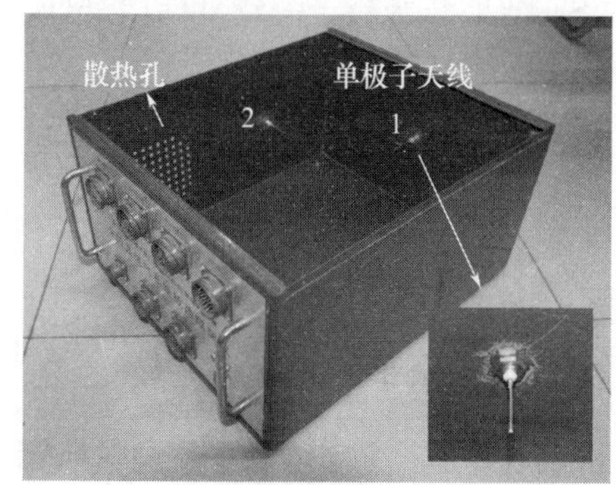

(a) 小箱体结构图

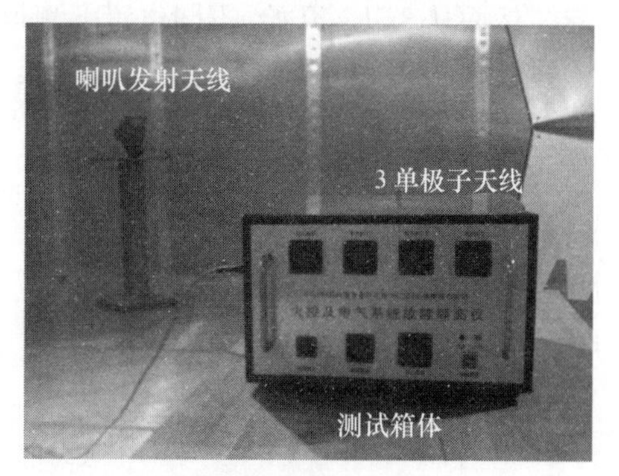

(b) 混响室内测试布局

图 6 -20　某电气系统箱体屏蔽效能测试场景图

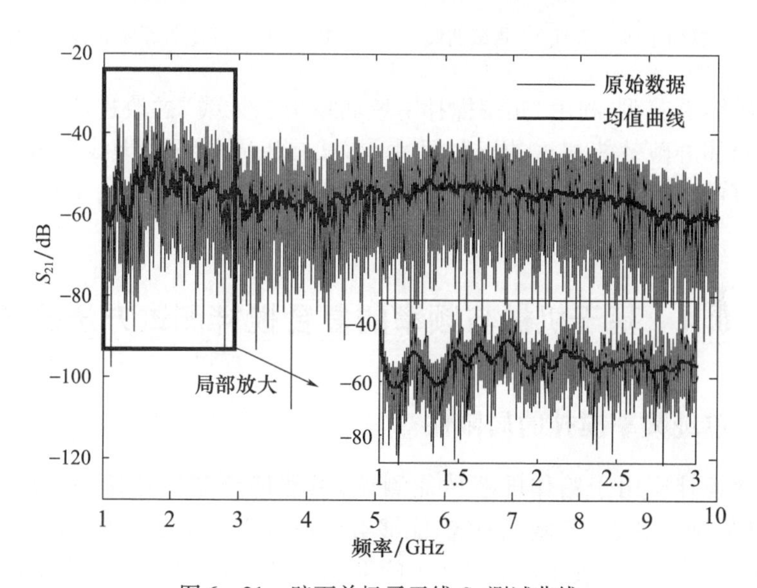

图 6 -21　壁面单极子天线 S_{21} 测试曲线

由于被测箱体内、外部的接收天线不一致，为消除天线效率对测试结果的影响，选用式(6 -7)计算箱体的屏蔽效能值。为此首先需要测开阔场条件下的天线反射系统。图 6 -22 为在开阔场环境下测得的单极子天线 S_{22} 参数曲线，虽然单极子天线长度均为 3cm，但受误差、装配等因素的影响，其反射系数仍存在一定的差异。

图 6－23 给出了利用式(6－7)计算得到的箱体 SE 曲线,从图中可以看出,在 1～3GHz 频段内,因箱体内部无法形成空间均匀的场环境,SE 测试结果很大程度上依赖于接收天线的位置,因此该频段的测试曲线未能较好地重合在一起。然而从 3GHz 开始,不同位置下测得的 SE 结果开始趋于一致,可以看出该箱体在 3～10GHz 频段下的屏蔽效能从 20dB 附近逐渐降低到 5dB。

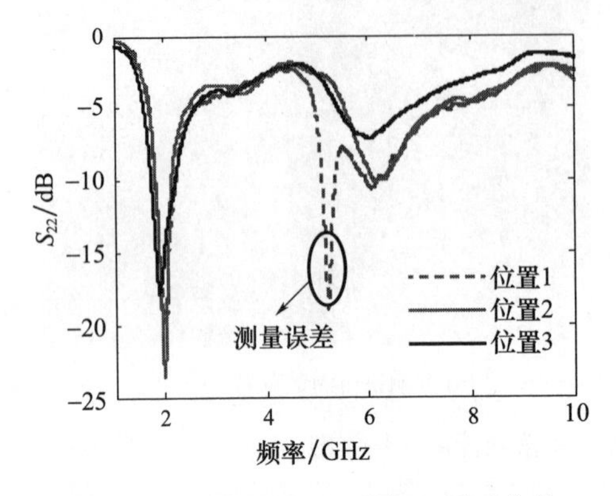

图 6－22　壁面单极子天线 S_{22} 测试曲线

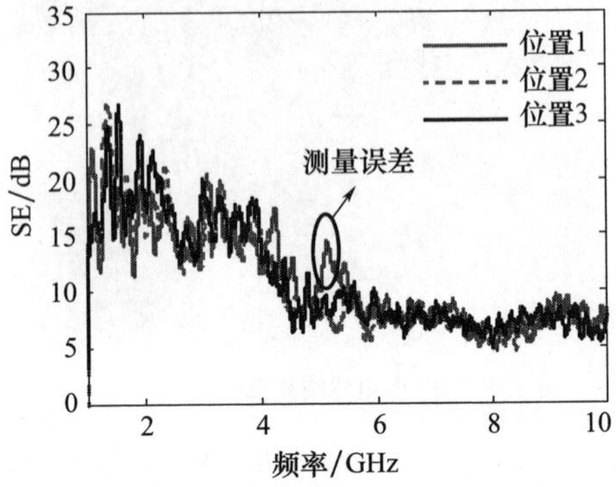

图 6－23　某电气系统箱体 SE 测试曲线

测试结果表明,利用"频率搅拌＋壁面单极子天线"的改进测量模式突破了传统箱体屏蔽效能测试的下限尺寸,测试结果同样不受天线位置的影响,具有很好的重复性,改进的测试方案对微型腔体的屏蔽效能测试具有重要的意义。

6.4　基于机械与频率的复合搅拌测试方法改进

6.4.1　单纯频率搅拌的局限性

频率搅拌应用于箱体屏蔽效能测试,虽然能够获得连续的屏蔽效能曲线,但如果细心观察 SE 测试曲线,能够看出该曲线并非足够平滑,如图 6－24 中的局部放大图,曲线存有很多细小的毛刺,如同添加了噪声一般,噪声幅值大小接近 2dB。分析这种现象产生的原因,主要是由于用于平均的独立样本数据较少所造成的。从电场均值估计区间 d(dB)与独立样本数 n 之间的关系式可知,样本数据越多,获得的电场均值愈加趋近于理论值,一定频段下测试数据的均值曲线愈加光滑;并且参与屏蔽效能计算的参数值越多,传递误差越大。

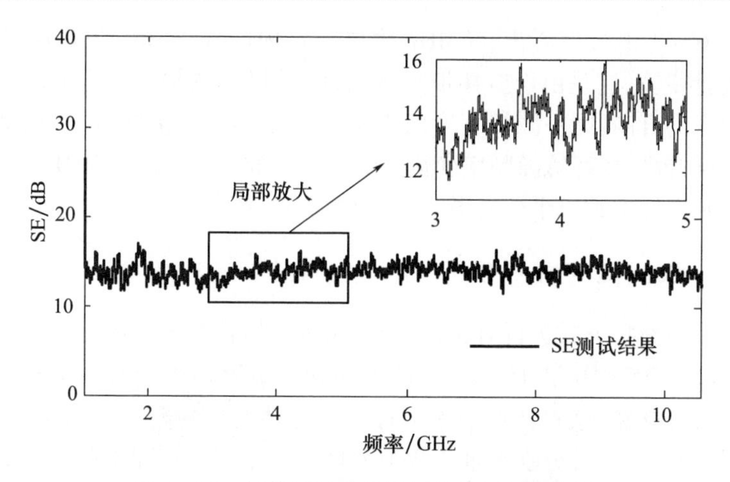

图 6-24　箱体屏蔽效能测试曲线局部放大图

单一频率搅拌方式下,在一定的搅拌带宽内所能够提供的独立样本数是有限的,而增大搅拌带宽又会造成测得的 SE 曲线失去某些峰值信息。因此从测试精度的角度而言,频率搅拌是存在一定的局限性的。这种 SE 曲线在测试精度要求不高的情况下是能够接受的,然而本着提高测试精度的原则,有必要对该问题做进一步地研究,并加以改善。

6.4.2　复合搅拌方式及其搅拌效率分析

搅拌参数选取的原则是根据所需独立样本数量决定搅拌带宽的大小,如果不想增大搅拌带宽(减小非零带宽影响),则需要增强搅拌效率,从而在不改变带宽大小的前提下,增大提供的独立样本数量。基于这一想法,本节首先对频率搅拌与机械搅拌的搅拌效率进行研究,通过分析影响搅拌效率的相关因素,最大可能地提升搅拌效率。

6.4.2.1　频率搅拌效率分析

线性扫频频率搅拌方式下,在中心频率为 200MHz、500MHz 与 1GHz 处,分别选取 30MHz 与 50MHz 的搅拌带宽,利用矢量网络分析仪测试收、发天线间的 S_{21},带宽内的扫频点数设为 1601 个,计算得到总样本数据中的独立样本数,见表 6-2。

表 6-2　频率搅拌方式下的独立采样数

搅拌带宽/MHz	中心频率/MHz		
	200	500	1000
30	145 个	228 个	400 个
50	228 个	320 个	533 个

从表6－2中可以看出,50MHz搅拌带宽内的独立样本数量明显要大于30MHz搅拌带宽,这是由于搅拌带宽越大,电学尺寸的相对变化范围越大。并且随着频率的升高,同一搅拌宽度内提供的独立样本数量增多,这也是由于随着模式密度升高,场环境随频率变化愈加敏感造成的。然而在50MHz搅拌内所能提供的独立样本数仍十分有限。

6.4.2.2 机械搅拌效率分析

为与频率搅拌方式进行对比,混响室在机械搅拌方式下的工作频率同样选取为200MHz、500MHz和1GHz。实验室所建混响室内安装有一个水平搅拌器和一个垂直搅拌器,试验分别采集了每一个搅拌器单独转动下的样本数据;两个搅拌器同时转动时,分别测量了两个搅拌器在不同转速比下的样本数据。由于需要采集单一频点下的时域样本数据,设置矢量网络分析仪工作在CW模式下,采集时间与搅拌器旋转一周时间相同,均为20s。对测试数据进行处理,机械搅拌方式下的独立样本数量见表6－3。

表6－3 机械搅拌方式下的独立采样数

频率/MHz	不同搅拌模式					
	水平搅拌器	垂直搅拌器	转速比1:1	转速比2:1	转速比3:1	转速比4:1
200	19个	51个	55个	59个	64个	84个
500	52个	123个	145个	177个	228个	320个
1000	145个	320个	320个	400个	533个	533个

从表6－3中可以看出,随着工作频率的升高,搅拌器对场扰动的效果同样会增强,因为模式密度增高到一定程度后,空间体积的微小变化都会造成场环境的剧烈抖动。相比之下,混响室内的垂直搅拌器的搅拌效率要明显高于水平搅拌器;两个搅拌器同时转动下的搅拌效率较单一搅拌器有所提升,并且随着转速比的提升,搅拌效率越来越高。

对上述现象进行深入分析,由于垂直搅拌器的尺寸要大于水平搅拌器,该搅拌器旋转一周的边界条件改变能力也要高于水平搅拌器,因此前者的搅拌效率更高。而两搅拌器共同转动则提供了更为丰富的搅拌位置组合,搅拌效率势必高于单一搅拌器转动。当搅拌器的转速比提升时,转速快的搅拌器旋转完一周提供了全部的独立样本数据,而转速慢的搅拌器则只提供了一部分独立样本数据。因此可以假设一种理想情况,即慢搅拌器只步进一个独立搅拌位置时,快搅拌器就旋转完毕一周,当慢搅拌器转动一周完毕后,能够提供的所有独立搅拌位置均会出现,此时提供的独立样本数据最大,搅拌效率也达到最高。假设混响室内有 M 个搅拌器,每个搅拌器能提供的独立样本数据量为 $N_{\text{ind}}(m)$,因此机械搅拌方式能够提供的最大独立样本数量为

$$N_{\text{ind}} = \prod_{m=1}^{M} N_{\text{ind}}(m) \tag{6-22}$$

6.4.2.3 复合搅拌及其效率分析

为提高频率搅拌的搅拌效率,可以借鉴多个搅拌器工作在不同转速下提供不同边界条件组合位置的思想,采取一种机械搅拌与频率搅拌相结合的复合搅拌方式,在不增大搅拌带宽的前提下增大独立样本数量。复合搅拌的具体方法为机械搅拌器工作在步进搅拌方式,在不同的步进位置下,激励源采用线性扫频搅拌方式激励混响室从而实现复合搅拌。假设搅拌器步进 M 个独立的搅拌位置,每一个搅拌位置下的频率搅拌所能提供的独立样本数量为 $N_{\text{ind}}(m)$,因此复合搅拌能提供的最大独立样本数量为

$$N_{\text{ind}} = \sum_{m=1}^{M} N_{\text{ind}}(m) \tag{6-23}$$

为了验证上述结论,在垂直搅拌器步进位置分别为 0°、1.2°、10°、20°、30°、40°下进行线性扫频频率搅拌,共获取 6 组复合搅拌方式下的测试数据。按照下式分别计算 6 组数据间的两两相关系数

$$\rho_{XY} = \frac{\text{cov}(X,Y)}{\sqrt{D(X)}\sqrt{D(Y)}} \tag{6-24}$$

式中:X、Y 代表不同数组;cov(·)为数据间的协方差;D(·)为数据方差。计算结果见表 6-4 ~ 表 6-6。

表 6-4 200MHz 下测试数据间的相关系数

转动角度	不同转角间的相关系数					
	0°	1.2°	10°	20°	30°	40°
0°	1.0000	0.9634	0.0964	-0.0286	-0.0511	0.0455
1.2°	0.9634	1.0000	0.0954	-0.0233	-0.0532	0.0406
10°	0.0964	0.0954	1.0000	-0.0084	0.0421	0.0880
20°	-0.0286	-0.0233	0.0084	1.0000	0.0684	-0.0784
30°	-0.0511	-0.0532	0.0421	0.0684	1.0000	0.0146
40°	0.0455	0.0406	0.0880	-0.0784	0.0146	1.0000

表 6-5 500MHz 下测试数据间的相关系数

转动角度	不同转角间的相关系数					
	0°	1.2°	10°	20°	30°	40°
0°	1.0000	0.8066	0.0452	0.0535	-0.0410	0.0608
1.2°	0.8066	1.0000	0.0105	0.0002	-0.0419	0.0578
10°	0.0452	0.0105	1.0000	0.0670	-0.0603	0.0213
20°	0.0535	0.0002	0.0670	1.0000	-0.0014	-0.0092
30°	-0.0410	-0.0419	-0.0603	-0.0014	1.0000	0.0379
40°	0.0608	0.0578	0.0213	-0.0092	0.0379	1.0000

表 6-6 1GHz 下测试数据间的相关系数

转动角度	不同转角间的相关系数					
	0°	1.2°	10°	20°	30°	40°
0°	1.0000	0.4668	0.0455	0.0498	0.0062	-0.0129
1.2°	0.4668	1.0000	0.0212	0.0558	0.0096	0.0147
10°	0.0455	0.0212	1.0000	0.0194	0.0767	-0.0277
20°	0.0498	0.0558	0.0194	1.0000	0.0137	0.0766
30°	0.0062	0.0096	0.0767	0.0137	1.0000	-0.0057
40°	-0.0129	0.0147	-0.0277	0.0766	-0.0057	1.0000

从以上各表中可以看出，当搅拌器步进角度仅为 1.2°时，转动前后测得的两组样本数据相关系数分别为 0.9634、0.8066 和 0.4668，均大于 0.37，这说明两组数据间彼此相关，因此需要舍去其中的一组样本数据，而其他任意两步进位置间的数据均是彼此独立的。分别计算每一组样本数据中的独立样本个数并进行叠加，可以获得复合搅拌方式下的独立样本数量分别为 1140、1600、2665 个。这在不增大搅拌带宽的同时，极大提升了独立样本的数量。

如果在更多的搅拌位置下结合频率搅拌，独立样本数量还将会成倍提升，对应的测试工作量与测试时间也会相应升高。因此，测试中还需结合实际所需测试精度，事先规划好频率搅拌的带宽大小与机械搅拌的步进位置，达到最优化测试。

6.4.3 复合搅拌屏蔽效能测试与结果分析

根据上文的分析，复合搅拌方式相比单一频率搅拌方式，在相同的搅拌带宽内能够大大增加独立采样数目，从而为提高腔体的屏蔽效能测试精度提供了一种全新的测试方法。

在复合搅拌方式下，为保证测试得到的每组样本数据间相互独立，设置搅拌器每次的步进角度为 20°，搅拌器相对初始位置转动 5 次，每个步进位置下均进行频率搅拌。因此共获得复合搅拌方式下的 6 组测试数据。对总的样本数据进行处理，图 6－25 给出了复合搅拌方式下箱体内、外部的 S_{21} 均值曲线，并将其与单一频率搅拌测得的 S_{21} 均值曲线进行了对比。从图中可以看出，复合搅拌方式下的 S_{21} 均值曲线在很好地保留峰值信息的同时，较原始数据平滑了许多，通过局部放大图可以看到，平滑掉的“噪声”误差能达到 1.5dB，取得了很好的效果。

图 6－26 给出了复合搅拌方式下的箱体 SE 测试曲线，同样与原始的 SE 测试曲线进行了对比，可以看到复合搅拌下的 SE 曲线同样要好于原始测试曲线，大部分噪声被平滑掉了。而这也证明了复合搅拌方式在改善测试精度方面的有效性，工程实践意义重大。

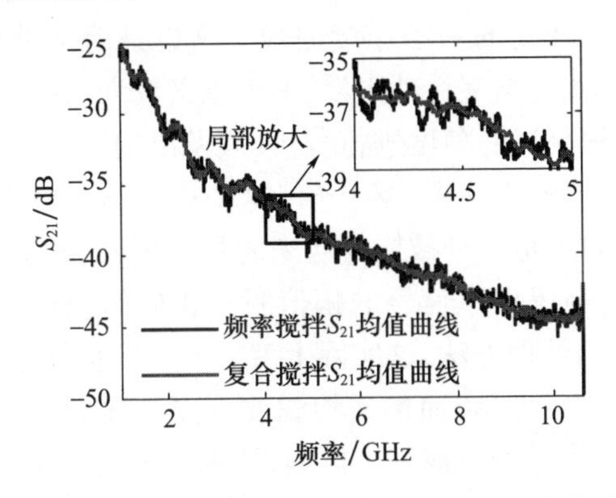

图 6－25　频率搅拌与复合搅拌下的 S_{21} 均值曲线

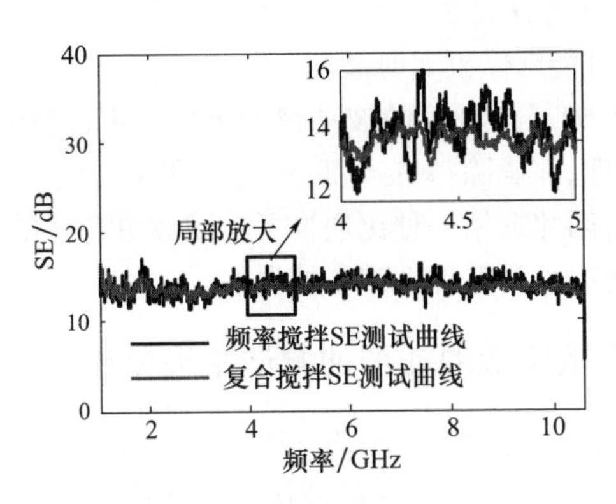

图 6－26　频率搅拌与复合搅拌下的箱体 SE 曲线

6.5 基于滤波的数据处理方法改进

机械搅拌和频率搅拌的复合搅拌方式,虽然降低了测试的不确定性,有效改善了测试曲线的平滑度,但仍具有一定的局限性。因为复合搅拌同样需要配合机械搅拌器使用,相对单一频率搅拌,一方面增加了测试的工作量,另一方面该方法无法用于更小体积腔体 SE 的测试。为此,从数据处理的角度展开研究,期待能够进一步提高测试精度。

6.5.1 传统数据处理与递推平均滤波等效性分析

利用混响室统计均匀的特性,可将搅拌周期内的有限采样数据进行平均来表征混响室内的场量均值。对于一组基于线性扫频的测试数据,如果将每一个采样频点都视为中心工作频率,并对相邻带宽内的数据取平均,即可获得混响室内电场均值随频率变化的一条连续曲线。这也是前文进行屏蔽效能计算所采取的方法,该方法从混响室特性出发,物理意义较为明确。

然而如果从工程测试的角度进行分析,假设混响室电场均值曲线是所关心的被测信号,各种搅拌方式使得“场均值”这一有用信号被淹没在了噪声之中,而混响室内所关心的正是这种被搅拌起来的噪声信号,并努力放大被搅拌起来的噪声信号,同时又期望噪声信号的幅值服从相应的统计模型。此时,回头再看我们对“场均值”的处理方法,这实际上就是电子工程领域常用的一种降噪方法,即“递推平均滤波算法”。递推平均滤波算法又称滑动平均滤波法,对连续的采样数据,取 N 个采样值看成一个队列,队列的长度固定为 N,每次采样到一个新数据放入到队尾中去,并扔掉队首的一个数据,即先进先出原则。然后把队列中的 N 个数据进行算数平均运算,即可获得新的滤波结果。该方法对噪声有很好的抑制作用且能够做到实时滤波。

根据上述分析,如果将场值的波动视为干扰噪声,利用滤波手段对采集到的样本数据进行处理,并滤除掉噪声部分,那么所关心的“场均值”曲线就能够被很好地还原出来,因此选用一种比递推平均滤波更合适的滤波方法来处理数据,势必能够更好地减小数据处理带来的误差。

6.5.2 基于 FIR 数字低通滤波的测试结果分析

除递推平均滤波法外,目前常用的一些数字滤波算法还有中位值平均滤波法、加权递推平均滤波法、一阶惯性滤波法等。这些方法虽较前者均有一定的改进,然而相对于具有非零搅拌带宽的频率搅拌方式而言并不适用,因为频率搅拌不适于提供更多样本数据进行平均。对采集到的样本曲线进行特征分析可知,我们所关心的"场均值"曲线相对于被搅拌起来的噪声信号频率要小很多,因此可设计合理的数字低通滤波器,在滤除掉高频噪声的同时,有效保留想要的低频"场均值"信息。

低通滤波器的种类多种多样,特性也不尽相同,有限冲击响应(finite impulse response,FIR)滤波器是数字信号处理中最常用的一种滤波器,且 Matlab 中的滤波工具箱方便对 FIR 滤波过渡带等参数修改和设计。这里通过设计 FIR 数字低通滤波结合汉明窗对原始测试数据进行处理,低通滤波后的处理结果如图 6-27 所示,为对比改进效果,图中同时给出了递推平均滤波得到的均值曲线。从图 6-27 中可以看出,采用低通滤波方式获取的 S_{21} 均值曲线有效滤除掉了更多的噪声部分,在保持均值波形不变、保留峰值信息的前提下,极大地平滑了测试曲线。在此基础上,图 6-28 给出了采用该数据处理方法得到的箱体 SE 曲线,取得了令人满意的效果。

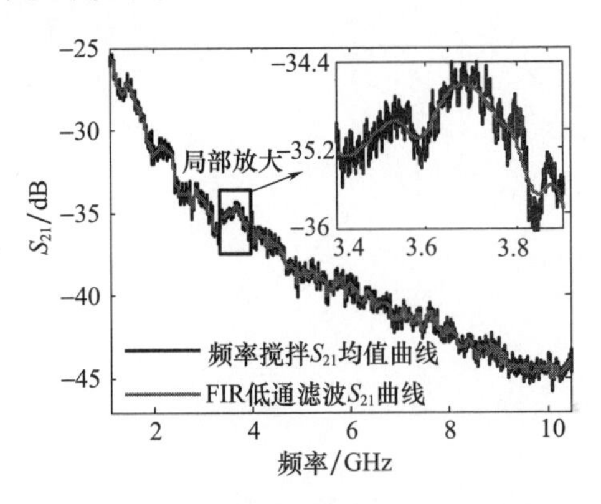

图 6-27 低通滤波处理的 S_{21} 均值曲线

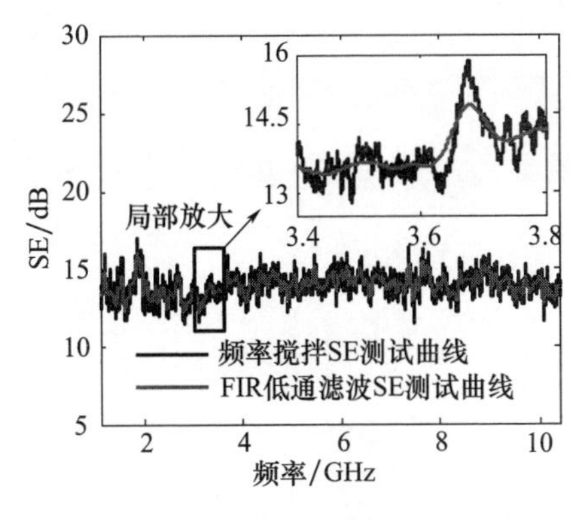

图 6-28 低通滤波处理得到的 SE 曲线

利用低通滤波的数据处理方法，能够更加准确地获得电场的均值曲线，这使得研究人员在频率搅拌 SE 测试中，不必过多地关注搅拌带宽，理论上来讲，只需保证扫频间隔足够小(采样率满足耐奎斯特采样定理)，即可还原得到电场均值曲线。该方法无需增加测试系统的难度，应用范围不再受被测腔体体积的限制，并且不会增加测试工作量，因此在一定程度上，该方法比复合搅拌方式的应用空间更为广阔，更具推广价值。

第7章 混响室环境下材料屏蔽效能测试技术

随着用频电子设备数量的增多,空间电磁环境变得日趋复杂、恶劣,需要对电子设备内部的电子模块、部组件进行高效的电磁防护。使用电磁防护材料阻隔、衰减电磁波的传播是电磁防护常用的技术措施,屏蔽效能是衡量材料电磁防护能力的核心技术指标。新型电磁防护材料大多为复合材料,由于材料复合工艺、金属掺杂的不确定性等因素的影响,数值模拟往往很难得到材料屏蔽效能的精确解,试验测量是准确评估材料电磁防护能力的首选技术。

常用的屏蔽效能测试通常采用单一平面波垂直辐照材料表面的方法来获取其屏蔽效能。然而作为电磁防护功能使用的材料,其工作环境往往是电磁波多入射方向和极化方式共存的复杂电磁环境。因此,在此类环境中使用的材料的屏蔽效能测试也应该在类似的复杂环境中进行。混响室内部电磁环境与材料在实际使用中遇到的环境更为接近,因此适合用于测试材料的屏蔽效能。屏蔽效能测试是混响室技术的一个重要应用方向。然而国际电工委员会推荐的混响室环境下材料屏蔽效能测试方法,存在着测试系统过于复杂、测试结果误差大等问题。

7.1 材料屏蔽效能与测试场环境间的关系研究

传统材料屏蔽效能测试方法均采用垂直辐照的方式,然而电磁波斜入射被测材料时,材料的屏蔽能力能否保持一致,电磁波极化方式是否会对材料的屏蔽效能造成影响,这些问题都有待深入研究,也是科学评价材料 SE 性能的重要因素。

7.1.1 入射波状态对材料屏蔽效能影响的理论分析

材料的屏蔽效能计算方法相对成熟,但相关研究主要集中在平面波垂直照射的情况,涉及电磁波入射角度与极化方向的研究相对较少。当任意极化电磁波斜入射到被测材料后，总可以分解为相对入射面的水平极化波和垂直极化波（电磁波垂直入射时，则无须区分水平极化与垂直极化电磁波）。水平极化波即电场极化方向在入射面内，垂直极化波即电场极化方向垂直入射面。联想到电磁波在介质界面上的反射与折射基本理论可知，垂直极化波与水平极化波的反射率与折射率是不同的。因此猜想材料在不同入射方向与极化方向电磁波下，呈现出的屏蔽能力是不同的。

为验证上述猜想，建立平面波斜入射无限大屏蔽平板的物理模型，如图 7－1 所示，并从分界面的反射与折射率出发，对材料 SE 与平面波入射角间的关系进行研究。假设材料厚度为 d，左右两端均为自由空间，$\boldsymbol{\eta}_0$ 为自由空间波阻抗，$\boldsymbol{\eta}_1$ 为材料的屏蔽特性阻抗，平面波的电场强度、磁场强度和传播常数分别为 $\boldsymbol{E}_0$、$\boldsymbol{H}_0$、$\boldsymbol{\gamma}_0$。

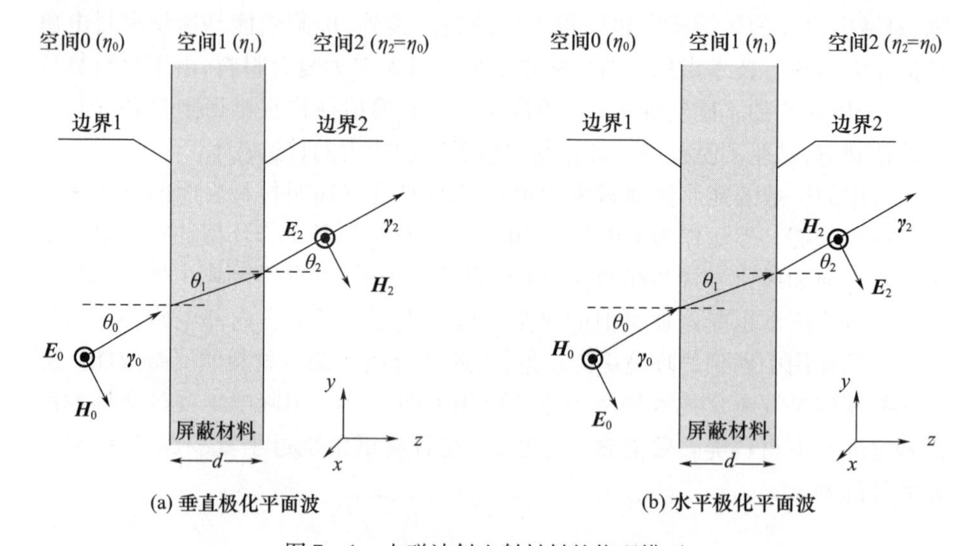

图 7－1　电磁波斜入射材料的物理模型

对如图 7－1(a)所示的垂直极化平面波，电场仅存在 x 分量。当其以 θ 角斜射入屏蔽材料时，电磁波在屏蔽材料的左边界面 1 存在折射，故空间 0 中的电磁场强度为入射波与反射波的叠加

$$\boldsymbol{E}_0=\boldsymbol{e}_x(E_{i,0}\mathrm{e}^{-\gamma_{i,0}}\cdot\boldsymbol{r}_{i,0}+E_{r,0}\mathrm{e}^{-\gamma_{i,0}}\cdot\boldsymbol{r}_{i,0}) \tag{7-1}$$

$$\begin{aligned}\boldsymbol{H}_0=&\frac{1}{\boldsymbol{\eta}_0}((E_{i,0}\mathrm{e}^{-\gamma_{i,0}}\cdot\boldsymbol{r}_{i,0}+E_{r,1}\mathrm{e}^{-\gamma_{i,0}}\cdot\boldsymbol{r}_{i,0})\cos\theta_0\boldsymbol{e}_y-\\&(E_{i,0}\mathrm{e}^{-\gamma_{i,0}}\cdot\boldsymbol{r}_{i,0}+E_{r,0}\mathrm{e}^{-\gamma_{r,1}}\cdot\boldsymbol{r}_{r,1})\sin\theta_0\boldsymbol{e}_z)\end{aligned} \tag{7-2}$$

式中：下标 i、r 分别代表入射波与反射波；$\boldsymbol{r}$ 表示位置矢量；E_i 与 E_r 分别代表入射波和反射波的场强振幅。电磁波折射进入屏蔽材料后，在屏蔽材料的右边界

面 2 同样存在折射现象,同理可得空间 1(材料内部)中的电磁场强度

$$\boldsymbol{E}_1=\boldsymbol{e}(E_{i,1}\mathrm{e}^{-\gamma_{i,1}\cdot\boldsymbol{r}_{i,1}}+E_{r,1}\mathrm{e}^{-\gamma_{i,1}\cdot\boldsymbol{r}_{i,1}}) \tag{7-3}$$

$$\boldsymbol{H}_1=\frac{1}{\eta_1}((E_{i,1}\mathrm{e}^{-\gamma_{i,1}\cdot\boldsymbol{r}_{i,1}}+E_{r,1}\mathrm{e}^{-\gamma_{r,1}\cdot\boldsymbol{r}_{r,1}})\cos\theta_1\boldsymbol{e}_y-(E_{i,1}\mathrm{e}^{-\gamma_{i,1}\cdot\boldsymbol{r}_{i,1}}+E_{r,1}\mathrm{e}^{-\gamma_{r,1}\cdot\boldsymbol{r}_{r,1}})\sin\theta_1\boldsymbol{e}_z) \tag{7-4}$$

电磁波透射过屏蔽材料后,在空间 2 中不存在反射情况,其总的电磁场为

$$\boldsymbol{E}_2=\boldsymbol{e}_xE_{i,2}\mathrm{e}^{-\gamma_{i,2}\cdot\boldsymbol{r}_{i,2}} \tag{7-5}$$

$$\boldsymbol{H}_2=\frac{1}{\eta_0}(E_{i,2}\mathrm{e}^{-\gamma_{i,2}\cdot\boldsymbol{r}_{i,2}}\cos\theta_2\boldsymbol{e}_y-E_{i,2}\mathrm{e}^{-\gamma_{i,2}\cdot\boldsymbol{r}_{i,2}}\sin\theta_2\boldsymbol{e}_z) \tag{7-6}$$

由于反射波的存在,空间 0 与空间 1 中的输入阻抗分别为

$$\boldsymbol{Z}_0=\frac{\boldsymbol{E}_0}{\boldsymbol{H}_0}=\eta_0\frac{E_{i,0}\mathrm{e}^{-\gamma_{i,0}\cdot\boldsymbol{r}_{i,0}}+E_{r,0}\mathrm{e}^{-\gamma_{r,0}\cdot\boldsymbol{r}_{r,0}}}{E_{i,0}\mathrm{e}^{-\gamma_{i,0}\cdot\boldsymbol{r}_{i,0}}-E_{r,0}\mathrm{e}^{-\gamma_{r,0}\cdot\boldsymbol{r}_{r,0}}} \tag{7-7}$$

$$\boldsymbol{Z}_1=\frac{\boldsymbol{E}_1}{\boldsymbol{H}_1}=\eta_1\frac{E_{i,1}\mathrm{e}^{-\gamma_{i,1}\cdot\boldsymbol{r}_{i,1}}+E_{r,0}\mathrm{e}^{-\gamma_{r,1}\cdot\boldsymbol{r}_{r,1}}}{E_{i,1}\mathrm{e}^{-\gamma_{i,1}\cdot\boldsymbol{r}_{i,1}}-E_{r,0}\mathrm{e}^{-\gamma_{r,1}\cdot\boldsymbol{r}_{r,1}}} \tag{7-8}$$

空间 2 中不存在反射场,故 $Z_2=\eta_2=\eta_0$。

根据垂直极化入射波的反射系数 $R_\perp$ 与透射系数 $T_\perp$ 计算公式,可得电磁波在边界 2 处的反射系数与透射系数分别为

$$R_2=\frac{E_{r,1}}{E_{i,1}}=\frac{\eta_0\cos\theta_1-\eta_1\cos\theta_2}{\eta_0\cos\theta_1+\eta_1\cos\theta_2} \tag{7-9}$$

$$T_2=\frac{E_{i,2}}{E_{i,1}}=\frac{2\eta_0\cos\theta_1}{\eta_0\cos\theta_1+\eta_1\cos\theta_2} \tag{7-10}$$

根据折射定律有,$\gamma_0\sin\theta_0=\gamma_1\sin\theta_1=\gamma_2\sin\theta_2$,可知 $\gamma_0=\gamma_2$,$\theta_0=\theta_2$,且有

$$\begin{cases}\sin\theta_1=\gamma_0\sin\theta_0/\gamma_1=\gamma_2\sin\theta_2/\gamma_1\\ \cos\theta_1=\sqrt{1-(\gamma_0\sin\theta_0/\gamma_1)^2}=\sqrt{1-(\gamma_2\sin\theta_2/\gamma_1)^2}\end{cases} \tag{7-11}$$

又根据反射波与入射波矢量之间的几何关系,在空间 $k(k=0,1,2)$ 中存在

$$\begin{cases}-\boldsymbol{\gamma}_{i,k}\cdot\boldsymbol{r}_{i,k}=-\gamma_kd/\cos\theta_k\\ -\boldsymbol{\gamma}_{r,k}\cdot\boldsymbol{r}_{r,k}=\gamma_kd/\cos\theta_k\end{cases} \tag{7-12}$$

对上述计算式进行整理迭代可得

$$Z_1=\eta_1\frac{\eta_0\cos\theta_1+\eta_1\cos\theta_2\tanh(\gamma_1d/\cos\theta_1)}{\eta_1\cos\theta_2+\eta_0\cos\theta_1\tanh(\gamma_1d/\cos\theta_1)} \tag{7-13}$$

$$R_1=\frac{E_{r,0}}{E_{i,0}}=\frac{Z_1\cos\theta_0-\eta_0\cos\theta_1}{Z_1\cos\theta_0+\eta_0\cos\theta_1} \tag{7-14}$$

$$T_1=\frac{E_{i,1}(\mathrm{e}^{\gamma_1\cdot d/\cos\theta_1}+R_2\mathrm{e}^{-\gamma_1\cdot d/\cos\theta_1})}{E_{i,0}}=\frac{2Z_1\cos\theta_0}{Z_1\cos\theta_0+\eta_0\cos\theta_1} \tag{7-15}$$

因此总的透射系数

$$T_{\perp}=\frac{E_{r,2}}{E_{i,0}}=T\cdot T_2 \tag{7-16}$$

对如图 7-1(b)的水平极化入射波,磁场只有 x 分量,电场位于0 坐标平面内,因此可以利用磁场比来计算反射系数与透射系数,推导过程与垂直极化波入射时类似,并且能够得到

$$R'_2=\frac{H_{r,1}}{H_{i,1}}=\frac{\eta_1\cos\theta_1-\eta_0\cos\theta_2}{\eta_1\cos\theta_1+\eta_0\cos\theta_2} \tag{7-17}$$

$$T'_2=\frac{H_{i,2}}{H_{i,1}}=\frac{2\eta_1\cos\theta_1}{\eta_1\cos\theta_1+\eta_0\cos\theta_2} \tag{7-18}$$

$$Z'_1=\eta_1\frac{\eta_0\cos\theta_2+\eta_1\cos\theta_1\tanh(\gamma_1 d/\cos\theta_1)}{\eta_1\cos\theta_1+\eta_0\cos\theta_2\tanh(\gamma_1 d/\cos\theta_1)} \tag{7-19}$$

$$R'_1=\frac{H_{r,0}}{H_{i,0}}=\frac{\eta_0\cos\theta_0-Z_1\cos\theta_1}{\eta_0\cos\theta_0+Z_1\cos\theta_1} \tag{7-20}$$

$$T'_1=\frac{H_{i,1}(\mathrm{e}^{\gamma_1\cdot d/\cos\theta_1}+R_2\mathrm{e}^{-\gamma_1\cdot d/\cos\theta_1})}{H_{i,0}}=\frac{2\eta_0\cos\theta_0}{Z_1\cos\theta_1+\eta_0\cos\theta_0} \tag{7-21}$$

因此总的透射系数

$$T_{\parallel}=\frac{H_{i,2}}{H_{i,0}}=T'_1\cdot T'_1 \tag{7-22}$$

用透射前后的场强(磁场)比表示该材料的屏蔽效能,可得

$$\begin{cases}\mathrm{SE}_{\perp}=-20\lg T_{\perp}\\ \mathrm{SE}_{\parallel}=-20\lg T_{\parallel}\end{cases} \tag{7-23}$$

根据推导过程可知,在电磁波斜入射情况下,材料对水平极化波与垂直极化波的屏蔽效能并不相同,且均为入射角的函数。为研究 $\mathrm{SE}_{\perp}$ 与 $\mathrm{SE}_{\parallel}$ 与入射角之间的关系,定义某材料的厚度为 1mm,相对介电常数和磁导率均为 1,电导率为 800,根据良导体的波阻抗计算式

$$\eta=\sqrt{\frac{\omega\mu_0}{\sigma}}\mathrm{e}^{\mathrm{i}\frac{\pi}{4}} \tag{7-24}$$

计算得到被测材料的波阻抗值,即可利用 Matlab 实现不同入射角度下的材料屏蔽效能值的计算。

假设电磁波频率为 1GHz,图 7-2 给出了材料屏蔽效能与平面波入射角间的关系。从图中可以看出,水平极化平面波随入射角的增大,透过材料的能量

增多,材料的屏蔽能力降低;垂直极化平面波随入射角的增大,透过材料的能量减少,材料的屏蔽能力增强。并且材料的屏蔽效能均随二者入射角度的增大,变化速率增大。这说明仅利用电磁波垂直辐照材料的测试结果来评价材料的屏蔽效能是不合理的。

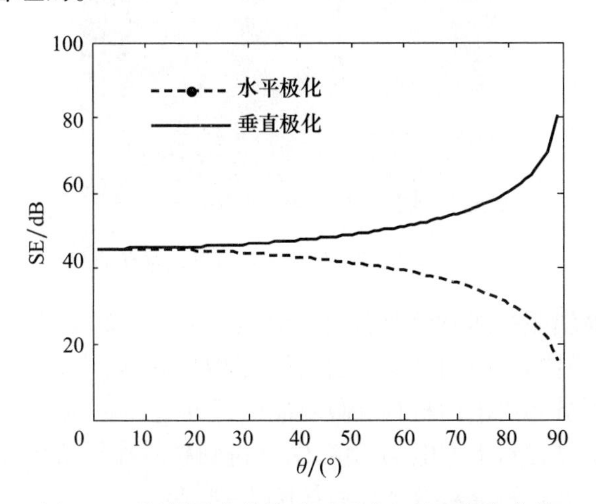

图 7－2　材料屏蔽效能随平面波入射角变化曲线

7.1.2　不同场环境下的材料屏蔽效能仿真计算比对

通过上一节的理论分析可知,垂直辐照方式下的材料屏蔽效能并不能表征其应对复杂电磁环境的能力。尤其是在水平极化电磁波占优的情况下,材料真实的屏蔽能力要远低于预期,这在实际应用中是不安全的。而混响室条件下的电磁波入射方向与极化方式多样,在该环境下的测试结果与材料实际屏蔽能力更为接近,因此有必要对混响室环境下的材料电磁防护性能做进一步的研究。

为清楚说明材料在垂直入射电磁波、斜入射电磁波与混响室环境下材料屏蔽效能的区别,利用 FEKO 软件仿真计算材料在上述不同测试环境场下的 SE 值。仿真定义测试频段为 1～10GHz(每隔 500MHz 一个频点),仿真模型在 *xoy* 平面设置电导率为 800,厚度为 1mm 的无限大材料,定义垂直极化平面波和水平极化平面波分别以 60°和 80°的入射角辐照被测材料,平面波场强振幅设置为 1V/m,计算透过材料的电场值。

混响室测试场环境利用第 3 章中的平面波叠加方法进行模拟,为保证平面波只从一侧辐照被测材料,定义入射平面波的仰角范围为 0°～90°。混响室环境下的材料屏蔽效能仿真模型如图 7－3 所示。

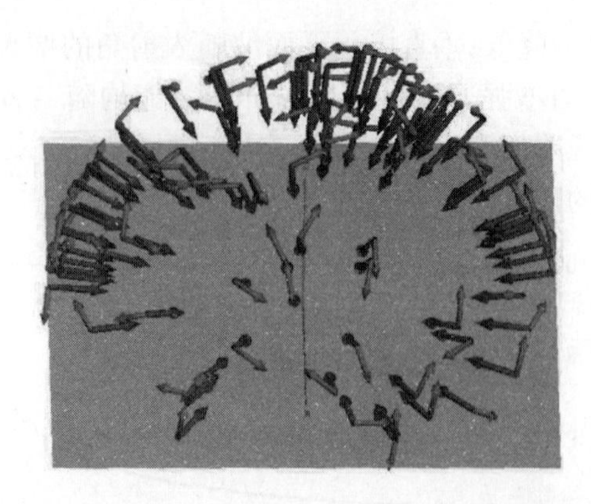

图 7 - 3　混响室模拟场的材料屏蔽效能仿真模型

单一平面波辐照被测材料时,计算测试点(0,0, -2)处有无被测材料时的场强值,利用场强比表征材料的屏蔽效能。混响室环境下的材料 SE 仿真方法参考国际电工委员会给出的材料屏蔽效能测试方法,模拟场环境变化 12 次,计算测试点有无被测材料下的电场均值比,来得到材料在复杂场环境下的屏蔽效能值。仿真得到的材料屏蔽效能曲线如图 7 - 4 所示。

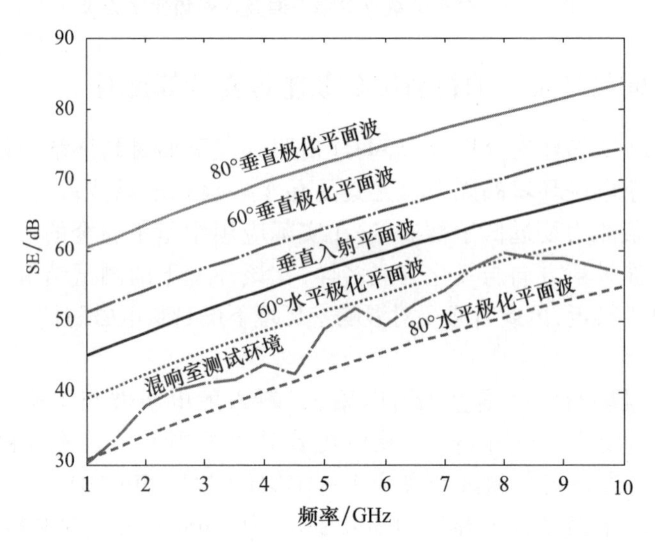

图 7 - 4　不同场环境下材料屏蔽效能仿真测试曲线

从上图可以看出,材料屏蔽效能随垂直极化平面波随入射角的增大而增大,随水平极化平面波入射角的增大而减小,并且当极化角度从 60°增大到 80°时,屏蔽效能值变化较大,说明 SE 值变化率随入射角的增大而增大,与上一节理论分析的结论一致。

更为重要的是,混响室条件下的屏蔽效能测试值要明显低于电磁波垂直辐照下的测试值,且接近水平极化平面波入射角度 80°时的测试值,虽然水平极化电磁波以尽可能大的入射角辐照被测材料时,能够获得材料最低的屏蔽效能值,然而这种测试方法在工程测试中是难以实现的。相对而言,混响室环境下的材料屏蔽效能测试结果更接近材料最低的屏蔽能力,因此十分必要在混响室条件下测试材料的屏蔽能力,合理评估材料的安全应用阈值。

7.2　基于频率搅拌的材料屏蔽效能测试方法优化

由于混响室环境下的材料 SE 测试同样是基于嵌套混响室的,因此根据已有结论,频率搅拌能够实现对小混响室场环境的有效搅拌,并且扫频间隔参数选取、数据处理方法等相关技术难题前文均已解决,这为频率搅拌技术在材料屏蔽效能测试中的应用积累了宝贵经验。混响室条件下的材料 SE 测试又不同于腔体 SE 测试,因为材料加载前后会造成混响室场环境发生改变,这使得材料 SE 的定义方式仍不够完善。因此有必要对屏蔽效能的计算方法进行修正,并制定符合频率搅拌方式的材料屏蔽效能测试方案。

7.2.1　传统混响室环境下材料屏蔽效能测试缺陷

IEC 61000－4－21 标准中给出的材料屏蔽效能测试方法是设计一个开有测试窗口的小型混响室(内置机械搅拌器),将被测材料固定在小混响室的测试窗口上,电磁波透过测试材料耦合进入内部小混响室,通过对比大、小混响室内的平均功率值来表征材料在复杂电磁环境下的屏蔽能力。其屏蔽效能计算式为

$$SE_1 = -10\lg\left(\frac{\langle P^{o}_{rx,i,s}\rangle}{\langle P^{o}_{rx,o,s}\rangle}\right) \tag{7-25}$$

式中:$\langle P^{o}_{rx,i,s}\rangle$ 与 $\langle P^{o}_{rx,o,s}\rangle$ 分别代表加载测试材料时,内、外混响室内的接收功率。为方便理解各参量的意义,这里首先对上下标的含义进行明确:上标 i、o 分别代表发射天线位于内部小混响室和外部大混响室;下标 rx、tx 分别代表天线的接收功率与发射功率;下标 i、o 分别代表接收位置在内部小混响室和外部大混响室;下标 s 代表测试窗口是否加载被测材料。

随着相关测试研究的增多,学者们普遍认识到,上述定义方式下的材料屏蔽效能并不准确。因为该定义方式实际为材料与窗口共同作用下的屏蔽效能,即测得的材料 SE 值包含了测试窗口的孔缝耦合效应。而这最直接的表现就是在未加载测试材料时,所得到 SE 值不为零。而这在实际测试中显然是不合理

的。随后有学者提出修正测试窗口影响的方法,该方法为式(7-25)添加一个校准因子 CF(亦称损耗因子)。CF 定义为发射天线在小混响室内部时,测得的接收功率与发射功率之间的比值,即 $\mathrm{CF}=10\lg(P^{\mathrm{i}}_{\mathrm{rx,i,s}}/P^{\mathrm{i}}_{\mathrm{tx,i,s}})$。接收功率与发射功率的比值表征了小混响室的品质因数 Q,因此校正因子 CF 与小混响室的 Q 值成正比。

C. L. Holloway 对上述材料屏蔽效能表征方式进行了研究,相关试验在体积为 2.76m×3.05m×4.57m 的混响室内开展,设计的小混响室体积为 1.46m×1.17m×1.41m,测试窗口为 0.25m×0.25m 的矩形窗。校正前后测得的空窗条件下屏蔽效能曲线如图 7-5 所示。

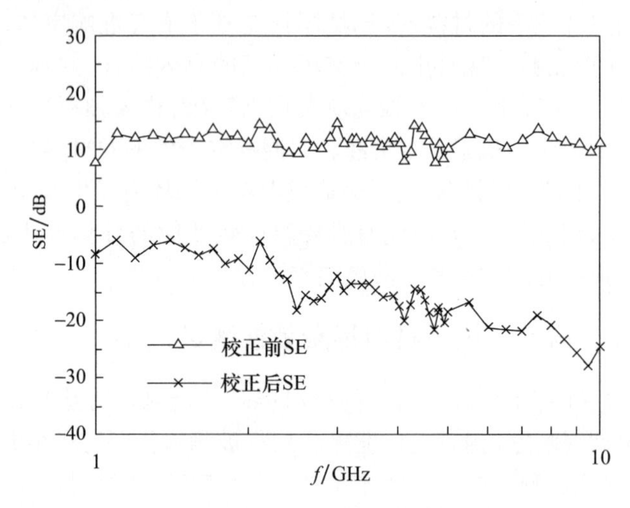

图 7-5 空窗条件下两种不同定义方式测得的 SE 曲线

从图 7-5 中可以看出,第一种定义方式在空窗条件下测得的 SE 值要大于零,这是因为该 SE 值实际为测试窗口自身对电磁波的屏蔽效能。而经校准因子 CF 修正后的第二种测试方法等到的结果仍旧不为零,且 SE 值要小于零。这也是由于小混响室加载材料前后的 Q 值不同所造成的。

针对上述问题,有学者提出在小混响室有、无被测材料的条件下,分别测试小混响室内部的功率值,并用有、无被测材料下的功率比表征被测材料的屏蔽效能。其 SE 计算式为

$$\mathrm{SE}_2=-10\lg\left(\frac{\langle P^{\mathrm{o}}_{\mathrm{rx,i,s}}\rangle}{\langle P^{\mathrm{o}}_{\mathrm{rx,o,ns}}\rangle}\right) \tag{7-26}$$

该定义方式很好地解决了空窗情况下 SE 值不为零的问题,因为当没有被测材料时,$P^{\mathrm{o}}_{\mathrm{rx,i,s}}/P^{\mathrm{o}}_{\mathrm{rx,o,ns}}$的值为 1。然而细心分析该测试过程能够发现,该定义方法会导致测试结果存在一定的误差,具体原因分析如下。

将被测试样加载到测试窗口后，如果被测材料的电导率很高，电磁波辐照被测材料后大部分能量均会被反射回来，相比测试窗口空载情况下，外部混响室内的能量密度显然会变大，而这相当于材料加载前后辐射源的强度发生了改变，从而导致测试结果失真；相反地，如果被测材料的吸波能力较强，加载被测材料后，一部分电磁能量被耗散，使得辐射源的强度变弱。总的来说，加载被测材料后，会使得外部大混响室的品质因数发生改变，除非加载被测材料后，对测试系统的整个性能影响不大时，该效应引起的误差才能够被忽略。

窗口的孔径效应及加载材料对混响室 Q 值的改变，使得材料的定义方式始终不够完美。为此 C. L. Holloway 进一步提出将透过测试窗口的电磁波功率进行归一化，来消除品质因数（辐射源强度）改变对测试结果的影响，其定义方式如下：

$$\mathrm{SE}_3 = -10\lg\left(\frac{P_{\mathrm{t,s}}/S_{\mathrm{o,s}}}{P_{\mathrm{t,ns}}/S_{\mathrm{o,ns}}}\right) \tag{7-27}$$

式中：$P_{\mathrm{t,s}}$、$P_{\mathrm{t,ns}}$分别有、无屏蔽材料时，电磁波透过被测窗口的功率值；$S_{\mathrm{o,s}}$与$S_{\mathrm{o,ns}}$为对应的窗口电磁波功率密度。根据混响室空间各点功率密度相等的原则，透过测试窗口的功率值可由下式表示为

$$P_{\mathrm{t,s}} = \sigma_{\mathrm{o,s}} S_{\mathrm{s}} \tag{7-28}$$

$$P_{\mathrm{t,ns}} = \sigma_{\mathrm{o,ns}} S_{\mathrm{ns}} \tag{7-29}$$

式中：$\sigma_{\mathrm{o,s}}$和$\sigma_{\mathrm{o,ns}}$分别为有、无屏蔽材料时测试窗口的等效入射截面积（在不同入射方向和极化方向的均值）。将式(7-28)、式(7-29)代入式(7-27)可得

$$\mathrm{SE}_3 = -10\lg\left(\frac{\sigma_{\mathrm{o,s}}}{\sigma_{\mathrm{o,ns}}}\right) \tag{7-30}$$

上式表明该屏蔽效能的定义实际上是测试窗口有、无屏蔽材料时的等效入射截面积的比值。等效入射截面积的表达式为

$$\sigma_{\mathrm{o,s}} = \frac{S_{\mathrm{i,s}}}{S_{\mathrm{o,s}}}\frac{2\pi V}{\lambda Q_{\mathrm{i,s}}} \tag{7-31}$$

$$\sigma_{\mathrm{o,ns}} = \frac{S_{\mathrm{i,ns}}}{S_{\mathrm{o,ns}}}\frac{2\pi V}{\lambda Q_{\mathrm{i,ns}}} \tag{7-32}$$

式中：$S_{\mathrm{i,s}}$与$S_{\mathrm{i,ns}}$分别为有、无试样时小混响室内的功率密度；$S_{\mathrm{o,s}}$与$S_{\mathrm{o,ns}}$为有、无试样时大混响室内的功率密度；$Q_{\mathrm{i,s}}$与$Q_{\mathrm{i,ns}}$为小混响室窗口是否加载试样时的品质因数；V为小混响室的体积。

从统计意义上讲混响室内各处的功率密度均是相等的，因此功率密度 S 可由接收天线测得的功率值 P 除以天线的有效接收面积 A_e 来表示，即

$$S = \frac{P}{A_e} \tag{7-33}$$

将式(7－31)、式(7－32)、式(7－33)代入式(7－30)可得

$$SE_2 = -10\lg\left(\frac{P_{rx,i,s}}{P_{rx,i,ns}}\frac{P_{rx,o,ns}}{P_{rx,o,s}}\frac{Q_{i,s}}{Q_{i,ns}}\right) \tag{7-34}$$

式中：$P_{rx,i,s}$与$P_{rx,i,ns}$为有、无材料时小混响室内的天线接收功率；$P_{rx,o,s}$与$P_{rx,oi,ns}$为有、无材料时大混响室内的天线接收功率。而$Q_{i,s}$与$Q_{i,ns}$可按下式计算得到

$$Q_{i,s} = \frac{16\pi^2 V}{\lambda^3}\frac{P^{i}_{rx,i,s}}{P^{i}_{tx,i,s}} \tag{7-35}$$

$$Q_{i,ns} = \frac{16\pi^2 V}{\lambda^3}\frac{P^{i}_{rx,i,ns}}{P^{i}_{tx,i,ns}} \tag{7-36}$$

将式(7－35)、式(7－36)代入式(7－34)中可得

$$SE_3 = -10\lg\left(\frac{P_{rx,i,s}}{P_{rx,i,ns}}\frac{P_{rx,o,ns}}{P_{rx,o,s}}\frac{P^{i}_{rx,i,ns}}{P^{i}_{rx,i,s}}\frac{P^{i}_{tx,i,s}}{P^{i}_{tx,i,ns}}\right) \tag{7-37}$$

至此第三种定义方式在实际求解中可以转化为式(7－37)，式中的各参数均可以测试得到，该方法较前两种定义方式虽然增加了测量参数，但对混响室品质因数的影响进行了修正。

通过整理上述推导过程，对小混响室Q值计算式的应用产生了怀疑，因为在大混响室内测量小混响室的Q值时，小混响室内的电磁波泄漏到外部大混响室后，会在大混响室内经过多次反射，不可避免的会通过测试窗口再次耦合进入小混响室中，即测试过程中存在多重耦合的现象。这与自由空间中测试混响室Q值是完全不同的，假设外部大混响室的Q值高于小混响室，电磁能量被限制在大混响室内，则小混响室测得的Q值将会无限接近大混响室Q值，导致测试结果偏高。故上述推导过程采用式(7－35)、式(7－36)计算得到的小混响室Q值是不准确的，有必要对式(7－37)做进一步修正，以消除测试方法本身的误差。

7.2.2 材料屏蔽效能表征计算方法修正

通过对现有混响室法材料屏蔽效能的定义方法进行分析可知，第三种定义方式最为合理，但其推导过程忽略了多重耦合效应对测试结果的影响，且混响室Q值成为一个最为敏感的影响因素。为了对材料SE计算方法进行修正，本节从能量守恒的角度出发，对发射天线分别位于大、小混响室内的不同情况进行建模分析。

首先，以整个系统为研究对象，假设辐射天线位于外部大混响室，待场环境稳定后，天线的辐射功率应等于整个系统的耗散功率，根据能量守恒定律可得

$$P^{o}_{tx,o,s} = P^{o}_{w,o,s} + P^{o}_{rx,o,s} + P^{o}_{s,o,s} + P^{o}_{w,i,s} + P^{o}_{rx,i,s} + P^{o}_{s,i,s} \tag{7-38}$$

$$P_{\mathrm{tx,o,ns}}^{\mathrm{o}} = P_{\mathrm{w,o,ns}}^{\mathrm{o}} + P_{\mathrm{rx,o,ns}}^{\mathrm{o}} + P_{\mathrm{w,i,ns}}^{\mathrm{o}} + P_{\mathrm{rx,i,ns}}^{\mathrm{o}} \tag{7-39}$$

式(7－38)为窗口加载材料的场平衡方程。式中：$P_{\mathrm{w,o,s}}^{\mathrm{o}}$、$P_{\mathrm{s,i,s}}^{\mathrm{o}}$分别为大、小混响室墙壁的损耗功率；$P_{\mathrm{s,o,s}}^{\mathrm{o}}$、$P_{\mathrm{s,i,s}}^{\mathrm{o}}$分别为大、小混响室内电磁波射向被测材料时损耗的功率。式(7－39)为窗口空载时的能量守恒方程，相比式(7－38)无须考虑屏蔽材料的能量损耗。

其次，选取小混响室为单独的研究对象，测试窗口处存在外部电磁波透射进入小混响室的情况，同时也存在内部电磁波向外辐射的情况，二者之差即为小混响室内的能量损耗，再次建立场平衡方程，即

$$P_{\mathrm{t,oi,s}}^{\mathrm{o}} - P_{\mathrm{t,io,s}}^{\mathrm{o}} = P_{\mathrm{w,i,s}}^{\mathrm{o}} + P_{\mathrm{rx,i,s}}^{\mathrm{o}} + P_{\mathrm{s,i,s}}^{\mathrm{o}} \tag{7-40}$$

$$P_{\mathrm{t,oi,ns}}^{\mathrm{o}} - P_{\mathrm{t,io,ns}}^{\mathrm{o}} = P_{\mathrm{w,i,ns}}^{\mathrm{o}} + P_{\mathrm{rx,i,ns}}^{\mathrm{o}} \tag{7-41}$$

式(7－40)为加载屏蔽材料的情况。其中 $P_{\mathrm{t,oi,s}}^{\mathrm{o}}$，$P_{\mathrm{t,io,s}}^{\mathrm{o}}$分别为测试窗口处由外向内，以及由内向外辐射的电磁功率。式(7－41)为空窗时小混响室的等效模型，相比式(7－40)同样缺少了电磁波射向屏蔽材料的电磁损耗。

根据式(7－28)与式(7－33)，将损耗功率用功率密度与等效截面积来表示，式(7－38)～式(7－41)可整理为

$$P_{\mathrm{tx,o,s}}^{\mathrm{o}} = S_{\mathrm{o,s}}^{\mathrm{o}}(\sigma_{\mathrm{w,o}} + \sigma_{\mathrm{s,o}} + A_{\mathrm{e}}) + S_{\mathrm{i,s}}^{\mathrm{o}}(\sigma_{\mathrm{w,i}} + \sigma_{\mathrm{s,i}} + A_{\mathrm{e}}) \tag{7-42}$$

$$P_{\mathrm{tx,o,ns}}^{\mathrm{o}} = S_{\mathrm{o,ns}}^{\mathrm{o}}(\sigma_{\mathrm{w,o}} + A_{\mathrm{e}}) + S_{\mathrm{i,s}}^{\mathrm{o}}(\sigma_{\mathrm{w,i}} + A_{\mathrm{e}}) \tag{7-43}$$

$$S_{\mathrm{o,s}}^{\mathrm{o}}\sigma_{\mathrm{t,oi,s}} - S_{\mathrm{i,s}}^{\mathrm{o}}\sigma_{\mathrm{t,io,s}} = S_{\mathrm{i,s}}^{\mathrm{o}}(\sigma_{\mathrm{w,i}} + \sigma_{\mathrm{s,i}} + A_{\mathrm{e}}) \tag{7-44}$$

$$S_{\mathrm{o,ns}}^{\mathrm{o}}\sigma_{\mathrm{t,oi,ns}} - S_{\mathrm{i,ns}}^{\mathrm{o}}\sigma_{\mathrm{t,io,ns}} = S_{\mathrm{i,s}}^{\mathrm{o}}(\sigma_{\mathrm{w,i}} + A_{\mathrm{e}}) \tag{7-45}$$

同样地，当辐射天线位于小混响室时，通过建立对应的能量守恒方程，可以得到类以下 4 个等式，即

$$P_{\mathrm{tx,i,s}}^{\mathrm{i}} = S_{\mathrm{o,s}}^{\mathrm{i}}(\sigma_{\mathrm{w,o}} + \sigma_{\mathrm{s,o}} + A_{\mathrm{e}}) + S_{\mathrm{i,s}}^{\mathrm{i}}(\sigma_{\mathrm{w,i}} + \sigma_{\mathrm{s,i}} + A_{\mathrm{e}}) \tag{7-46}$$

$$P_{\mathrm{tx,i,ns}}^{\mathrm{i}} = S_{\mathrm{o,ns}}^{\mathrm{i}}(\sigma_{\mathrm{w,o}} + A_{\mathrm{e}}) + S_{\mathrm{i,s}}^{\mathrm{i}}(\sigma_{\mathrm{w,i}} + A_{\mathrm{e}}) \tag{7-47}$$

$$S_{\mathrm{i,s}}^{\mathrm{i}}\sigma_{\mathrm{t,io,s}} - S_{\mathrm{o,s}}^{\mathrm{i}}\sigma_{\mathrm{t,oi,s}} = S_{\mathrm{o,s}}^{\mathrm{i}}(\sigma_{\mathrm{w,o}} + \sigma_{\mathrm{s,o}} + A_{\mathrm{e}}) \tag{7-48}$$

$$S_{\mathrm{i,ns}}^{\mathrm{i}}\sigma_{\mathrm{t,io,ns}} - S_{\mathrm{o,ns}}^{\mathrm{i}}\sigma_{\mathrm{t,io,ns}} = S_{\mathrm{o,s}}^{o}(\sigma_{\mathrm{w,o}} + A_{\mathrm{e}}) \tag{7-49}$$

联立式(7－42)、式(7－44)、式(7－46)与式(7－48)，可得

$$\sigma_{\mathrm{t,oi,s}} = \frac{P_{\mathrm{tx,i,s}}^{\mathrm{i}} S_{\mathrm{i,s}}^{\mathrm{o}}}{S_{\mathrm{o,s}}^{\mathrm{o}} S_{\mathrm{i,s}}^{\mathrm{i}} - S_{\mathrm{o,s}}^{\mathrm{i}} S_{\mathrm{i,s}}^{\mathrm{o}}} \tag{7-50}$$

$$\sigma_{\mathrm{t,io,s}} = \frac{P_{\mathrm{tx,o,s}}^{\mathrm{o}} S_{\mathrm{o,s}}^{\mathrm{i}}}{S_{\mathrm{o,s}}^{\mathrm{o}} S_{\mathrm{i,s}}^{\mathrm{i}} - S_{\mathrm{o,s}}^{\mathrm{i}} S_{\mathrm{i,s}}^{\mathrm{o}}} \tag{7-51}$$

联立式(7－43)、式(7－45)、式(7－47)与式(7－49)，可得

$$\sigma_{\mathrm{t,oi,ns}} = \frac{P_{\mathrm{tx,i,ns}}^{\mathrm{i}} S_{\mathrm{i,ns}}^{\mathrm{o}}}{S_{\mathrm{o,ns}}^{\mathrm{o}} S_{\mathrm{i,ns}}^{\mathrm{i}} - S_{\mathrm{o,ns}}^{\mathrm{i}} S_{\mathrm{i,ns}}^{\mathrm{o}}} \tag{7-52}$$

$$\sigma_{t,io,ns}=\frac{P^{o}_{tx,o,ns}S^{i}_{o,ns}}{S^{o}_{o,ns}S^{i}_{i,ns}-S^{i}_{o,ns}S^{o}_{i,ns}} \tag{7-53}$$

将整个系统看作一个无源而端口网络，可知激励源在大混响室时，小混响室内的接收响应等于激励源在小混响室时，大混响室内的接收响应，即测试过程满足互易定律，因此存在

$$\frac{P^{o}_{rx,i,s}}{P^{o}_{tx,o,s}}=\frac{P^{i}_{rx,o,s}}{P^{i}_{tx,i,s}} \tag{7-54}$$

$$\frac{P^{o}_{rx,i,ns}}{P^{o}_{tx,o,ns}}=\frac{P^{i}_{rx,o,ns}}{P^{i}_{tx,i,ns}} \tag{7-55}$$

再次，将式(7-28)、式(7-29)分别代入上两式，整理可得

$$P^{i}_{tx,i,s}S^{o}_{i,s}=P^{o}_{tx,o,s}S^{i}_{o,s} \tag{7-56}$$

$$P^{i}_{tx,i,ns}S^{o}_{i,ns}=P^{o}_{tx,o,ns}S^{i}_{o,ns} \tag{7-57}$$

将上两式分别代入式(7-50)~式(7-53)可知，$\sigma_{t,oi,s}=\sigma_{t,io,s}$，$\sigma_{t,oi,ns}=\sigma_{t,io,ns}$。再根据上一节中SE的第三种定义方式$SE_3$可得

$$\begin{aligned}SE_4&=-10\lg\frac{\sigma_{t,oi,s}}{\sigma_{t,oi,ns}}=-10\lg\frac{\sigma_{t,io,s}}{\sigma_{t,io,ns}}\\&=-10\lg\frac{P^{o}_{rx,i,s}}{P^{o}_{rx,i,ns}}\frac{P^{i}_{tx,i,s}}{P^{i}_{tx,i,ns}}\frac{P^{o}_{rx,o,ns}P^{i}_{rx,i,ns}-P^{o}_{rx,i,ns}P^{i}_{rx,o,ns}}{P^{o}_{rx,o,s}P^{i}_{rx,i,s}-P^{o}_{rx,i,s}P^{i}_{rx,o,s}}\end{aligned} \tag{7-58}$$

至此，基于能量守恒的混响室法材料屏蔽效能计算表达式求解完毕。推导过程物理意义清晰明确，通过建立辐射功率等于系统损耗功率的方程，避免了对Q值的计算，式(7-58)相比式(7-37)增加了两项参数$P^{i}_{rx,o,s}$与$P^{i}_{rx,o,ns}$，客观上起到了修正多重耦合效应的作用。如果从测试窗口的角度解释式(7-58)，假设天线的辐射功率始终不变，当测试窗口逐渐变小时，$P^{o}_{rx,i,ns}P^{i}_{rx,o,ns}$与$P^{o}_{rx,i,s}P^{i}_{rx,o,s}$会逐渐趋于零，此时不存在窗口的耦合效应，式(7-58)则变为了式(7-37)；如果测试窗口变得特别大，发射天线不论位于哪里，大小混响室内的测得功率都是一致的，窗口的损耗可以忽略，即存在$P^{o}_{rx,o,ns}P^{i}_{rx,i,ns}-P^{o}_{rx,i,ns}P^{i}_{rx,o,ns}=0$，此时式(7-58)则简化为式(7-26)。这也从物理意义上解释了式(7-58)相比式(7-37)更加合理。

7.2.3 测试方案优化与测试流程制定

根据修正后的材料屏蔽效能计算表达式，将开有测试窗口的小混响室放置于大混响室内，测量式(7-58)中所需的参量，通过计算即可获得被测材料的电磁屏蔽效能值。这里借鉴第4章箱体SE的相关测试方法与研究结论，采用频率搅拌技术与低通滤波的数据处理方法进行测试。场环境检测装置仍可采用“矢量网络分析仪+天线”的组合形式，并利用散射参数S_{21}来表征电场强度，因

此可以得到如图 7－6 所示的频率搅拌嵌套混响室法材料 SE 测试方案。

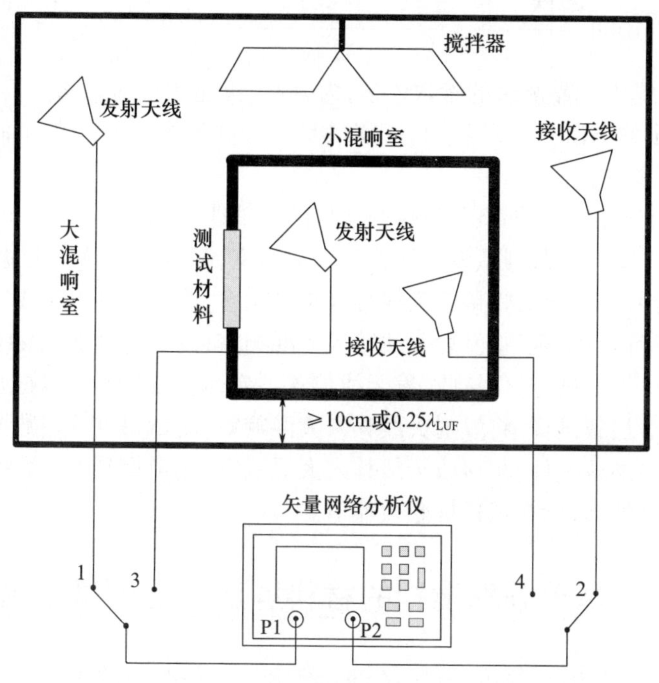

图 7－6　嵌套混响室法材料屏蔽效能测试布局图

矢量网络分析仪测得的收、发天线间的散射参数与场强成正比，因此可将式(7－58)用散射参数表示。由于矢量网络分析仪的输出功率一定，因此式(7－58)中的 $P^{i}_{tx,i,s}=P^{i}_{tx,i,ns}$。根据互易定理可知 $P^{o}_{rx,i,s}=P^{i}_{rx,o,s}$，$P^{i}_{rx,o,ns}=P^{o}_{rx,i,ns}$。根据散射参数的定义，可将式(7－58)中各参数用不同天线组合间的散射参数代替，根据测试方案，式(7－58)中的参量意义与其对应的散射参数见表 7－1。

表 7－1　功率参量与散射参数的对应关系

参量	发射位置	接收位置	测试窗口	散射参数
$P^{o}_{rx,i,s}$	大混响室	小混响室	加载材料	$\|S_{41,s}\|^2$
$P^{o}_{rx,i,ns}$	大混响室	小混响室	窗口空载	$\|S_{41,ns}\|^2$
$P^{o}_{rx,o,s}$	大混响室	大混响室	加载材料	$\|S_{21,s}\|^2$
$P^{o}_{rx,o,ns}$	大混响室	大混响室	窗口空载	$\|S_{21,ns}\|^2$
$P^{i}_{rx,i,s}$	小混响室	小混响室	加载材料	$\|S_{43,s}\|^2$
$P^{i}_{rx,i,ns}$	小混响室	小混响室	窗口空载	$\|S_{43,ns}\|^2$

根据表 7－1 中的对应关系，能够得到基于散射参数的材料屏蔽效能计算

表达式,

$$SE_4 = -10\lg\left(\frac{\langle |S_{41,s}|^2 \rangle}{\langle |S_{41,ns}|^2 \rangle}\frac{\langle |S_{21,s}|^2 \rangle\langle |S_{43,ns}|^2 \rangle - \langle |S_{41,ns}|^4 \rangle}{\langle |S_{21,ns}|^2 \rangle\langle |S_{43,s}|^2 \rangle - \langle |S_{41,s}|^4 \rangle}\right) \tag{7-59}$$

由于上式中所需测试的参数较多,为方便、快速实现对各参数的测试,结合图7-6给出的测试方案,根据测试窗口是否加载被测材料将整个测试过程分为以下几个步骤:

(1)校准连接矢量网络分析仪两端口的同轴线缆;

(2)测试窗口空载,收、发天线置于大混响室,测量得到 $S_{21,ns}$ 数据;

(3)保持窗口空载,将接收天线移入小混响室,测量得到 $S_{41,ns}$ 数据;

(4)保持窗口空载,将发射天线移入小混响室,测量得到 $S_{43,ns}$ 数据;

(5)窗口加载试样,保持收、发天线位置不变,测试得到 $S_{43,s}$ 数据;

(6)窗口加载试样,将发射天线移入大混响室,测量得到 $S_{41,s}$ 数据;

(7)窗口加载试样,将接收天线移入大混响室,测量得到 $S_{21,s}$ 数据;

(8)数据处理,计算试样屏蔽效能值。

7.3 基于频率搅拌的材料屏蔽效能测试平台构建

通过对材料SE计算方法进行修正,给出了一种改进的基于频率搅拌的材料SE测试方案。然而依据该方案进行测试之前,首先需要设计与制作开有测试窗口的小型混响室,进而构建测试系统,并对系统的测试量程进行标定。

7.3.1 开窗小混响室设计与制作

由于采用频率搅拌技术,小混响室内部无须加装搅拌器,这无疑大大简化了设计难度。因此小混响室的设计主要集中在尺寸大小与测试窗口两部分。

混响室的体积决定了其最低可用频率,因此小混响室的体积大小就决定了系统测试的下限频率。然而小混响室的大小还要参考大混响室的测试体积,不能造成大混响室过载。为保证混响室有更好的场均匀性,防止简并模式的出现,小混响室任意两边长平方的比例为无理数。综合考虑各方面因素,确定小混响室的体积为1.1m×1.2m×1.3m。根据电磁模数的计算式可知,最低工作频率约为500MHz,此时能够激励起的模式数为61个,满足最低可用频率的要求。

测试窗口开在小混响室最大面(1.2m×1.3m)的中间位置,为了研究窗口大小等因素对测试结果的影响,应满足被测窗口的可调换,设计采用“法兰盘+法兰面板”的结构实现,在法兰面板上开设不同的测试窗口,实现不同窗口下的材料 SE 测试。参考 GJB 6190－2008 屏蔽室窗口法材料屏蔽效能测试的规定,设计窗口大小为边长 60cm 和 30cm 的方形窗口。为对比窗口形状对测试结果的影响,同时设计开口直径为 60cm 和 30cm 的圆形窗口进行对比测试。为验证小混响室自身的屏蔽能力,还需设计一块屏蔽面板,测量小混响室全封闭条件下的屏蔽效能,从而确定该混响室可测的材料屏蔽效能范围。综上,确定小混响室的设计结构如图 7－7 所示。

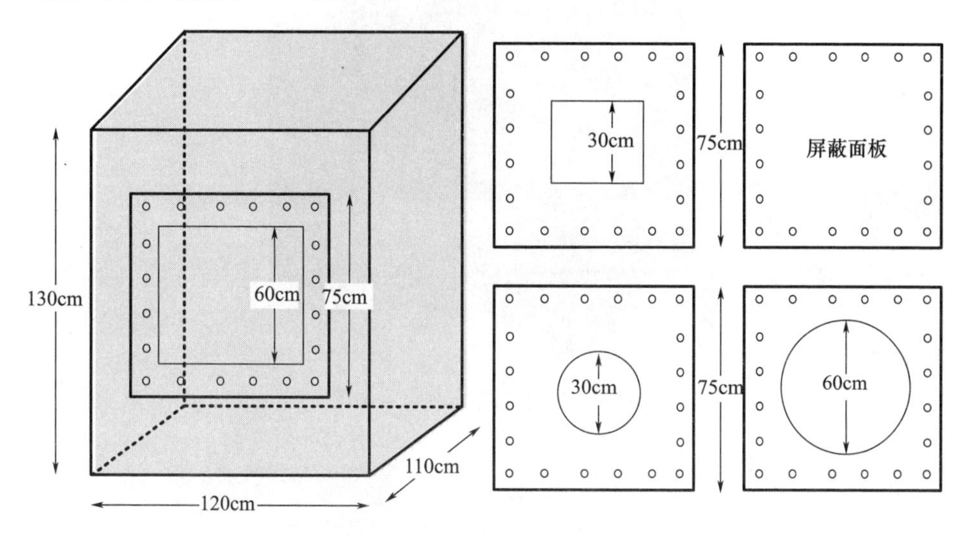

图 7－7　小混响室设计结构图

小混响室采用 1.5mm 厚冷轧钢板折弯焊接而成,接缝处满焊从而确保其密闭性,柜体外侧采用 3mm×30mm×30mm 角钢进行包边加固,用以保证混响室的强度。测试窗口周边焊接尺寸为 5mm×50mm 镀锌钢板,其周边粘贴有 5mm×10mm 的背胶导电胶条,防止法兰盘与法兰面板之间的电磁泄漏。小混响室内外整体采用静电喷涂蓝漆,同时为方便小混响室的移动,参考 IEC 61000－4－21 中的相关要求,小混响室底部安装有高度为 15cm 的滚轮。加工制作的小型混响室如图 7－8 所示。

开有测试窗口的法兰面板使用铝板(重量轻)制成。传统被测材料采用法兰板固定,这种固定方式并不理想,使得试样与箱体之间的接触阻抗过大,导致试样的 SE 测试结果失真,而且被测材料的固定方式十分烦琐,每更换一次被测材料,均需要拆装大量的螺钉。针对该问题,对被测材料的固定方式进行了全新的设计,被测材料的固定采用“凹槽＋盖板”的方式,将测试窗口的周边铣有 5mm×5mm 的凹槽,材料可直接利用直径为 5mm 的橡胶条将被测材料压于面板凹槽内(较厚材料选用直径更小的橡胶条),保证材料与测试窗口能够紧密接触,并利用装有4颗“松不脱”螺丝的盖板进行二次加固。设计的4块法兰面板如图7-9所示。

图7-8 小混响室制作实物图

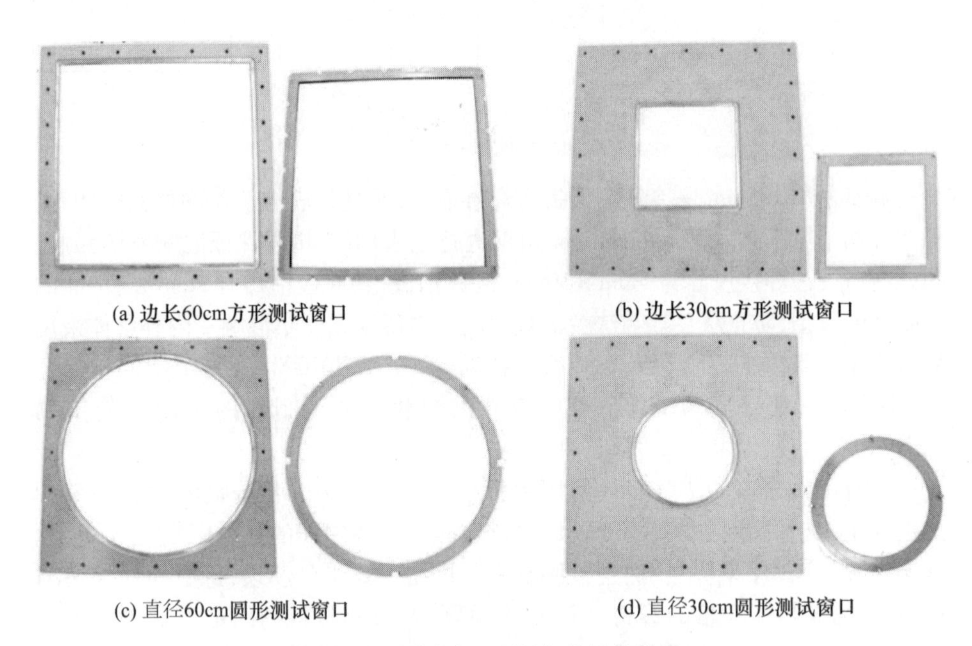

(a) 边长60cm方形测试窗口

(b) 边长30cm方形测试窗口

(c) 直径60cm圆形测试窗口

(d) 直径30cm圆形测试窗口

图7-9 测试窗口面板与盖板实物图

将测试天线置于小混响室内，还需在小混响室的壁面留有进线管道，从而实现其内部场强值的检测。为减小进线管道的电磁泄漏对测试精度的影响，采用截止波导作为同轴线进入小混响室的通道。截止波导安装于小混响室后侧面板的左下角，其内径21mm，外径25mm，凸出长度30mm。截止波导内部设计有小卡子，可容纳4根同轴线缆进入，并能很好地限制电磁波的泄漏。其设计结构如图7-10所示。

(a) 各部件结构图

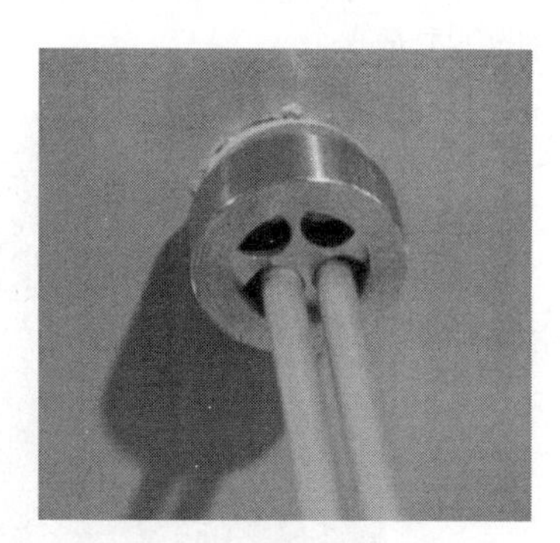

(b) 组装效果图

图7-10 截止波导进线管设计实物图

7.3.2 系统搭建与量程标定

设计完成开有测试窗口的小混响室后，根据图7-6给出的测试布局，在实验室的大型混响室内构建测试平台，选用的矢量网络分析仪型号为N5230A，测试频段20MHz～40GHz，最大采用点数16001，测试天线选取喇叭天线，有效工作频段1～18GHz。

在进行材料SE实测之前，首先需要对构建的测试系统进行自检与标定，这也是任何一套设备投入使用前必须完成的。本套测试系统主要涉及材料SE测试范围与可测试频段两方面标定。屏蔽效能的测试范围主要由小混响室自身的屏蔽能力所决定。被测材料的屏蔽效能应小于小混响室完全封闭时的屏蔽能力，因此密闭小混响室的屏蔽效能也决定了系统所能达到的测量上限。为此利用屏蔽面板密闭小混响室的测试窗口，测试小混响室的密封屏蔽效能，试验测试场景如图7-11所示。

当矢量网络分析仪两端口空载时，S_{21}参数的示值为-80～-90dB，这主要是由设备精密度与空间信号噪声引起的。在实际测试中，将接收天线放置于小混响室内部后，矢量网络分析仪的S_{21}示值几乎没有，这说明耦合进入到小混响室内的功率相当微弱，矢量网络分析仪无法检测到，而外部大混响室内的S_{21}值

约为 -20dB。为此在矢量网络分析仪1端口与发射天线之间添加功率放大器，对辐射信号进行放大，此时整个系统变为一个有源二端口网络，S_{21}不再等于S_{12}。随着功率放大倍数的升高，外部大混响室内场强幅值接近30V/m时（场强计测试值），测得小混响室内部S_{21}值才开始逐渐变大。此时大混响室内的S_{21}参数势必会大于零（为保证设备安全，未测试外部S_{21}值）。因此可以确定小混响室自身的屏蔽能力要大于80dB，但是受测试条件的限制，无法给出小混响室准确的SE值。

图7-11　小混响室自身屏蔽效能测试场景

在测试过程中，工作频率升高到近11GHz后，矢量网络分析仪对同轴线缆校准后的曲线开始抖动剧烈，导致高频测试受限，对测试频率的上限取整，确定为10GHz，受喇叭天线起始工作频率为1GHz的限制，本套系统的测试频率定为1~10GHz。

综上，在不添加功率放大器的情况下，该套测试系统的测试频段范围为1~10GHz，测试量程为0~60dB。如果选用功率放大器，测试量程还可进一步提升，选用合适天线起始频率可扩展到从500MHz开始。由于当前电磁防护材料的屏蔽能力一般为15~40dB，因此本测试平台基本是能够满足测试需求的。

7.4　频率搅拌材料屏蔽效能实测与结果分析

根据构建的屏蔽效能测试系统开展材料的SE实测研究，分析不同SE定义方式以及窗口形状、大小等因素对测试结果的影响，进而给出合理的使用建议。

7.4.1　某织物材料屏蔽效能实测

试验选用一种织物材料作为被测对象,该材料由不锈钢金属纤维与棉线混制成,材料厚度约为 0.16mm,质地细密,常用于防辐射服的制作,这里将其标记为 AM-01 材料。将该材料分别装载于小混响室的不同测试窗口,测试场景如图 7-12 所示。

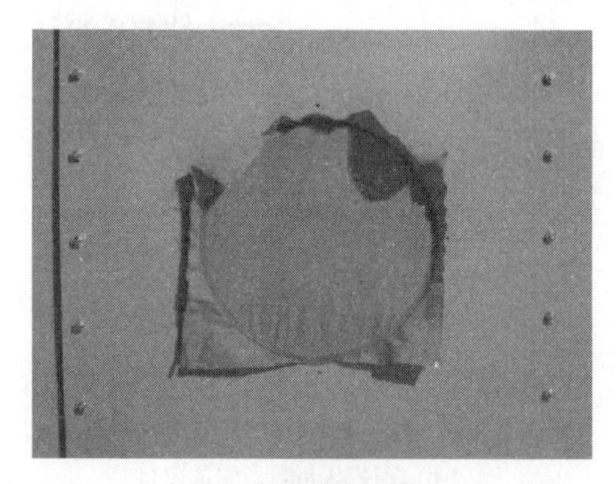

(a) 加载被测材料

(b) 试验测试

图 7-12　材料屏蔽效能测试场景图

将测试数据采用 FIR 数字低通滤波的方式进行处理,获得相应的均值曲线。利用式(7-59)计算被测试样的屏蔽效能值,图 7-13 给出了 60cm 方形测试窗口下的试样 SE 测试曲线。从图中可以看出,该材料在 1~4GHz 频段内的屏蔽能力随频率的升高逐渐增大,在 4~10GHz 频段范围内的屏蔽效能基本稳定在 16dB。

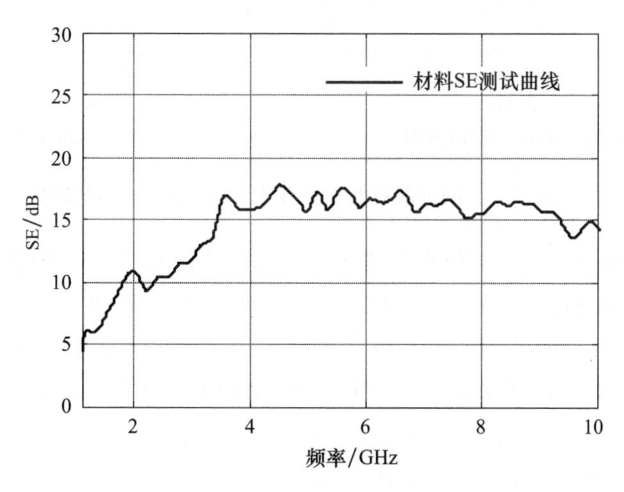

图 7-13　材料屏蔽效能测试曲线

7.4.2 不同屏蔽效能计算方法下的结果比对

为了对比材料屏蔽效能计算方法对测试结果的影响，试验根据各自 SE 表达式中的计算参量，测试相关数据，并进行处理计算。图 7－14 给出了不同测试窗口下 4 种 SE 计算结果。

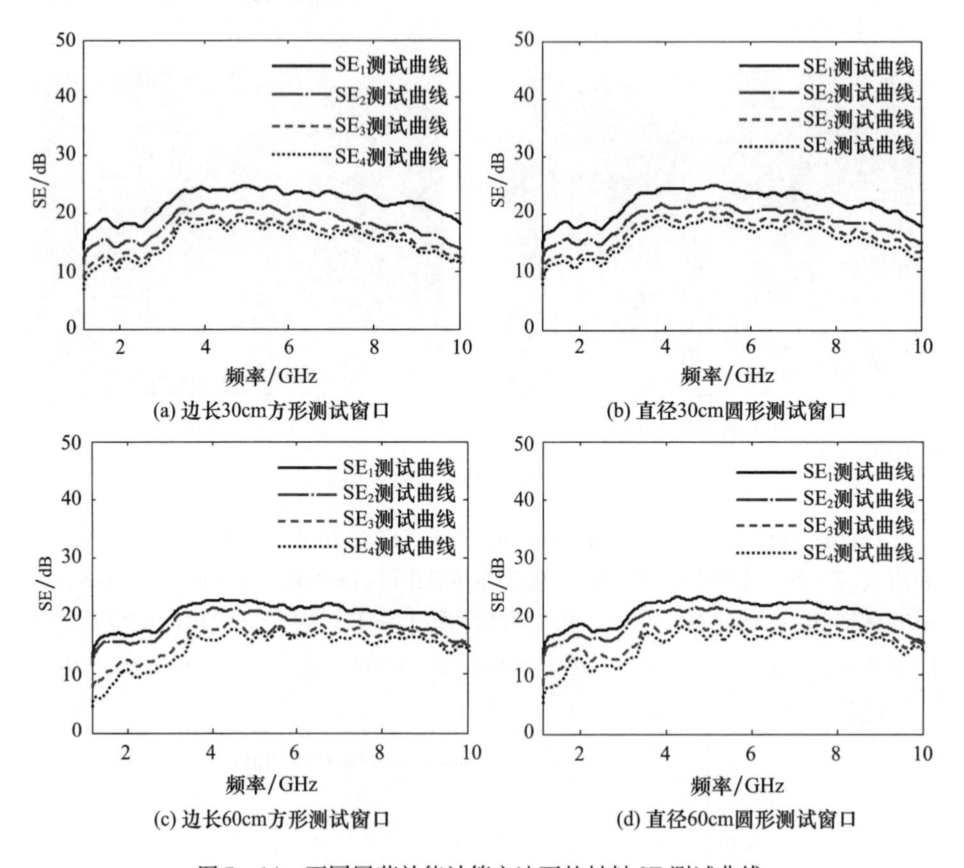

图 7－14　不同屏蔽效能计算方法下的材料 SE 测试曲线

可以看出，不论在何种测试窗口下，4 种 SE 计算方法下的屏蔽效能值依次变小，而测试曲线的整体走势基本一致。尤其是后两种计算方法间的差值十分微弱，而第一种计算方法与第四种计算方法间的差值接近 5dB，这主要是由于定义 1 下的 SE 结果实际为材料与测试窗口共同的屏蔽效能值。

受测试窗口大小的影响，可以看出图 7－14 中(a)与(b)的 SE_1 测试曲线要明显高于其他测试曲线；而随着测试窗口的增大，空间耦合效应不再明显，因此图 7－14 中(c)与(d)的 SE_1 测试曲线更加接近其他计算方法下的测试曲线。

7.4.3　测试窗口对屏蔽效能结果的影响分析

为进一步对比窗口形状与大小对测试结果的影响,图 7－15 给出了同一计算方法在不同测试窗口下测得的材料 SE 测试曲线。

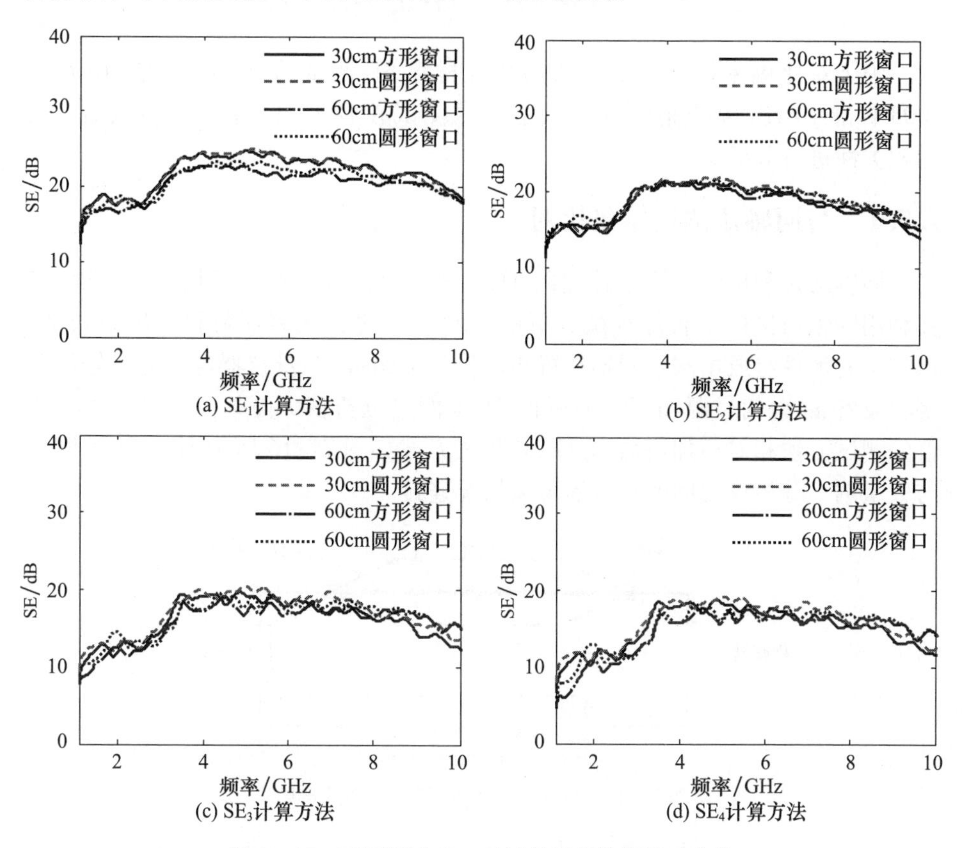

图 7－15　不同测试窗口下材料屏蔽效能测试曲线

可以看出,图 7－15(b)中的屏蔽效能曲线拟合最好,该计算方法受窗口因素的影响最小。而图 7－15(a)中,因为定义方式 1 受窗口孔径耦合效应的影响,小窗口测得的屏蔽效能值要高于大窗口测得的屏蔽效能值。而图 7－15(c)与(d)中的曲线则呈现一定的波动性,使得各曲线间的拟合效果没有预期的好。这主要是因为后两种定义方式所需的计算参数较多,各测试参数引入的误差在计算过程中被传递放大,导致最终的测试误差加大。

需要注意的是,尺寸相近的测试窗口下的测试数据走势较为一致,因此窗口形状对测试结果的影响并不大。以上对比结果表明,受系统误差的影响,修正后的屏蔽效能计算方法对测试数据的精度要求较高,然而仪器的系统误差是不可避免的，因此在误差允许范围内，采用第二种材料屏蔽效能定义方式，在减小工作量的同时，不失为一种方便的测试方法。

7.5 与传统测试结果的比对分析

为了对比频率搅拌混响室法与传统材料 SE 测试结果，选取 GJB 6190－2008 标准中给出的同轴法和屏蔽室窗口法测试 AM－01 材料，并对测试结果间的相关性进行分析。

7.5.1 与同轴法测试结果比对

同轴法是利用同轴线中传播的 TEM 波来模拟自由空间远场区的平面波，并利用同轴对接处是否加载试验下的接收功率之比来表征材料的屏蔽效能。该方法的硬件组成由法兰同轴装置与测量仪器组成，测量仪器可以为信号源和接收设备、跟踪信号源和频谱分析仪、矢量网络分析仪。而基于矢量网络分析仪的测试方法相对更加简洁、方便，其测试方案如图 7－16 所示，其中法兰同轴与矢量网络分析仪之间的衰减器可视情况连接。

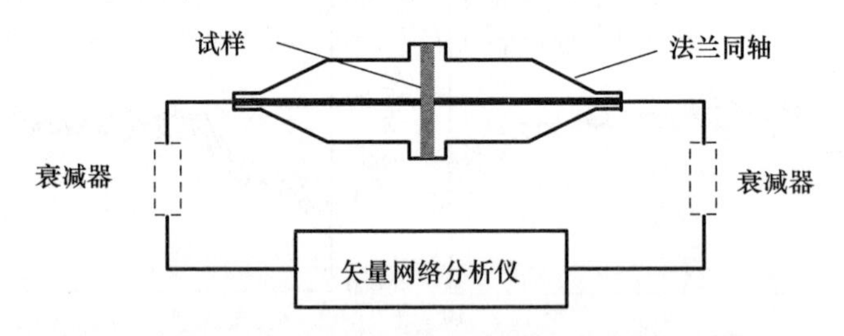

图 7－16　同轴法材料屏蔽效能测试布局

由于混响室法的屏蔽效能测试带宽为 1～10GHz，而同轴法的测试频段则受法兰同轴的尺寸限制，当测试频率高于同轴的基模频率后，会激励起高次模，导致测试结果失真、测试的重复性变差。标准中给出的典型法兰同轴装置上限测试频率为 1.5GHz，为将其拓展到 10GHz，课题组对法兰同轴装置的尺寸与结构进行了优化设计，优化设计方法如下。

为避免高次模造成的测试结果失真，应使同轴装置工作在基模（TE_{01}）状态下，为此同轴装置的第二模式（TE_{11}）频率最低应为 10GHz。根据同轴线尺寸与模式分布状态的关系可知，同轴装置的内外径尺寸 R_1 与 R_2 应满足

$$f_{11} = \frac{2c_0}{\pi(R_1 + R_2)} \tag{7-60}$$

式中，f_{11}为 TE_{11}模的下限截止频率。为保证同轴装置与测试设备之间能够实现阻抗匹配，还需对同轴装置的特性阻抗进行约束，特性阻抗 Z_0可由下式计算得到

$$Z_0 = \frac{\eta_0}{2\pi\sqrt{\varepsilon_r}}\ln\left(\frac{R_2}{R_1}\right) \tag{7-61}$$

由于矢量网络分析仪的输出阻抗为 50 Ω，故取约束条件 $Z_0 = 50\ \Omega$，$f_{11} = 10\mathrm{GHz}$，联立式(7－60)与式(7－61)，可得 $R_1 = 5.78\mathrm{mm}$，$R_2 = 13.30\mathrm{mm}$。为方便机械加工保证精度，对 R_2取整为 13mm。在此基础上为满足 $Z_0 = 50$，可得 $R_1 = 5.65\mathrm{mm}$，此时同轴夹具的 TE_{11}模截止频率为 10.23GHz。

同轴装置的两端口使用 N 型(N－50KF 型号)同轴连接器，N－50KF 的内芯直径 $R'_1 = 3.04\mathrm{mm}$，外芯直径 $R'_2 = 7\mathrm{mm}$。同轴装置与连接器间的尺寸突变会产生不连续阶梯电容，为防止电磁波在此处产生强烈反射，过渡区域可选用渐变式或阶梯式过渡。当过渡区的内径变化小于 3 倍时，推荐选用阶梯式过渡。由于 $R_1/R'_1 = 1.9 < 3$，因此设计采用轴向阶梯错位形成小电感来补偿不连续电容。使用 CST 电磁仿真软件进行参数扫频，当阶梯错位的距离 $A = 1.58\mathrm{mm}$ 时，同轴装置的回波损耗最小。优化后的同轴装置设计图纸，如图 7－17 所示。同轴装置的两部分采用螺纹旋紧的方式连接，连接端面可夹持被测材料，加工制作的同轴装置如图 7－18 所示。

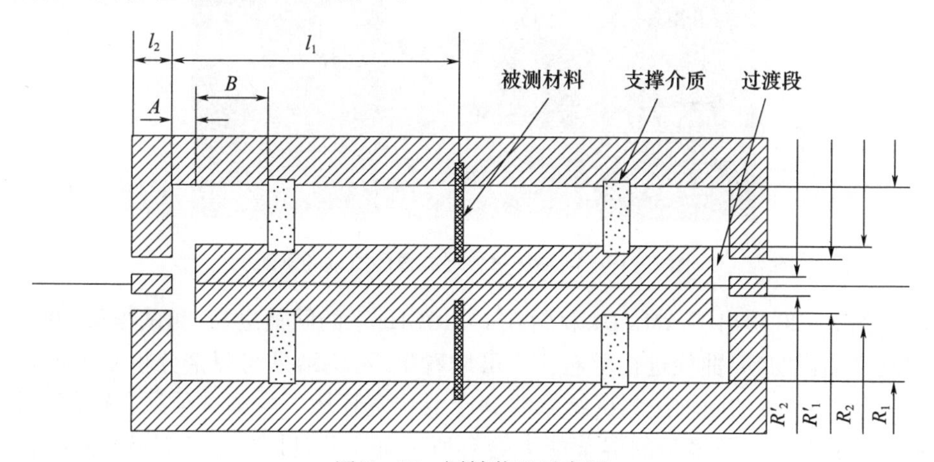

图 7－17　同轴装置示意图

将连接矢量网络分析仪的线缆进行校准，校准完毕后与同轴测试装置相连，此时整个测试系统的反射损耗小于－40dB，传输损耗小于－0.1dB，测试系统的阻抗匹配良好。将被测材料 AM－01 裁剪成与同轴内径大小一致的形状，并进行加载固定，试验测试的场景如图 7－19 所示。

图 7-18　同轴装置加工实物图

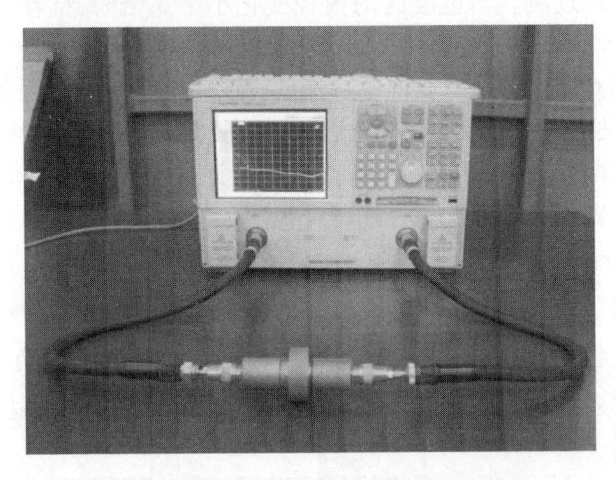

图 7-19　同轴法材料屏蔽效能测试场景图

图 7-20 给出了 AM-01 材料在 1～10GHz 下的同轴法 SE 测试结果，并与混响室测得的 SE 曲线进行了对比。可以看出，对比结果与理论分析基本保持了一致，即传统的同轴法测试结果要高于混响室环境下的测试结果，这说明材料应对复杂电磁环境下的屏蔽能力会有所下降。并且同轴法下的 SE 曲线在 9GHz 附近存在一个峰值，这说明该材料在电磁波垂直辐照时，其屏蔽效能随频率的变化较为敏感。而两种测试方法在 1～4GHz 下测得的 SE 曲线均有所升高，其中混响室法的测试曲线变化则较为明显。分析原因，一方面是由于材料的接触阻抗随频率发生变化，另一方面可能是由于织物材料的金属网孔屏蔽能力对垂直辐照电磁波的工作频率更为敏感。

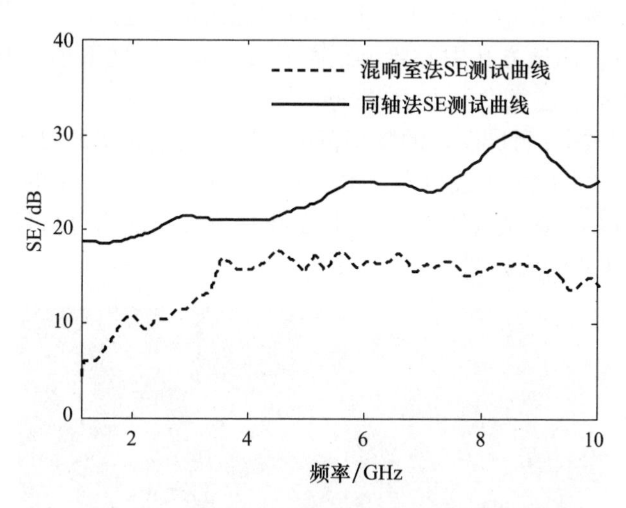

图 7－20　同轴法与混响室法材料 SE 测试曲线

7.5.2　与屏蔽室窗口法测试结果比对

材料屏蔽效能测试的屏蔽室法也称作窗口法，该方法主要是利用屏蔽室壁面开有的标准测试窗口（60cm 或 30cm 方窗）测试材料的屏蔽效能，并通过计算材料覆盖窗口前后的场强（或功率）比得到屏蔽效能值，其测试方案如图 7－21 所示。

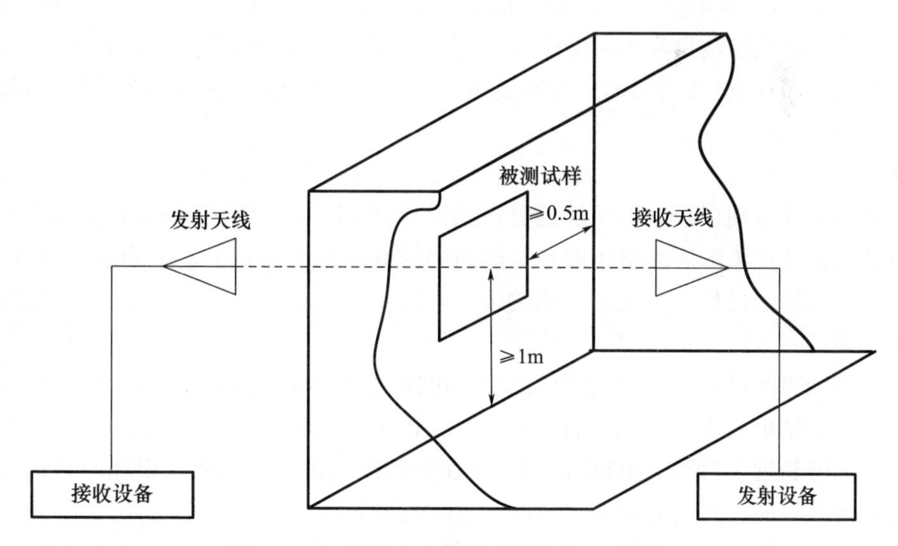

图 7－21　屏蔽室法材料屏蔽效能测试布局

该方法能够用于10kHz～40GHz屏蔽效能测量，屏蔽室可选择屏蔽半暗室或屏蔽全暗室。测试方孔中心要求距离屏蔽室地面高度不小于1m，方孔距侧墙不小于0.5m，法兰宽度不小于25mm。

在实际测试中，测量设备的频率范围应满足测量频率的要求，在不同测试频段应选用合适的收发天线组合。本次测试在开有60cm方窗的屏蔽半暗室内开展，在1～10GHz测试频段下，测量设备仍使用矢量网络分析仪，收发天线选用喇叭天线，实测场景如图7－22所示。

图7－22　屏蔽室法材料屏蔽效能测试场景图

将有、无试样下的系统插入损耗S_{21}进行对比，图7－23给出了材料的SE计算结果，并将混响室法与同轴法的测试结果进行了比对。从图中可以看出，屏蔽室法的测试结果在1～4GHz频段下同样存在一个上升的趋势，而在6GHz后开始逐渐降低，并与同轴法的测试结果趋于一致。在其他频段与同轴法的差值接近10dB。

针对这种情况，已有学者进行了研究与讨论。早在1988年，瑞士人Perry F. Wilson就发现屏蔽室窗口法的测试结果要对比同轴法高10～20dB，但其并未对造成这种现象的原因给予解释。国内同样有学者注意到了这一问题，并将这一现象归结为材料与测试窗口间的接触阻抗不匹配所致，但这一说法并不是特别合理。

陈翔等通过构建窗口法测试的等效电路模型，对这一问题进行了较为详细的分析。结果表明，等效电路模型的输入阻抗在低频时趋近于其虚部值，高频时才能够趋近于材料的阻抗，这就导致在低频段测得的材料插入损耗与材料真实的屏蔽效能有较大的误差；当频率升高时，测试窗口可以看作电大尺寸，测得的材料插入损耗才是材料屏蔽效能的准确表征。依据该结论，能够对材料SE测试结果进行合理解释，即在1～6GHz频段下，电磁波波长与测试窗口尺寸相当,此时测得的屏蔽效能较同轴法的测试结果偏高;当工作频率升高到 9GHz 后,电磁波长低于测试窗口尺寸的 1/10,可认为测试窗口是电大尺寸的,测试结果趋于材料真实的屏蔽效能值,并与同轴法的测试结果比较一致。

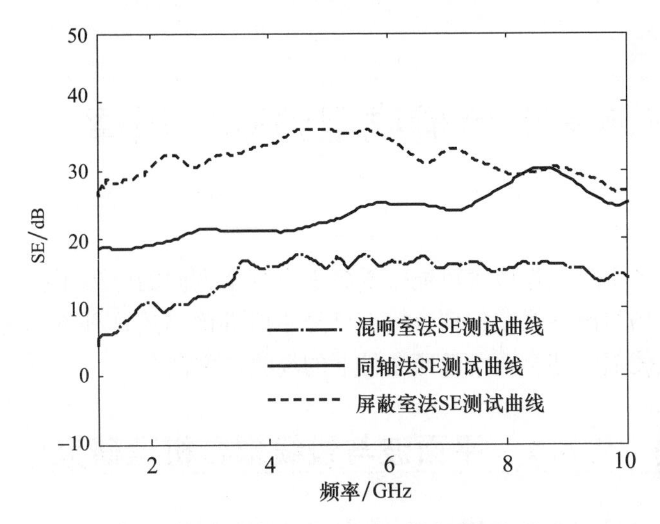

图 7-23　屏蔽室法、同轴法与混响室法材料 SE 测试曲线

然而窗口法作为一种成熟的测试方法,其在低频段虽然存在一定的测试误差,但是在低频段反映的屏蔽效能走势是可靠的,并且屏蔽室窗口法通过扩展测试频率上限可达 100GHz,对材料的厚度也没有太高的要求,能够有效区分材料在不同频段屏蔽能力的优劣,在各类新型电磁屏蔽材料的测试中仍十分重要。

通过对三种测试结果的综合对比,能够发现混响室条件下的材料屏蔽效能测试结果最低,这也说明材料应对复杂电磁环境的屏蔽能力弱于电磁波垂直辐照的情况。在低频段,屏蔽室窗口法的测试结果要高于同轴法,这主要是由于屏蔽室窗口法测试自身原因所致,但同轴法受装置尺寸的限制,其测试频段存在一定的上限。三种 SE 结果随频率变化的趋势在部分频段亦不相同,一方面是由于不同测试方法下的接触阻抗随频率发生变化,另一方面也与织物材料的金属网孔存在一定关系。相比之下,频率搅拌混响室法测试过程最为烦琐,但测试结果也能够更好地反映材料在实际应用中的电磁防护性能。这还需要工作人员根据材料应用背景,选择合适的方法进行测试。

第8章 混响室环境下传输线电磁耦合规律

电子设备实际工作位置可能会受到来自各个方向的电磁干扰,此时采用单一入射电磁场与设备线缆的耦合模型已经不能准确描述这种物理现象,需要探索多向电磁波辐照甚至全向辐照条件下的场线电磁耦合。

8.1 平面波与线缆耦合机理研究

当传输线受到电磁波辐照时,会在其导体上感应出电流和电荷,同时这些感应电荷和电流会产生散射场。散射场和入射场共同作用满足传输线导体表面的边界条件。双导体传输线组成的系统,如图8-1所示。

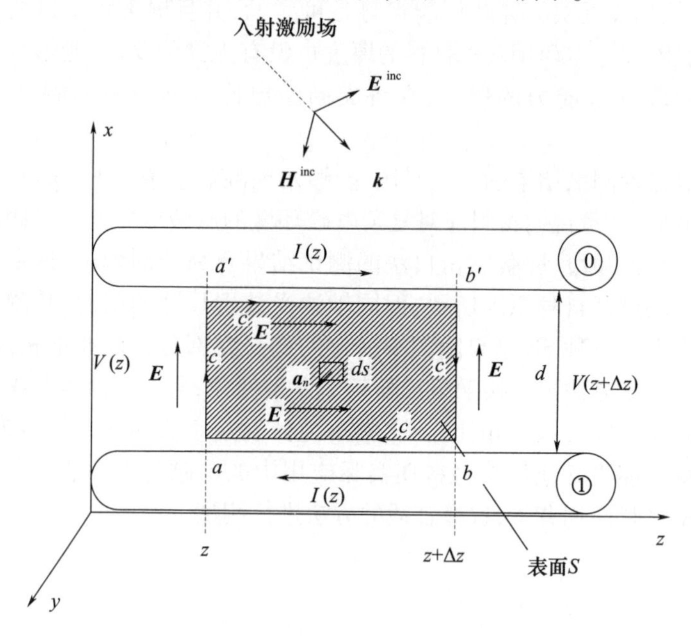

图8-1 双导体传输线示意图

由麦克斯韦方程可知

$$\nabla \times \boldsymbol{E} = -\mathrm{i}\mu_0 \boldsymbol{H} \tag{8-1}$$

根据斯托克斯定理,对于矢量场 $\boldsymbol{F}$ 有

$$\int_c \boldsymbol{F} \cdot \mathrm{d}l = \iint_S \nabla \times \boldsymbol{F} \cdot \mathrm{d}S \tag{8-2}$$

其中,c 表示曲面 S 的闭合曲线。令矢量场为电场,结合式(8-2)可得

$$\int_c \boldsymbol{E} \cdot \mathrm{d}l = -\mathrm{i}\omega\mu_0 \iint_S \boldsymbol{H} \cdot \mathrm{d}S \tag{8-3}$$

由法拉第电磁感应定律可改写为

$$\int_{\mathrm{a}}^{\mathrm{a}'} \boldsymbol{E} \cdot \mathrm{d}l + \int_{\mathrm{a}'}^{\mathrm{b}'} \boldsymbol{E} \cdot \mathrm{d}l + \int_{\mathrm{b}'}^{\mathrm{b}} \boldsymbol{E} \cdot \mathrm{d}l + \int_{\mathrm{b}}^{\mathrm{a}} \boldsymbol{E} \cdot \mathrm{d}l = \frac{\mathrm{d}}{\mathrm{d}t}\psi_n \tag{8-4}$$

其中,穿过两导线间的总磁通为

$$\psi_n = \int_S \boldsymbol{B}_n \mathrm{d}s = \int_S \boldsymbol{B} \cdot \boldsymbol{a}_n \mathrm{d}s \tag{8-5}$$

式中:$\boldsymbol{B}$ 是磁通密度。图 8-1 所示入射场,$\boldsymbol{B}$ 包含两个部分:一部分为散射场分量 $\boldsymbol{B}^{\mathrm{scat}}$;另一部分为入射场分量 $\boldsymbol{B}^{\mathrm{inc}}$,总的磁场为这两部分之和

$$\boldsymbol{B} = \boldsymbol{B}^{\mathrm{scat}} + \boldsymbol{B}^{\mathrm{inc}} \tag{8-6}$$

因此,式(8-5)可改写为

$$\psi_n = \int_s \boldsymbol{B}_n \mathrm{d}s = \int_s \boldsymbol{B}^{\mathrm{scat}} \cdot \boldsymbol{a}_n \mathrm{d}s + \int_s \boldsymbol{B}^{\mathrm{inc}} \cdot \boldsymbol{a}_n \mathrm{d}s \tag{8-7}$$

根据传输线间电压的定义

$$\begin{aligned} V(x,y,z) &= -\int_a^{a'} \boldsymbol{E}(x,y,z) \cdot \mathrm{d}l \\ V(x,y,z+\Delta z) &= -\int_b^{b'} \boldsymbol{E}(x,y,z+\Delta z) \cdot \mathrm{d}l \end{aligned} \tag{8-8}$$

对于任意非理想导体,可定义其单位长度参数。图 8-1 中两根传输线单位长度电阻分别为 r_1 和 r_0,这样以下关系式成立:

$$\begin{aligned} -\int_{a'}^{b'} \boldsymbol{E} \cdot \mathrm{d}l &= -\int_{a'}^{b'} E_z \cdot \mathrm{d}z = -r_1 \Delta z I(z) \\ -\int_b^a \boldsymbol{E} \cdot \mathrm{d}l &= -\int_b^a E_z \cdot \mathrm{d}z = -r_0 \Delta z I(z) \end{aligned} \tag{8-9}$$

其中,在沿着导体的 z 方向上,有 $\boldsymbol{E} = E_z \boldsymbol{a}_z$,$\mathrm{d}l = \mathrm{d}z\boldsymbol{a}_z$。这样,导体上电流可定

义为

$$I(z) = \int_{c'} \boldsymbol{H} \cdot \mathrm{d}l \tag{8-10}$$

其中,c'为 z 方向上 0 号导体(参考导体)表面的闭合曲线。因此,式(8－4)可改写为

$$-V(z) + r_1 \Delta z I(z) + V(z + \Delta z) + r_0 \Delta z I(z) = \frac{\mathrm{d}}{\mathrm{d}t} \int_S \boldsymbol{B}^{\mathrm{scat}} \cdot \boldsymbol{a}_n \mathrm{d}S + \frac{\mathrm{d}}{\mathrm{d}t} \int_S \boldsymbol{B}^{\mathrm{inc}} \cdot \boldsymbol{a}_n \mathrm{d}S \tag{8-11}$$

将上式变形,两边同除以 Δz,可得

$$\frac{V(z + \Delta z) - V(z)}{\Delta z} + r_1 I(z) + r_0 I(z) - \frac{1}{\Delta z} \frac{\mathrm{d}}{\mathrm{d}t} \int_S \boldsymbol{B}^{\mathrm{scat}} \cdot \boldsymbol{a}_n \mathrm{d}S = \frac{1}{\Delta z} \frac{\mathrm{d}}{\mathrm{d}t} \int_S \boldsymbol{B}^{\mathrm{inc}} \cdot \boldsymbol{a}_n \mathrm{d}S \tag{8-12}$$

传输线单位长度的电感系数 l 的定义为流过闭合曲面的磁通量与电流之间的比例关系,因此

$$\psi = \lim_{\Delta z \to 0} \frac{1}{\Delta z} \int_S \boldsymbol{B}^{\mathrm{scat}} \cdot \boldsymbol{a}_n \mathrm{d}s = -\int_a^{a'} \boldsymbol{B}^{\mathrm{scat}} \cdot \boldsymbol{a}_n \mathrm{d}l = lI(z) \tag{8-13}$$

将式(8－13)代入式(8－12)中,并取 Δz 趋向于零

$$\frac{\partial V(z)}{\partial z} + rI(z) + l \frac{\partial I(z)}{\partial t} = \frac{\partial}{\partial t} \int_a^{a'} \boldsymbol{B}^{\mathrm{inc}} \cdot \boldsymbol{a}_n \mathrm{d}l \tag{8-14}$$

式中:$r = r_1 + r_0$为传输线的单位长度总电阻;l 为传输线单位长度电感。式(8－14)为传输线第一方程。

导出传输线第二方程,依然由麦克斯韦方程出发

$$\nabla \times \boldsymbol{H} = \mathrm{i}\omega \boldsymbol{E} + \boldsymbol{J} \tag{8-15}$$

根据斯托克斯定理,对于矢量场 $\boldsymbol{F}$,以下积分关系成立

$$\iint_S \nabla_s \times \boldsymbol{F} \cdot \mathrm{d}S = 0 \tag{8-16}$$

式中:S 为一个封闭曲面,如图 8－2 所示。平行于导线部分为 $s_s{}'$,曲面端部分记为 $s_e{}'$。根据电荷守恒方程 $\iint_{s'} \boldsymbol{J} \mathrm{d}s' = -\frac{\partial}{\partial t} Q$,在 $s_e{}'$ 上有

$$\iint_{s_e{}'} \boldsymbol{J} \cdot \mathrm{d}s' = I(z + \Delta z) - I(z) \tag{8-17}$$

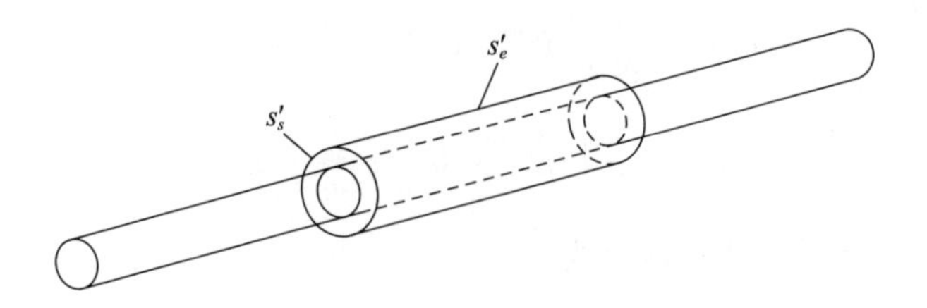

图 8－2 围绕一根导线的封闭曲面

双导体传输线受到的电场辐射也分为散射场分量和入射场分量，即

$$\boldsymbol{E}=\boldsymbol{E}^{\mathrm{scat}}+\boldsymbol{E}^{\mathrm{inc}} \tag{8-18}$$

由散射电场分量和入射电场分量产生的总的电压为

$$V(z)=-\int_a^{a'}\boldsymbol{E}\cdot \mathrm{d}l=-\int_a^{a'}\boldsymbol{E}^{\mathrm{scat}}\cdot \mathrm{d}l-\int_a^{a'}\boldsymbol{E}^{\mathrm{inc}}\cdot \mathrm{d}l \tag{8-19}$$

两个导体间的单位长度电导 g 定义为横截面上两导体间的单位长度流过的电流 I_t 和导体间电压之比。

$$I_t(z)=\lim_{\Delta z\to 0}\frac{1}{\Delta z}\iint_{S_s'}\boldsymbol{J}\mathrm{d}s'=-g\int_a^{a'}\boldsymbol{E}^{\mathrm{scat}}\cdot \mathrm{d}l=gV(z)+g\int_a^{a'}\boldsymbol{E}^{\mathrm{inc}}\cdot \mathrm{d}l \tag{8-20}$$

类似地，双导体传输线单位长度电容 C 定义为

$$\lim_{\Delta z\to 0}\frac{Q}{\Delta z}=-c\int_a^{a'}\boldsymbol{E}^{\mathrm{scat}}\cdot \mathrm{d}l=cV(z)+c\int_a^{a'}\boldsymbol{E}^{\mathrm{inc}}\cdot \mathrm{d}l \tag{8-21}$$

将式(8－17)、式(8－20)、式(8－21)代入式(8－16)中，可得

$$\begin{aligned}&I(z+\Delta z)-I(z)+g\Delta zV(z)+c\Delta z\frac{\partial V(z)}{\partial t}\\&=-g\Delta z\int_a^{a'}\boldsymbol{E}^{\mathrm{inc}}\cdot \mathrm{d}l-c\frac{\partial}{\partial t}\Delta z\int_a^{a'}\boldsymbol{E}^{\mathrm{inc}}\cdot \mathrm{d}l\end{aligned} \tag{8-22}$$

将上式两边同除以 Δz，并取 Δz 趋向于零的极限，便可得到传输线的第二方程：

$$\frac{\partial I(z)}{\partial t}+gV(z)+c\frac{\partial V(z)}{\partial t}=-g\int_a^{a'}\boldsymbol{E}^{\mathrm{inc}}\cdot \mathrm{d}l-c\frac{\partial}{\partial t}\int_a^{a'}\boldsymbol{E}^{\mathrm{inc}}\cdot \mathrm{d}l \tag{8-23}$$

式中：g 为传输线单位长度电导；c 为传输线单位长度电容。

式(8－14)和式(8－23)构成了完整的传输线方程。观察两个方程，其形式基本相同，方程右边分别为外部辐射场在传输线上产生的单位长度分布电压源和电流源。这里，令

$$V_F(z) = \frac{\partial}{\partial t}\int_a^{a'} \boldsymbol{B}^{\text{inc}} \cdot \boldsymbol{a}_{\text{n}} \text{d}l$$
$$I_F(z) = -g\int_a^{a'} \boldsymbol{E}^{\text{inc}} \cdot \text{d}l - c\frac{\partial}{\partial t}\int_a^{a'} \boldsymbol{E}^{\text{inc}} \cdot \text{d}l \qquad (8-24)$$

则传输线第一、第二方程可改写为

$$\frac{\partial V(z)}{\partial z} + rI(z) + l\frac{\partial I(z)}{\partial t} = V_F(z)$$
$$\frac{\partial I(z)}{\partial t} + gV(z) + c\frac{\partial V(z)}{\partial t} = I_F(z) \qquad (8-25)$$

单位长度传输线的等效电路如图 8-3 所示。

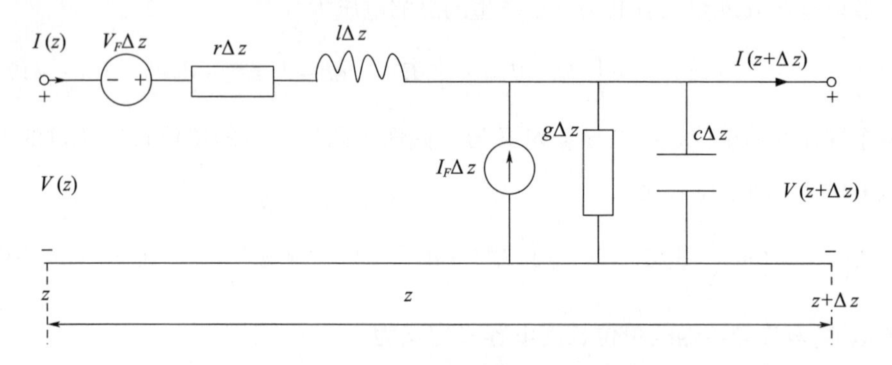

图 8-3　传输线单位长度等效电路

对于均匀平面波激励传输线的情况，利用坐标系描述入射均匀平面波的入射角和极化角，如图 8-4 所示。电磁波的传播矢量指向直角坐标系的坐标原点，它与 x 轴的夹角为 θ_p，在 yz 平面上的投影与 y 轴的夹角为 ϕ_p。电场矢量的极化用球坐标系的单位矢量 $\boldsymbol{a}_\theta$ 和 $\boldsymbol{a}_\phi$ 表示，电场矢量的一般表达式为

$$\boldsymbol{E}^{\text{inc}} = E_0[e_x\boldsymbol{a}_x + e_y\boldsymbol{a}_y + e_z\boldsymbol{a}_z]\text{e}^{-\text{j}\beta_x x}\text{e}^{-\text{j}\beta_y y}\text{e}^{-\text{j}\beta_z z} \qquad (8-26)$$

式中：E_0为入射平面波的幅值，不同的辐射源，其分布规律也有所不同。根据各角度的定义可知，入射电场矢量在图 8-4 所示直角坐标系 x、y、z 方向上的分量分别为

$$\begin{cases} e_x = \sin\theta_E\sin\theta_p \\ e_y = -\sin\theta_E\cos\theta_p\cos\phi_p - \cos\theta_E\sin\phi_p \\ e_z = -\sin\theta_E\cos\theta_p\sin\phi_p + \cos\theta_E\cos\phi_p \end{cases} \qquad (8-27)$$

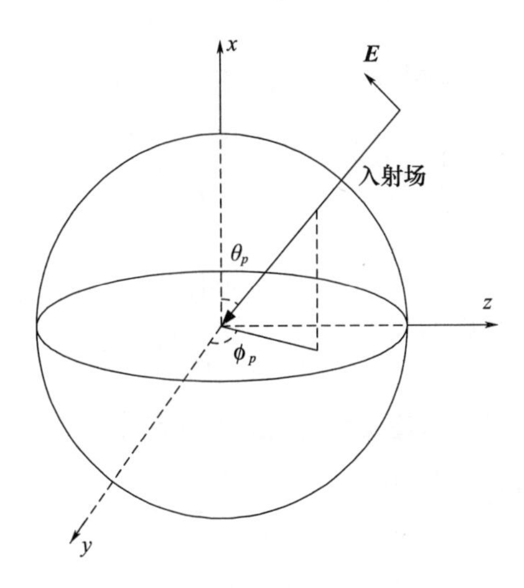

图 8－4　均匀平面波辐照示意图

式(8－26)中相位常数为

$$\beta=\omega\sqrt{\mu\xi}=\frac{\omega}{v_0}\sqrt{\mu_r\xi_r} \tag{8-28}$$

式中：$v_0=\dfrac{1}{\sqrt{\mu_0\xi_0}}$为自由空间相速度；介质特性由电介质参数($\xi=\xi_r\xi_0$)和磁导率($\mu=\mu_r\mu_0$)表征；在自由空间中，$\xi_r=1$，$\mu_r=1$。

相位常数在三个正交方向上分量为

$$\begin{cases}\beta_x=-\beta\cos\theta_p\\ \beta_y=-\beta\sin\theta_p\cos\phi_p\\ \beta_z=-\beta\sin\theta_p\sin\phi_p\end{cases} \tag{8-29}$$

对于磁场强度矢量，可由式(8－26)中电场矢量推导而来

$$\boldsymbol{H}^{\mathrm{inc}}=\frac{1}{\eta}\boldsymbol{a}_\beta\times\boldsymbol{E}^{\mathrm{inc}}=\frac{1}{\eta}E_0[h_x\boldsymbol{a}_x+h_y\boldsymbol{a}_y+h_z\boldsymbol{a}_z]\mathrm{e}^{-\mathrm{j}\beta_x x}\mathrm{e}^{-\mathrm{j}\beta_y y}\mathrm{e}^{-\mathrm{j}\beta_z z} \tag{8-30}$$

式中：$\boldsymbol{a}_\beta$ 为磁场传播方向上的单位矢量；η 为固有阻抗；自由空间中取值为 377Ω。同电场分量相同，入射磁场矢量在直角坐标系 x、y、z 方向上的分量为

$$\begin{cases}h_x=-\cos\theta_E\sin\theta_p\\ h_y=\cos\theta_E\cos\theta_p\cos\phi_p-\sin\theta_E\sin\phi_p\\ h_z=\cos\theta_E\cos\theta_p\sin\phi_p+\sin\theta_E\cos\phi_p\end{cases} \tag{8-31}$$

在导体构成平面上，根据式(8－26)，横向电场分量为 $\boldsymbol{E}_x^{\mathrm{inc}}=E_0e_x\mathrm{e}^{-\mathrm{j}\beta_x x}\mathrm{e}^{-\mathrm{j}\beta_z z}\boldsymbol{a}_x$，纵

向电场分量为

$$\begin{aligned}\boldsymbol{E}_z^{\text{inc}}(x=d,z)-\boldsymbol{E}_z^{\text{inc}}(x=0,z)&=E_0e_z\mathrm{e}^{-\mathrm{j}\beta_z z}(\mathrm{e}^{-\mathrm{j}\beta_x d}-1)\\&=E_0e_z\beta_x\frac{d}{2}\mathrm{e}^{-\mathrm{j}\beta_z z}\mathrm{e}^{-\mathrm{j}\beta_x\frac{d}{2}}\frac{\mathrm{e}^{-\mathrm{j}\beta_x\frac{d}{2}}-\mathrm{e}^{\mathrm{j}\beta_x\frac{d}{2}}}{\beta_x\frac{d}{2}}\\&=-\mathrm{j}\beta_xE_0de_z\mathrm{e}^{-\mathrm{j}\beta_z z}\mathrm{e}^{-\mathrm{j}\beta_x\frac{d}{2}}\frac{\sin\left(\beta_x\frac{d}{2}\right)}{\beta_x\frac{d}{2}}\end{aligned}\tag{8-32}$$

因此,对于均匀平面波辐照,传输线终端的电流解为

$$I(0)=\frac{dE_0}{D}\mathrm{e}^{-\mathrm{j}\beta_x\frac{d}{2}}\left[\frac{\sin\left(\beta_x\frac{d}{2}\right)}{\beta_x\frac{d}{2}}\right]\cdot\left\{\begin{array}{l}-\mathrm{j}\beta_xe_z\int_0^L\left[\cosh(\gamma(L-\tau))+\sinh(\gamma(L-\tau))\frac{Z_L}{Z_C}\right]\mathrm{e}^{-\mathrm{j}\beta_z\tau}\mathrm{d}\tau+\\e_x\left[\cosh(\gamma L)+\sinh(\gamma L)\frac{Z_L}{Z_C}-\mathrm{e}^{-\mathrm{j}\beta_zL}\right]\end{array}\right\}\tag{8-33}$$

$$I(L)=\frac{dE_0}{D}\mathrm{e}^{-\mathrm{j}\beta_x\frac{d}{2}}\left[\frac{\sin\left(\beta_x\frac{d}{2}\right)}{\beta_x\frac{d}{2}}\right]\cdot\left\{\begin{array}{l}-\mathrm{j}\beta_xe_z\int_0^L\left[\cosh(\gamma\tau)+\sinh(\gamma\tau)\frac{Z_S}{Z_C}\right]\mathrm{e}^{-\mathrm{j}\beta_z\tau}\mathrm{d}\tau+\\e_x\left[1-\left(\cosh(\gamma L)+\sinh(\gamma L)\frac{Z_S}{Z_C}\right)\mathrm{e}^{-\mathrm{j}\beta_zL}\right]\end{array}\right\}\tag{8-34}$$

式中:$D=\cosh(\gamma L)(Z_S+Z_L)+\sinh(\gamma L)\left(Z_C+\frac{Z_SZ_L}{Z_C}\right)$;$Z_C=\sqrt{\frac{r+\mathrm{j}\omega l}{g+\mathrm{j}\omega c}}$为传输线特性阻抗;$\gamma=\sqrt{(r+\mathrm{j}\omega l)(g+\mathrm{j}\omega c)}$为电磁波传播常数;$r$、$l$、$g$、$c$分别为传输线单位长度阻抗、电感、电导和电容;$Z_S$、$Z_L$分别为传输线终端负载。

得到终端负载电流之后,可通过下面欧姆定律关系式得出终端负载电压,即

$$\begin{aligned}V(0)&=-Z_SI(0)\\V(L)&=Z_LI(L)\end{aligned}\tag{8-35}$$

为了研究双导体传输线在不同参数的单一入射电磁波辐照下的响应,设置

多个入射方位角度，由频域和时域两方面来研究传输线在单一入射电磁波辐照下的响应。

8.1.1　频域响应规律

将双导体传输线两端负载阻值设置为 5 倍于传输线特性的线性阻抗，其终端频域感应电流如图 8－5 所示。由图 8－5 可知，不同入射方向电磁波辐照，传输线终端感应电流幅值会随着入射角度的变化而变化，谐振频率不会随着入射方向的改变而改变，服从 $f=nc/2L$ 规律。

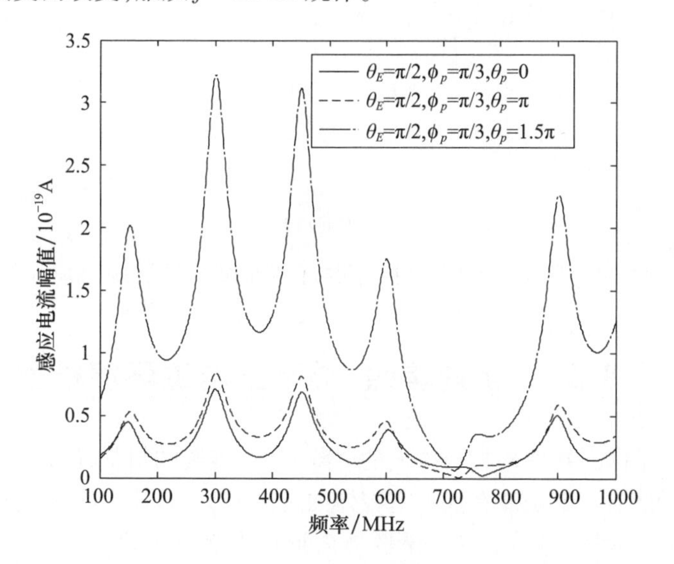

图 8－5　双导体传输线端接高阻抗负载情况下终端频域感应电流

8.1.2　时域响应规律

分析其时域响应时，选择贝尔实验室的 HEMP 电磁脉冲为辐射平面波。

$$E_{\mathrm{inc}}(t)=kE_0(e^{-\alpha t}-e^{-\beta t}) \tag{8-36}$$

式中：k 是修正系数；E_0 是峰值场强；α、β 是表征脉冲前、后沿的参数。

图 8－6 给出三种不同入射方向电磁波辐照下，端接 5 倍于特性阻抗的线性负载双导体传输线终端时域响应。由图 8－6 可知，不同入射方向电磁波在传输线终端产生的时域响应幅值不同，当入射方位角为 0°时，时域响应会有明显的延迟效应，这是由于感应信号在以一定的速率沿传输线传播；当入射方位角改为 180°和 270°时，并无延迟效应出现，这是由于此时电磁波终端感应信号直接于传输线终端产生，并不是由别处传播而来。由于端接不匹配负载，会出

现感应信号沿传输线多次反射的情况。

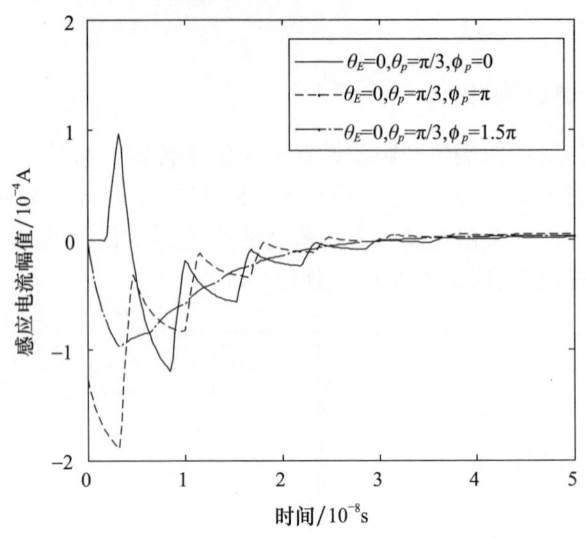

图 8-6　双导体传输线端接高阻抗负载情况下终端时域感应电流

8.2　“全向辐照”混响室电磁环境模型

混响室是由高导电率材料构成的屏蔽腔体,传统的机械搅拌式混响室内部装有金属搅拌器。电磁波在混响室腔体内传播时,一旦碰到金属搅拌器就会发生反射现象。这样,电磁波在屏蔽腔体内形成多次反射之后,位于混响室工作区域内的观察点就会受到来自各个方向上的电磁辐照,称之为“全向辐照”电磁环境。

由传输线原理可知,当线缆受到平面电磁波辐照后,可将入射电场看作传输线上的感应电压源。在完全谐振状态下,每列电磁波都可以线上产生分布电压源以及在线终端产生集总电压源。线端集总电压源,线上分布电压源,随着随机入射电磁波的变化而变化。基于场的叠加原理,为构建“全向辐照”电磁环境,可构造单位球面,使观察点位于球心,各列电磁波的入射方向随机均匀分布在球面上。此模型中,观察点会受到来自 360°电磁波的随机辐照。计算每列电磁波在负载上的响应,根据叠加原理即可得出全向辐照条件下传输线的负载响应。

需要对响应模型式(8-33)、式(8-34)进行修正,使其适用于混响室条件下“全向辐照”电磁环境。修正后的传输线终端响应信号计算式为

$$I(0) = \frac{1}{M}\sum_{m=1}^{M}\sum_{n=1}^{N}\frac{dE_0}{D}e^{-j\beta_x\frac{d}{2}}\left[\frac{\sin\left(\beta_x\frac{d}{2}\right)}{\beta_x\frac{d}{2}}\right]\cdot$$
$$\left\{\begin{array}{l}-j\beta_x e_z\int_0^L\left[\cosh(\gamma(L-\tau))+\sinh(\gamma(L-\tau))\dfrac{Z_L}{Z_C}\right]e^{-j\beta_z\tau}d\tau + \\ e_x\left[\cosh(\gamma L)+\sinh(\gamma L)\dfrac{Z_L}{Z_C}-e^{-j\beta_z L}\right]\end{array}\right\} \tag{8-37}$$

$$I(L) = \frac{1}{M}\sum_{m=1}^{M}\sum_{n=1}^{N}\frac{dE_0}{D}e^{-j\beta_x\frac{d}{2}}\left[\frac{\sin\left(\beta_x\frac{d}{2}\right)}{\beta_x\frac{d}{2}}\right]\cdot$$
$$\left\{\begin{array}{l}-j\beta_x e_z\int_0^L\left[\cosh(\gamma\tau)+\sinh(\gamma\tau)\dfrac{Z_S}{Z_C}\right]e^{-j\beta_z\tau}d\tau + \\ e_x\left[1-\left(\cosh(\gamma L)+\sinh(\gamma L)\dfrac{Z_S}{Z_C}\right)e^{-j\beta_z L}\right]\end{array}\right\} \tag{8-38}$$

式(8 - 37)和式(8 - 38)为混响室内双导体传输线终端响应信号计算方程。其中 M 为独立搅拌位置数(既边界条件数量),N 为每个边界条件下的入射电磁波数量。此处选择 $M = 1000$,$N = 1000$,计算混响室内电磁环境的场线耦合规律。

8.3　模型验证

本节验证模型计算结果的正确性,与其他计算方法以及试验进行对比分析。选取基于矩量法的 FEKO 构建真实混响室模型,将传输线置于混响室测试区域内,通过改变搅拌器旋转角度改变混响室内电磁场的边界条件。

混响室模型主要包括屏蔽腔体、垂直和水平机械搅拌器,以及发射天线。其中屏蔽腔体按照 1 : 1 的比例模拟真实混响室,尺寸为 10. 5m × 8m × 4. 3m,如图 8 - 7 所示;发射天线选择工作带宽为 80MHz ~ 1GHz 的对数周期天线;搅拌器分为垂直和水平两种,其中垂直搅拌器边缘开有不同尺寸的 V 形槽,用来增加搅拌效率,提高混响室工作区域的场均匀性。进行场线耦合效应仿真前,先对该模型进行了工作区域校准仿真。仿真结果表明,此模型的工作区域完全满足国际电工委员会 IEC 61000 - 4 - 21 标准要求,可以用于后续的仿真计算。

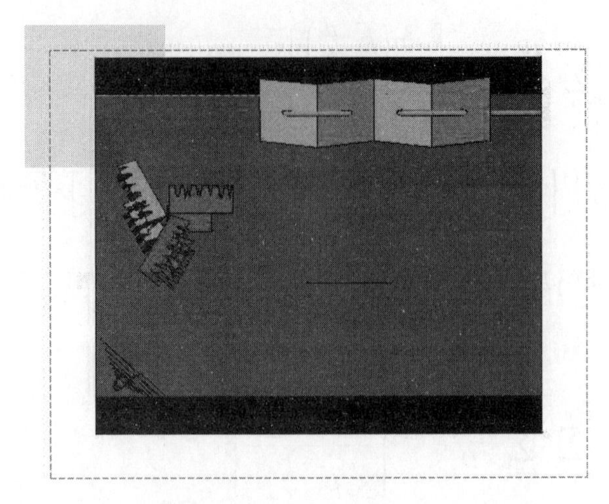

图 8-7 FEKO 中混响室模型

根据谐振腔理论,尺寸为 10.5m × 8m × 4.3m 的屏蔽腔体的最低谐振频率为

$$f_{110}=\frac{c}{2}\sqrt{\left(\frac{m}{L}\right)^2+\left(\frac{n}{W}\right)^2+\left(\frac{p}{H}\right)^2}\Bigg|_{(m=1,n=1,p=0)}=23.57\text{MHz} \quad (8-39)$$

式中:f_{110}表示谐振腔的最低谐振频率;c 表示光速;L、W、H 分别为谐振腔体的长、宽、高。

根据混响室最低可用频率一般不低于最低谐振频率 3 倍的原则,该混响室模型的最低可用频率为 70.71MHz。

将双导体传输线放置于该混响室模型测试区域中,模型内搅拌器按照 IEC 61000-4-21 新版本中规定的步进模式进行工作,按照 12 个步进位置进行仿真。水平搅拌器每停留 1 个搅拌位置,垂直搅拌器转动 4 个搅拌位置。导线终端负载处的感应电流按照式(8-40)进行统计平均。

$$I_{\text{Ave}}=\frac{\sum I_i}{n} \quad (8-40)$$

式中:I_{Ave}表示平均感应电流;I_i 表示搅拌器停留在某一位置时,导线监测位置处的感应电流;n 为搅拌器转动一周的步进位置数量。

选择受试长度为 1m 的双导体传输线,端接 5 倍匹配负载。图 8-8 给出了两种仿真方法条件下的终端负载处的频域感应电流。

由图 8-8 可见,无论是谐振频点还是感应电流幅值,两种建模方法计算结果的吻合度都很好,这说明利用蒙特卡洛统计方法计算双导体传输线终端负载响应的方法是可行的。

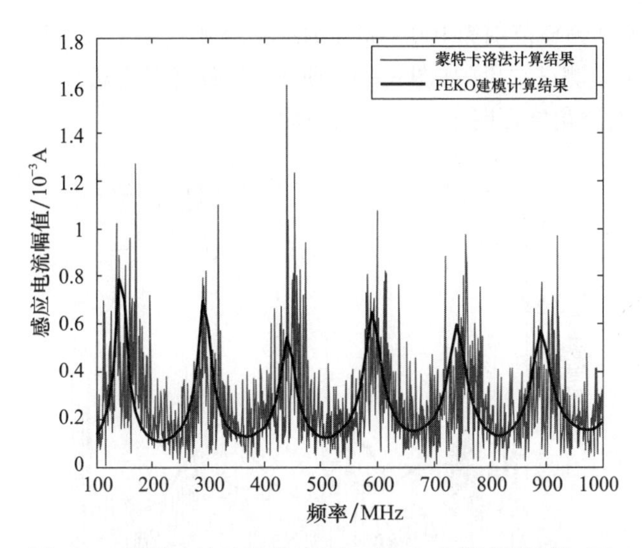

图 8－8　蒙特卡洛法计算结果与 FEKO 建模计算结果对比

再利用实验室实体混响室进行试验验证，混响室尺寸为 10.5m × 8m × 4.3m。试验中使用到的主要仪器有信号源、功放、耦合器、对周发射天线。感应信号采集仪器包括电流探头、光电转换仪、电光转换仪、光纤、衰减器、接地板、频谱仪等。其中电流探头型号为 Tektronix model CT－1，其频域测试范围为 100kHz～1GHz。为了减小由电流探头带来的误差，测试过程中将电流探头包裹在锡箔纸内。试验用传输线为半径为 0.005m、长度为 1m 的裸铜直导线，线间间距为 0.05m。试验示意图如图 8－9(a)所示，试验配置如图 8－9(b)所示。

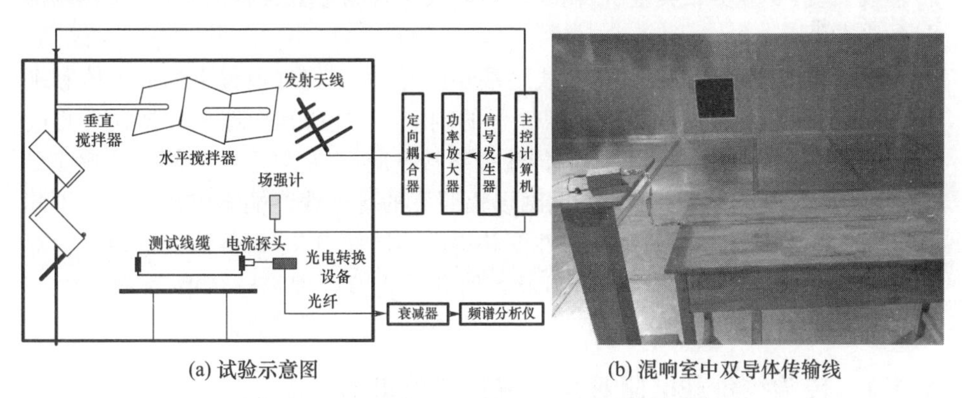

(a) 试验示意图　　(b) 混响室中双导体传输线

图 8－9　混响室场线耦合感应信号测试示意图

试验同样采用步进模式，测试一共 12 个步进位置。水平搅拌器每停留 1 个搅拌位置，垂直搅拌器转动 4 个搅拌位置。每个步进位置，提取传输线终端感应信号。测试频率范围为 100～600MHz,以 25MHz 为步长,每个测试频率下,驻留时间为 5s。测试结果(如图 8－10 所示)与蒙特卡洛法计算结果吻合度较好,进一步从实测角度证明了方法的正确性。

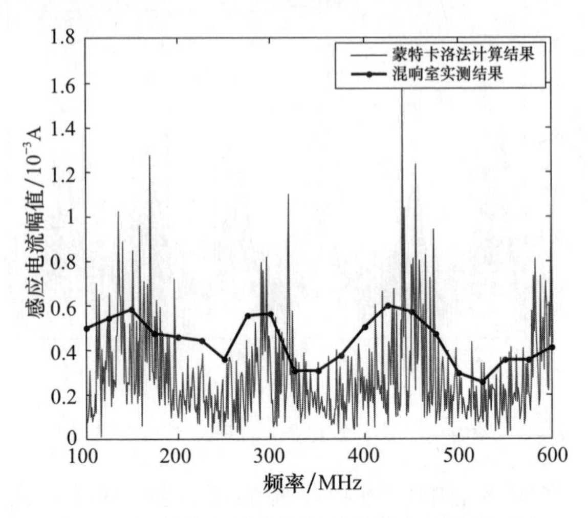

图 8－10　蒙特卡洛法计算结果与实测结果对比

8.4　混响室环境下线缆耦合规律研究

本节采用双导体传输线作为研究对象,传输线终端负载为线性负载。选定传输线长度、终端负载类型、传输线间距以及半径为参数,研究其对终端感应信号的影响。

在给出混响室环境下的传输线终端响应时,用多搅拌位置下的最大值和平均值两种表征方法:一是多边界条件下的响应平均值,其物理意义为在理想的"全向辐照"均匀电磁场条件下的传输线终端响应;二是多边界条件下的响应最大值,其物理意义为多个不均匀电磁场辐照下的传输线终端响应最大值。不同频率下的响应是在不同的边界条件下获得的。因此,在分析传输线参数变化对传输线终端负载处响应时,都给出最大值和平均值两种响应结果,但要注意其物理意义上的区别。

8.4.1　传输线负载电阻对其响应信号的影响

为研究传输线端负载大小对辐照响应的影响,选择线缆长度为 1m,线间距为 0.1m,半径为 0.001m 的铜制双导体传输线。两终端 Z_1 和 Z_2 分别加载 5 倍、10 倍、50 倍的匹配负载电阻 Z_c,观察传输线终端负载上响应信号变化,其 100MHz ~ 1GHz 的频域结果如图 8 - 11 所示。由于试验频点的选择是离散的，所以峰值感应电流的频点可能会存在一定的误差。频域响应中出现一些谐振是由于该模型是基于蒙特卡洛统计理论基础上的，每个频率下的响应幅值都是基于 1000 个边界条件，每个边界条件下 1000 列入射电磁波辐照计算而来。

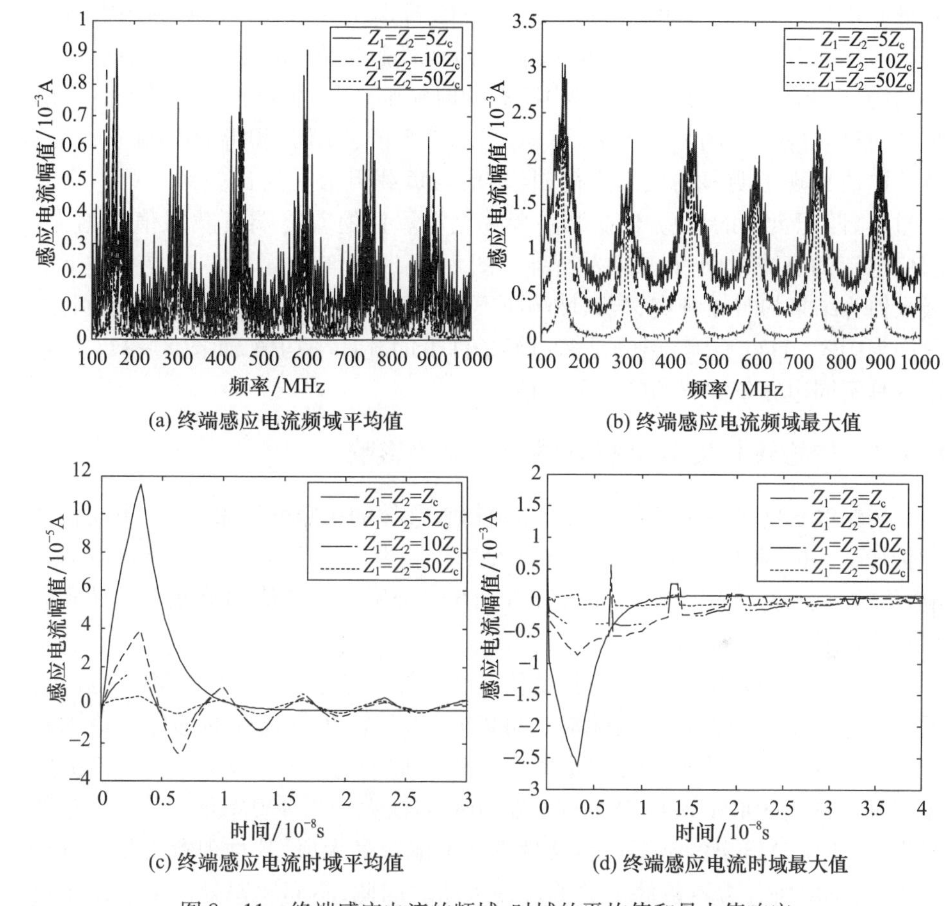

(a) 终端感应电流频域平均值　(b) 终端感应电流频域最大值

(c) 终端感应电流时域平均值　(d) 终端感应电流时域最大值

图 8 - 11　终端感应电流的频域、时域的平均值和最大值响应

图 8 - 11(a) 给出了传输线终端负载为不匹配负载时，以多边界条件下的平均值为结果的频域响应。由图可知，其频域响应开始出现明显的谐振频率，且负载阻值的变化不会影响其终端负载的响应规律。随着终端负载阻值的增大，负载上的感应电流信号有减小的趋势。图 8 - 11(b) 给出了传输线终端负载为不匹配负载时，以多边界条件下的最大值为结果的频域响应。图中所呈现出的规律与图 8 - 11(a) 中的一致。这说明，无论采用平均值还是最

大值作为响应结果,传输线负载对终端响应信号的影响相同。图 8-11(c)给出了以多边界条件下的平均值为结果的时域响应,需要注意的是,图中的时域响应是基于多个边界条件下的统计结果,表征的是传输线在多个边界条件下的感应电流均值,因此并不能够从瞬时角度去理解本章中的时域响应波形。事实上,混响室的工作原理是基于统计理论,其腔体内部所特有的电磁环境并不是瞬时存在,而是多边界条件电磁场叠加的结果。因此利用混响室进行电磁兼容测试时,并不能够从瞬时角度理解问题,都应从基于多边界条件的统计理论出发。因此,本章中所有的时域响应均为基于多边界条件下的统计时域响应。由图 8-11(c)可知,当端接 5 倍、10 倍、50 倍的匹配负载时,感应电流出现了明显的反射震荡,且幅值与负载阻值呈反比关系。第一个峰值过后,匹配负载的感应电流很快衰减至零。且随着终端负载阻值的增大,感应电流的衰减时间有增大的趋势。图 8-11(d)给出了以多边界条件下的最大值为结果的时域响应,与频域响应不同,两种时域响应波形有很大区别,这是因为图 8-11(c)中给出的是多边界条件下的统计平均值,而图 8-11(d)给出的是不同边界条件下的响应最大值。

8.4.2 传输线长度对负载处感应电流的影响

传输线长度是决定其负载感应电流耦合规律的决定性因素之一,不同长度的传输线,其负载感应电流会产生较大变化。为了研究线长对终端响应的影响,传输线长度分别设定为 1m、0.75m、0.5m,分别得出其终端负载上频域和时域响应信号的变化规律。

图 8-12 分别给出了 3 种长度传输线终端负载上 100~1000MHz 范围内的频域平均值响应及最大值响应。可以看出,传输线负载处的感应电流随辐照频率的改变发生周期谐振,1m 时谐振频率周期为 150MHz,0.5m 时谐振频率周期大约为 300MHz,0.75m 时谐振频率周期大约为 400MHz。需要注意的是图 8-12(d)给出的是多边界条件下频域响应最大值,其物理意义是在某个频率下,选取所有边界条件下的响应最大值。因此,不同频率处的响应结果可能是在不同边界条件下获得的。

由图 8-12 可知,无论传输线长度为多少,出现谐振的频点均满足 $f=\frac{nc}{2L}$ 关系,其中 $n=1,2,\cdots,L$ 为传输线长度,c 为真空中光速。

线缆终端感应电流信号的幅值也会随着线缆长度的增加而增大,这是可以理解的,不同长度的线缆的耦合能量不同,也会造成响应信号幅值的差别。

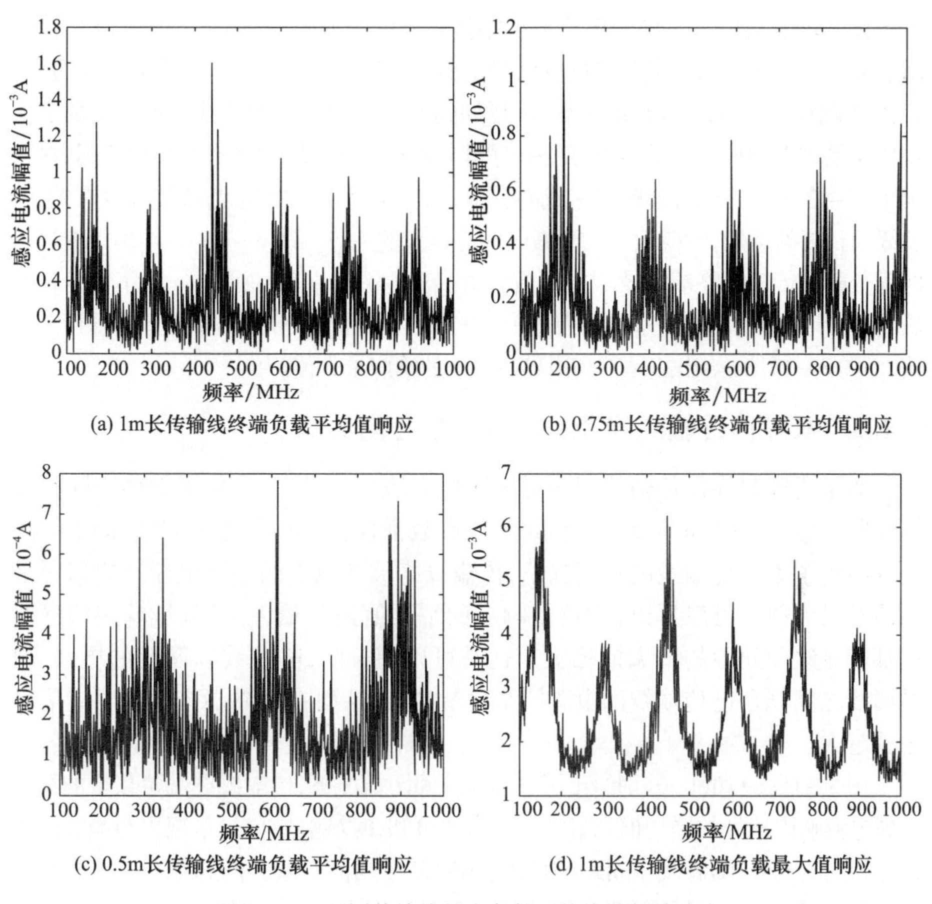

(a) 1m长传输线终端负载平均值响应　(b) 0.75m长传输线终端负载平均值响应

(c) 0.5m长传输线终端负载平均值响应　(d) 1m长传输线终端负载最大值响应

图 8－12　不同传输线长度条件下的终端频域响应

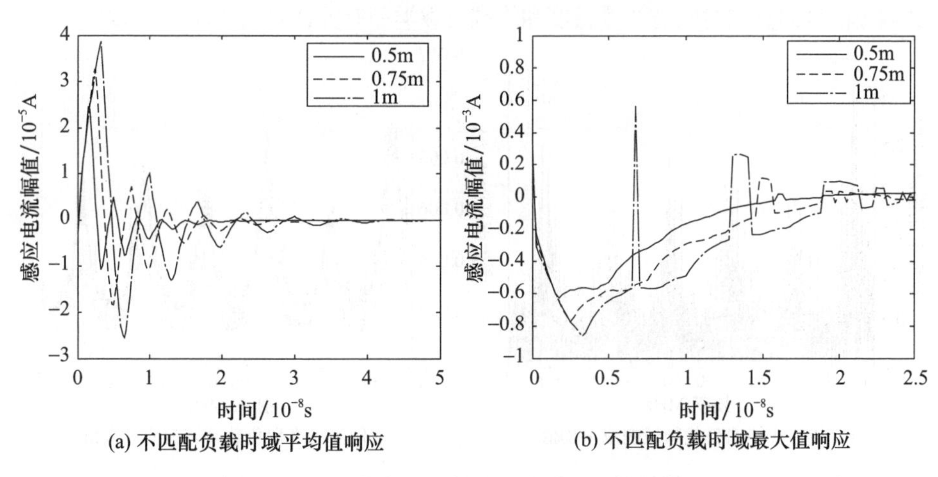

(a) 不匹配负载时域平均值响应　(b) 不匹配负载时域最大值响应

图 8－13　不同传输线长度条件下的终端时域响应

图 8－13 给出了不同长度线缆终端负载处的时域响应信号。由图可以看出，随着线缆长度的增加，其终端响应信号的幅值呈增大趋势。为了对比更为明显，相比于频域响应，当线缆长度由 0.5m 增加到 1m 的过程中，线缆终端负载上的响应幅值是呈增大趋势。而且出现峰值的时间会随着长度的增加而有明显的延迟，这是由于信号在线缆内的传递时间造成的。响应信号的衰减时间也与线缆长度有关，随着线缆长度的增加，响应信号的衰减时间有延长的趋势。图 8－13(b)给出了端接不匹配负载时传输线终端时域响应的最大值。对比图 8－13(a)和 8－13(b)，两种时域响应波形有很大区别，这是因为图 8－13(a)中给出的是多边界条件下的统计平均值，而图 8－13(b)给出的是不同边界条件下的响应最大值。

8.4.3　双导体传输线间距对其响应信号的影响

为了研究双导体传输线间距对终端响应信号的影响，设置了 3 种不同的线缆间距，分别为 0.1m、0.3m、0.5m，其他参数都保持一致。图 8－14(a)和(b)分别给出了不同传输线间距情况下，传输线终端负载上的频域电流感应信号平均值及最大值。可以看出，无论是响应的平均值还是最大值，频域响应信号幅值都随着线间间距的增大而增大。这是可以理解的，随着线间间距的增加，通过两线之间耦合进传输线的电磁能量也就越大，从而在其终端产生的感应信号也就越大。

图 8－15(a)和(b)分别给出了不同线缆间距情况下，传输线终端负载上的统计时域电流响应信号的平均值和最大值。由图可知，时域响应信号呈现出与频域响应信号相同的规律：随着线缆间距的增大，响应信号幅值有增大的趋势。需要注意的是，线缆终端响应信号的衰减时间随着线缆间距的变化基本没有变化。这说明，时域响应信号的衰减时间与线缆长度和终端负载类型有关，而与线缆间距无关。

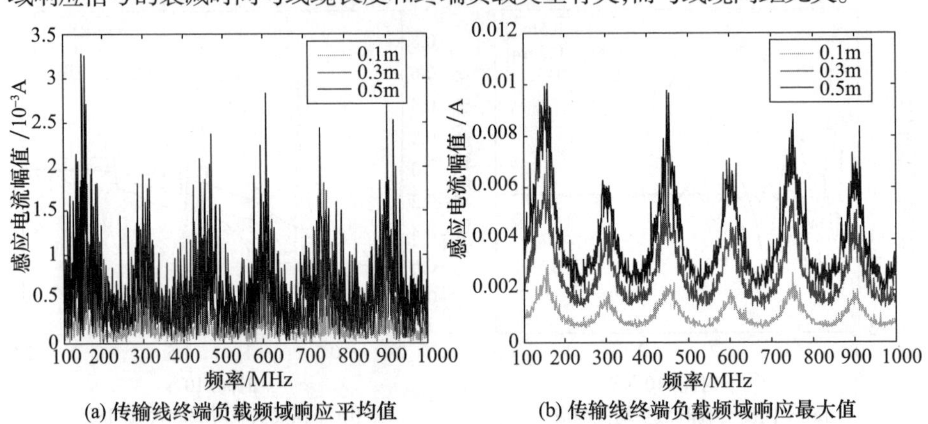

(a) 传输线终端负载频域响应平均值　(b) 传输线终端负载频域响应最大值

图 8－14　不同传输线间距情况下，传输线终端负载上的频域电流响应信号

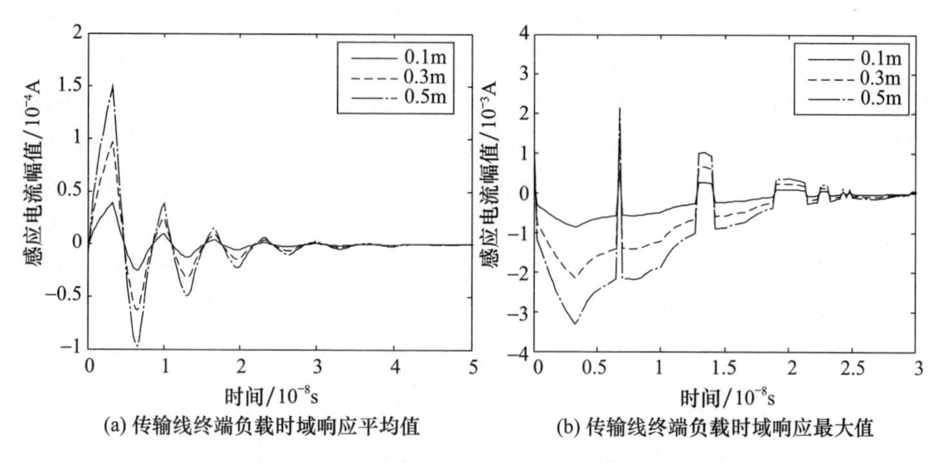

图 8－15 不同传输线间距情况下,传输线终端负载上的时域电流响应信号

8.4.4 传输线半径对其响应信号的影响

为了研究线缆半径对终端响应信号的影响,设置了 3 种半径尺寸的线缆模型,分别为 0.1mm、0.3mm、0.5mm。考虑到感应电流信号在高频时的趋肤效应,图 8－16 给出了响应信号在导体中的趋肤深度随频率的变化曲线。可以看出,随着激励电磁波频率的升高,电磁波在金属铜内的趋肤深度不断减小。在 100MHz 时,趋肤深度约为 0.7×10^{-5}m,1GHz 时,趋肤深度约为 0.3×10^{-5}m。而所选择的 3 种半径尺寸在研究频段内都大于电磁波的趋肤深度,因此,在这个维度上比较 3 种半径尺寸对线缆终端响应信号的影响是可行的。

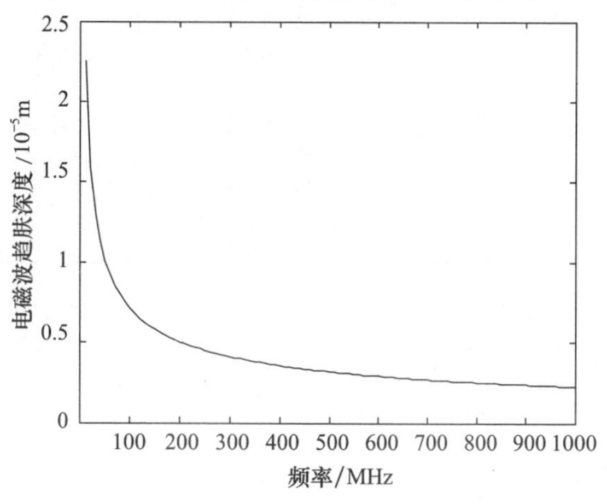

图 8－16 电磁波在金属铜内的趋肤深度随频率的变化曲线

图 8 - 17 分别给出了 3 种不同半径的双导体传输线终端负载上的频域电流响应的平均值和最大值。可以看出,随着半径尺寸的增加,无论频域感应电流幅值的平均值还是最大值都会随之增大。这是可以理解的,金属导体的阻抗与其半径呈反比,随着半径的增加,其阻抗呈减小趋势。因此在终端负载上的响应信号呈增大的趋势。图 8 - 18 给出了不同半径条件下双导体传输线终端负载上的时域响应的平均值和最大值,由图 8 - 18 可知,半径的变化对其终端响应波形的影响并不大,在第一个响应峰值处可以看出随着导线半径尺寸的增大,其响应幅值有增大的趋势,这与频域响应结果是一致的。

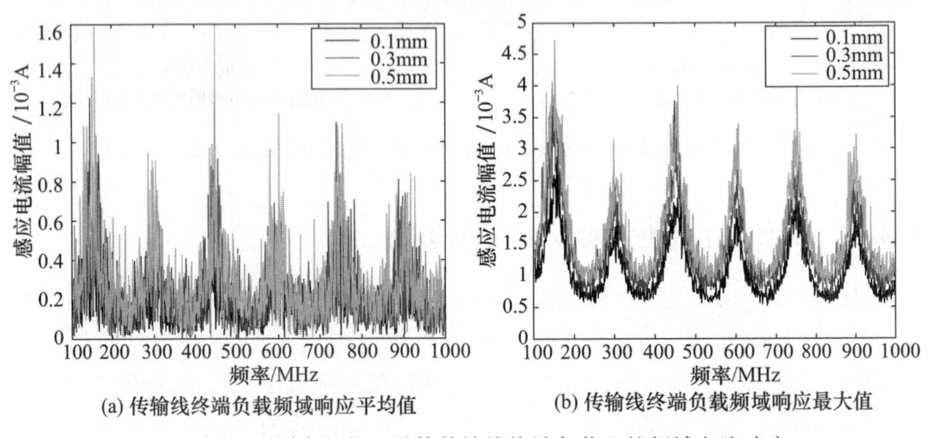

(a) 传输线终端负载频域响应平均值

(b) 传输线终端负载频域响应最大值

图 8 - 17　不同半径的双导体传输线终端负载上的频域电流响应

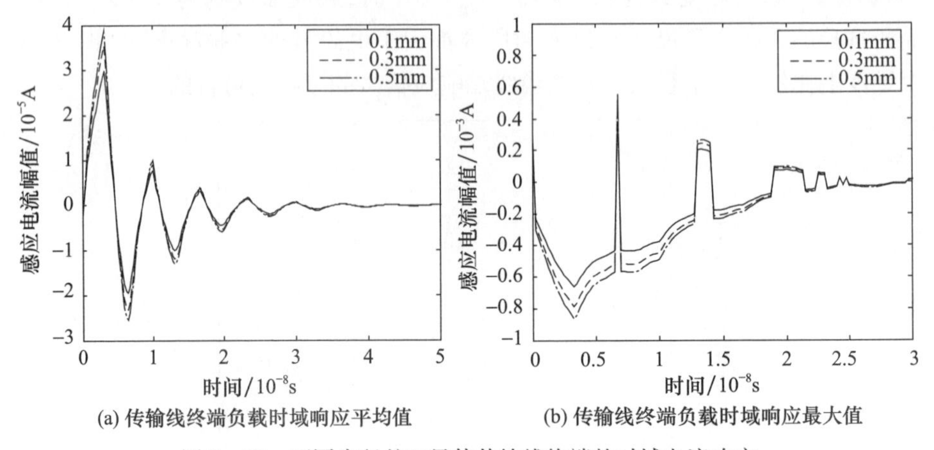

(a) 传输线终端负载时域响应平均值

(b) 传输线终端负载时域响应最大值

图 8 - 18　不同半径的双导体传输线终端的时域电流响应

8.4.5　计算重复性

蒙特卡洛方法是一种基于统计理论的计算方法,为得出其计算结果的计算误差,本节对同一个物理模型进行多次计算。选择 1m 长的双导体传输线,线间距为 0.1m,半径为 0.1mm,端接 5 倍匹配负载。

图 8－19 给出了蒙特卡洛方法多个独立搅拌位置中的感应电流最大值,与上节中的平均值对比,响应幅值明显大于平均值。这说明不同搅拌位置条件下的双导体传输线终端感应电流的幅值有所不同。需要注意的是图 8－19 中不同频率处的感应电流幅值最大值并不是在同一个独立搅拌位置条件下计算得出的,而是在每个频率下多个独立搅拌位置中最大值的集合。图 8－20 给出了多个独立搅拌位置的感应电流标准偏差,由图可知,标准偏差曲线与感应电流幅值曲线相似,在谐振频率处有明显的较大值。这说明利用蒙特卡洛方法计算时,传输线谐振频率处的响应幅值有较大的离散度。这也说明不同独立搅拌位置处的电磁场环境有差别,从而造成感应信号在谐振频率处的标准偏差较大。

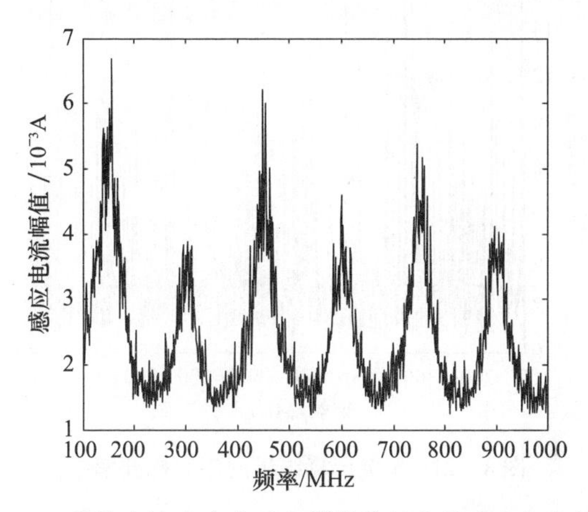

图 8－19　蒙特卡洛法多个独立搅拌位置中的感应电流最大值

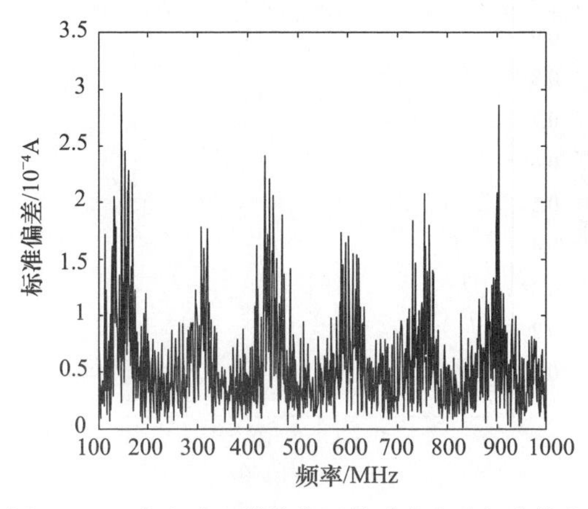

图 8－20　多个独立搅拌位置的感应电流标准偏差

以上分析了单次蒙特卡洛计算的重复性，既不同边界条件下的计算重复性，在此基础上分析多次计算的可重复性。图 8-21 给出了 5 次计算结果的相对标准偏差(relative standard deviation, RSD)，即标准偏差 SD 与计算结果的算术平均值 X_{ave} 的比值

$$\mathrm{RSD}=\frac{\mathrm{SD}}{X_{\mathrm{ave}}}\cdot 100\% \tag{8-41}$$

一般而言，当相对标准偏差小于 10% 即可认为重复性良好。图 8-22 给出了相对标准偏差的累积概率密度分布，由图可知，超过 95% 以上的相对标准偏差都小于 10%，说明利用该方法的可重复性良好。

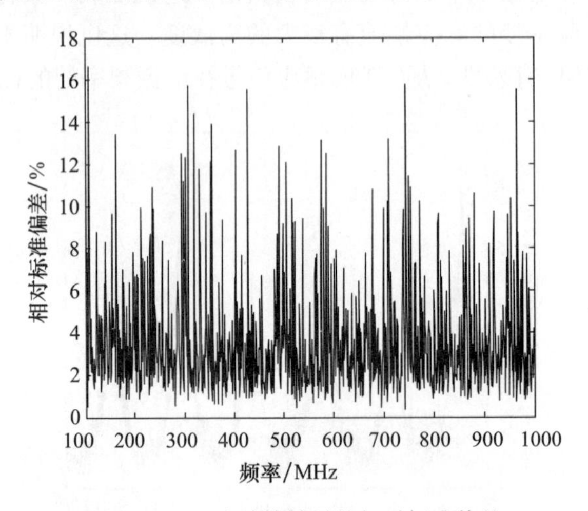

图 8-21　5 次计算结果的相对标准偏差

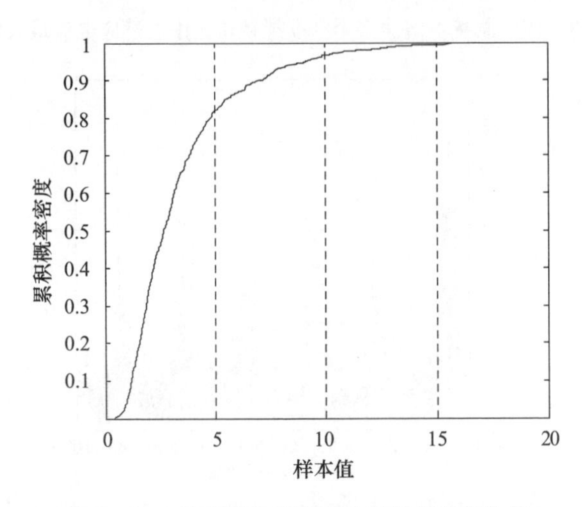

图 8-22　相对标准偏差的累积概率密度分布

8.4.6　感应电流分布规律

本节利用蒙特卡洛方法计算研究感应电流分布规律。图 8－23 给出了双导体传输线终端感应电流的实部和虚部累积概率密度与标准正态分布的对比曲线。由图可知,无论是感应电流的实部还是虚部,都与理想正态分布的累积概率密度一致,服从正态分布。图 8－24 给出的是双导体传输线终端感应电流幅值的累积概率密度与理想瑞利分布对比曲线,由图可知,感应电流幅值服从瑞利分布。传输线终端负载感应电流幅值的平方则服从指数分布,如图 8－25 所示。而混响室内电磁场分布规律是已知的,电场分量的实部和虚部服从理想正态分布,电场分量幅值服从瑞利分布,幅值平方服从指数分布。因此,可以说明混响室全向辐照条件下的双导体传输线终端感应电流分布规律与混响室内电磁场环境有相同的分布规律,见表 8－1。

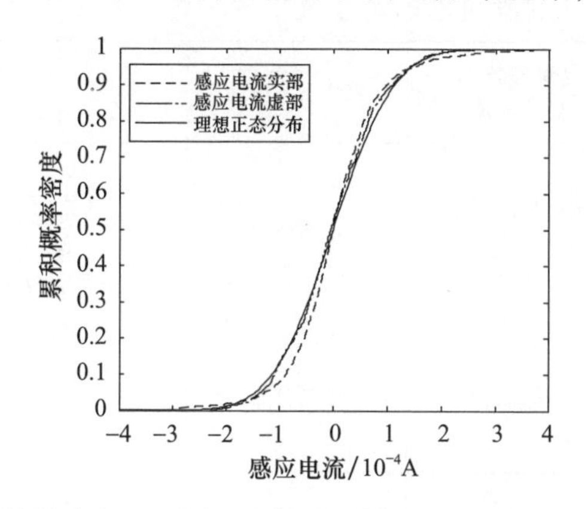

图 8－23　传输线终端感应电流实部、虚部累积概率密度与标准正态分布的对比曲线

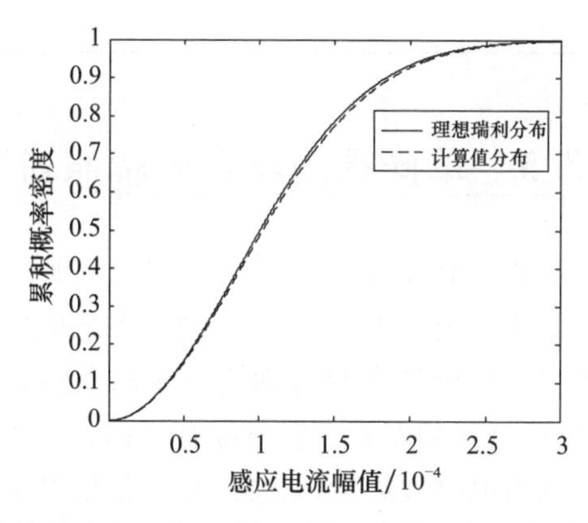

图 8－24　传输线终端感应电流幅值的累积概率密度与理想瑞利分布的对比曲线

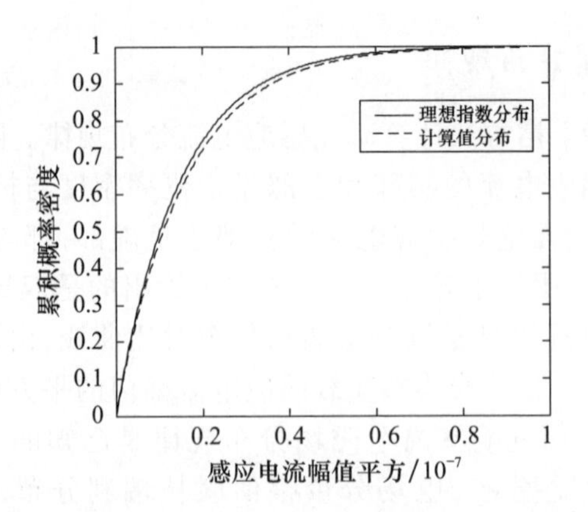

图 8-25　传输线终端感应电流幅值平方与理想指数分布累积概率密度曲线

表 8-1　混响室内电磁场量及传输线终端感应电流分布模型

混响室内电磁场量	传输线终端感应电流	分布规律	分布模型
$\mathrm{Re}(E_{x,y,z})$，$\mathrm{Im}(E_{x,y,z})$	$\mathrm{Re}(I_{\text{induced}})$，$\mathrm{Im}(I_{\text{induced}})$	正态分布	$f(R)=\frac{1}{\sqrt{2\pi}\sigma^2}\exp\left(-\frac{(R-\mu)^2}{2\sigma^2}\right)$ $R=\begin{cases}\mathrm{Re}(R')\\ \mathrm{Im}(I')\end{cases},R'=E_{x,y,z},I_{\text{induced}}$
$\|E_{x,y,z}\|$	$\|I_{\text{induced}}\|$	瑞利分布	$f(\|R\|)=\frac{\|R\|}{\sigma^2}\exp\left(-\frac{\|R\|^2}{2\sigma^2}\right)$ $R=E_{x,y,z},I_{\text{induced}}$
$\|E_{x,y,z}\|^2$	$\|I_{\text{induced}}\|^2$	指数分布	$f(\|R\|)=\frac{1}{2\sigma^2}\exp\left(-\frac{\|R\|^2}{2\sigma^2}\right)$ $R=E_{x,y,z},I_{\text{induced}}$

8.5　单向辐照与全向辐照对比

对比第 8.1 节与第 8.4 节可知，平面电磁波单向辐照和全向辐照条件下对双导体传输线的耦合规律有很大不同，具体表现为①感应信号幅值及分布的不同。不同入射方向的平面电磁波会对传输线终端耦合感应信号的幅值有很大影响，这与入射平面波的极化角度和入射角度有关；而全向辐照条件下，选取一定的独立搅拌位置及入射电磁波数量，其感应信号幅值基本不变。②单向辐照电磁波辐照条件下，传输线终端负载感应信号不会服从任何分布规律；全向辐照条件下,负载感应信号服从一定的分布规律。

需要注意的是,在电磁兼容测试中,采用单向辐照和全向辐照是两种截然不同的测试方法,反映不同的电磁环境,并无优劣之分。两者都可以作为电子设备进行电磁兼容测试时的有效平台。传统的电磁兼容测试场地,如电波暗室、GTEM 室以及开阔场采用单向辐照的干扰方法,具有非常规范的测试标准。但测试过程中需要改变受试设备的放置姿态,需要较长的测试时间,且随着放置姿态的不同,其测试结果也会有所差别。对于全向辐照,如在混响室内进行电磁兼容测试,则没有非常明确的测试标准,还需要进行研究。

第9章 混响室环境下线缆网络电磁耦合规律

在现代电子系统中，外接线缆是单导体传输线的情况较为少见，更为普遍的情况是外接线缆为多导体传输线及传输线网络，传输线网络在“全向辐照”电磁辐射环境条件下的电磁能量耦合关系到电子设备能否正常工作。因此，研究多导体传输线终端及传输线网络各节点处的电磁响应规律，对系统级电子设备的电磁防护有重要的指导意义。

9.1 多导体传输线

为开展多导体传输线在混响室环境下的响应规律研究，首先推导出多导体传输线在单向电磁波辐照下的电报方程组，再利用蒙特卡洛方法将其推广到适合混响室内“全向辐照”电磁环境，而后选择平行排列多导体传输线作为客体，研究其响应规律。

9.1.1 多导体传输线 MLT 方程

多导体传输线系统如图 9-1 所示，包含 $n+1$ 根导体。其中导体为均匀良导体，且与 z 轴平行。为了推导出多导体传输线方程，根据法拉第定律在图 9-1 中曲线内积分，该曲线位于参考导体和第 i 个导体之间，以顺时针方向围绕着表面 S_i，由法拉第定律可知

$$\int_{c_i} \boldsymbol{E} \cdot \mathrm{d}l = \frac{\mathrm{d}}{\mathrm{d}t} \int_{s_i} \boldsymbol{B} \cdot \mathrm{d}s \tag{9-1}$$

即

$$\int_{a}^{a'} \boldsymbol{E}_t \cdot \mathrm{d}l + \int_{a'}^{b'} \boldsymbol{E}_l \cdot \mathrm{d}l + \int_{b'}^{b} \boldsymbol{E}_t \cdot \mathrm{d}l + \int_{b}^{a} \boldsymbol{E}_l \cdot \mathrm{d}l = \frac{d}{\mathrm{d}t} \int_{s_i} \boldsymbol{B} \cdot \boldsymbol{a}_n \mathrm{d}s \tag{9-2}$$

式中：$\boldsymbol{E}_l$ 和 $\boldsymbol{E}_t$ 如图 9-1 所示，分别为平行或垂直于导体的切向电场和法向电场。由前文可知，导体中响应信号是由入射场和散射场共同作用的结果。这

里,分析多导体传输线的响应信号,同样区分入射场和散射场。入射场由外部激励源提供,散射场则是由导体上的响应信号产生。总的电磁场则是入射场和散射场之和。因此,有

$$\begin{aligned}\boldsymbol{E}_t(x,y,z) &= \boldsymbol{E}_t^{\mathrm{scat}}(x,y,z) + \boldsymbol{E}_t^{\mathrm{inc}}(x,y,z)\\ \boldsymbol{E}_l(x,y,z) &= \boldsymbol{E}_l^{\mathrm{scat}}(x,y,z) + \boldsymbol{E}_l^{\mathrm{inc}}(x,y,z)\\ \boldsymbol{B}(x,y,z) &= \boldsymbol{B}^{\mathrm{scat}}(x,y,z) + \boldsymbol{B}^{\mathrm{inc}}(x,y,z)\end{aligned} \tag{9-3}$$

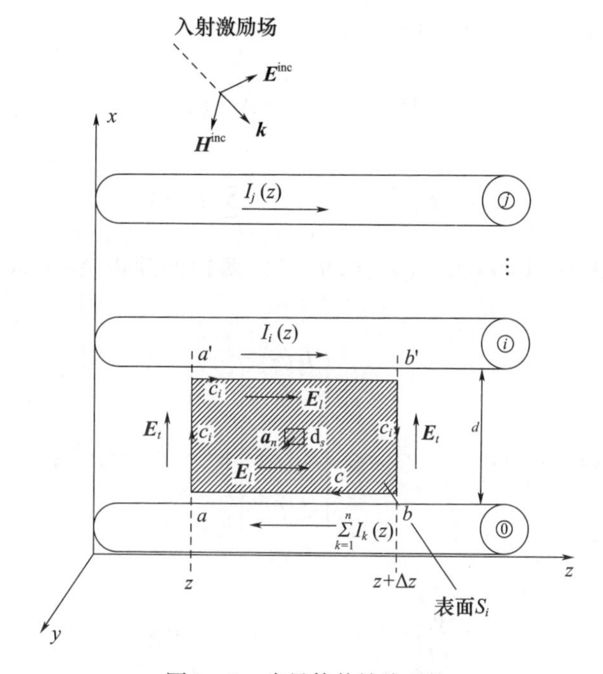

图9-1 多导体传输线系统

给出几个假设:①假设导体上的电流沿着z方向流动,则散射磁场完全存在于横截面上;②根据散射磁场的横向性质,散射场可由产生该磁场的电流与单位长度电感表示。

根据假设①可知,沿导体方向没有散射磁场,则法拉第感应定律可唯一定义作用于第i根导体和参考导体之间散射电压,且与横向平面上的路径无关,即

$$\begin{aligned}\boldsymbol{V}_i^{\mathrm{scat}}(x,y,z) &= -\int_a^{a'} \boldsymbol{E}_t^{\mathrm{scat}}(x,y,z)\cdot \mathrm{d}l\\ \boldsymbol{V}_i^{\mathrm{scat}}(x,y,z+\Delta z) &= -\int_b^{b'} \boldsymbol{E}_t^{\mathrm{scat}}(x,y,z+\Delta z)\cdot \mathrm{d}l\end{aligned} \tag{9-4}$$

根据假设②,散射磁场可由产生该磁场的电流与单位长度电感表示为

$$\lim_{\Delta z \to 0} \frac{1}{\Delta z} \int_{s_i} \boldsymbol{B}^{\mathrm{scat}} \cdot \boldsymbol{a}_n \mathrm{d}s = -[l_{i1} \cdots l_{ii} \cdots l_{in}] \begin{bmatrix} I_1(z) \\ \vdots \\ I_i(z) \\ \vdots \\ I_n(z) \end{bmatrix} \tag{9-5}$$

纵向电场与导体上电流之间的关系为

$$-\int_{a'}^{b'} \boldsymbol{E}_l \cdot \mathrm{d}l = -r_i \Delta z \boldsymbol{I}_i(z)$$

$$-\int_{b}^{a} \boldsymbol{E}_l \cdot \mathrm{d}l = -r_0 \Delta z \sum_{k=1}^{n} I_k(z) \tag{9-6}$$

将式(9-3)~式(9-6)代入式(9-2),两边同除以 Δz 并取 Δz 趋向于零的极限可得

$$\frac{\partial}{\partial z} \boldsymbol{V}_i^{\mathrm{scat}}(z) + [r_0 \cdots r_i + r_0 \cdots r_0] \begin{bmatrix} I_1(z) \\ \vdots \\ I_i(z) \\ \vdots \\ I_n(z) \end{bmatrix} + \frac{\partial}{\partial t} [l_{i1} \cdots l_{ii} \cdots l_{in}] \begin{bmatrix} I_1(z) \\ \vdots \\ I_i(z) \\ \vdots \\ I_n(z) \end{bmatrix}$$

$$= \frac{\partial}{\partial z} \int_{a}^{a'} \boldsymbol{E}_t^{\mathrm{inc}} \cdot \mathrm{d}l + \frac{\partial}{\partial t} \int_{s_i} \boldsymbol{B}^{\mathrm{inc}} \cdot a_n \mathrm{d}l \tag{9-7}$$

对其他导体重复以上步骤,并整理成矩阵形式为

$$\frac{\partial}{\partial z} \boldsymbol{V}_i^{\mathrm{scat}}(z) + \boldsymbol{RI}(z) + \boldsymbol{L} \frac{\partial}{\partial t} \boldsymbol{I}(z)$$

$$= \begin{bmatrix} \vdots \\ \frac{\partial}{\partial z} \int_{a}^{a'} \boldsymbol{E}_t^{\mathrm{inc}} \cdot \mathrm{d}l + \frac{\partial}{\partial t} \int_{s_i} \boldsymbol{B}^{inc} \cdot \boldsymbol{a}_n \mathrm{d}l \\ \vdots \end{bmatrix} \tag{9-8}$$

对第 i 根导体设置一个闭合表面,如图 9-2 所示。由电荷守恒定律可知

$$\iint_{s_i'} \boldsymbol{J} \cdot \mathrm{d}s' = -\frac{\partial}{\partial t} Q \tag{9-9}$$

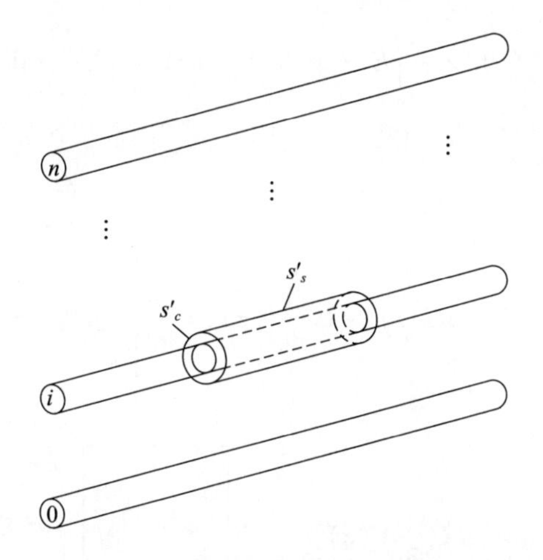

图 9-2　围绕一根导线的封闭曲面

对于该闭合表面顶部部分 s'_e，有

$$\iint_{s'_e} \boldsymbol{J} \cdot \mathrm{d}s' = I_i(z + \Delta z) - I_i(z) \tag{9-10}$$

依然用散射电压定义单位长度电导矩阵和电容矩阵，即

$$I_{ti}(z) = \lim_{\Delta z \to 0} \frac{1}{\Delta z} \iint_{s'_e} \boldsymbol{J} \cdot \mathrm{d}s' = \left[-g_{il} \cdots \sum_{k=1}^{n} g_{ik} \cdots -g_{in} \right] \begin{bmatrix} V_1^{\mathrm{scat}}(z) \\ \vdots \\ V_i^{\mathrm{scat}}(z) \\ \vdots \\ V_n^{\mathrm{scat}}(z) \end{bmatrix} \tag{9-11}$$

$$\lim_{\Delta z \to 0} \frac{Q_{\mathrm{enc}}}{\Delta z} = \left[-c_{il} \cdots \sum_{k=1}^{n} c_{ik} \cdots -c_{in} \right] \begin{bmatrix} V_1^{\mathrm{scat}}(z) \\ \vdots \\ V_i^{\mathrm{scat}}(z) \\ \vdots \\ V_n^{\mathrm{scat}}(z) \end{bmatrix} \tag{9-12}$$

将式(9-10)~式(9-12)代入式(9-9)，两边同除以 Δz 并取 Δz 趋向于零的极限，可得

$$\frac{\partial}{\partial z}\boldsymbol{I}(z) + \boldsymbol{G}\boldsymbol{V}^{\mathrm{scat}}(z) + \boldsymbol{C}\frac{\partial}{\partial t}\boldsymbol{V}^{\mathrm{scat}}(z) = 0 \tag{9-13}$$

需要注意的是，式(9-8)和式(9-13)中的电压为散射电压而非总电压，若是用总电压表示上述结果，可得总电场表示总的电压为

$$\boldsymbol{V}_i(z) = -\int_a^{a'} \boldsymbol{E}_t \cdot \mathrm{d}l = \boldsymbol{V}_i^{\mathrm{scat}}(z) - \int_a^{a'} \boldsymbol{E}_t^{\mathrm{inc}} \cdot \mathrm{d}l \tag{9-14}$$

将式(9－14)代入式(9－8)和式(9－13),可得到两个多导体频域传输线方程为

$$\frac{\partial}{\partial z}\boldsymbol{V}(z) + \boldsymbol{R}\boldsymbol{I}(z) + \boldsymbol{L}\frac{\partial}{\partial t}\boldsymbol{I}(z) = \frac{\partial}{\partial t}\begin{bmatrix} \vdots \\ \int_a^{a'} \boldsymbol{B}^{\mathrm{inc}} \cdot \boldsymbol{a}_n \mathrm{d}l \\ \vdots \end{bmatrix} \tag{9-15}$$

$$\frac{\partial}{\partial z}\boldsymbol{I}(z) + \boldsymbol{G}\boldsymbol{V}(z) + \boldsymbol{C}\frac{\partial}{\partial t}\boldsymbol{V}(z) = -\boldsymbol{G}\begin{bmatrix} \vdots \\ \int_a^{a'} \boldsymbol{E}_t^{\mathrm{inc}} \cdot \mathrm{d}l \\ \vdots \end{bmatrix} - \boldsymbol{C}\frac{\partial}{\partial t}\begin{bmatrix} \vdots \\ \int_a^{a'} \boldsymbol{E}_t^{\mathrm{inc}} \cdot \mathrm{d}l \\ \vdots \end{bmatrix} \tag{9-16}$$

其中,n 个导体上的电压和电流表示为

$$\boldsymbol{V}(z) = \begin{bmatrix} V_1(z) \\ \vdots \\ V_i(z) \\ \vdots \\ V_n(z) \end{bmatrix} \tag{9-17}$$

$$\boldsymbol{I}(z) = \begin{bmatrix} I_1(z) \\ \vdots \\ I_i(z) \\ \vdots \\ I_n(z) \end{bmatrix} \tag{9-18}$$

观察式(9－15)和式(9－16),方程右边都是与入射电磁场相关的积分表达式。计算时非常不方便,需要将其转化为传输线上等效分布电源。令

$$\boldsymbol{V}_F(z) = \frac{\partial}{\partial t}\begin{bmatrix} \vdots \\ \int_a^{a'} \boldsymbol{B}^{\mathrm{inc}} \cdot \boldsymbol{a}_n \mathrm{d}l \\ \vdots \end{bmatrix} \tag{9-19}$$

$$\boldsymbol{I}_F(z) = -\boldsymbol{G}\begin{bmatrix}\vdots \\ \int_a^{a'}\boldsymbol{E}_t^{\mathrm{inc}}\cdot \mathrm{d}l \\ \vdots\end{bmatrix} - \boldsymbol{C}\frac{\partial}{\partial t}\begin{bmatrix}\vdots \\ \int_a^{a'}\boldsymbol{E}_t^{\mathrm{inc}}\cdot \mathrm{d}l \\ \vdots\end{bmatrix} \tag{9-20}$$

则式(9-15)和式(9-16)可写为

$$\frac{\partial}{\partial z}\boldsymbol{V}(z) + \boldsymbol{R}\boldsymbol{I}(z) + \boldsymbol{L}\frac{\partial}{\partial t}\boldsymbol{I}(z) = \boldsymbol{V}_F(z) \tag{9-21}$$

$$\frac{\partial}{\partial z}\boldsymbol{V}(z) + \boldsymbol{R}\boldsymbol{I}(z) + \boldsymbol{L}\frac{\partial}{\partial t}\boldsymbol{I}(z) = \boldsymbol{I}_F(z) \tag{9-22}$$

对于 $n+1$ 根导体，入射电场横向分量产生的等效电源为

$$\begin{aligned}\boldsymbol{E}_{Tk}(L) &= \int_a^{a'}\boldsymbol{E}^{\mathrm{inc}}\cdot \mathrm{d}l = \boldsymbol{E}_0[e_x x_k + e_y y_k]\mathrm{e}^{-\mathrm{j}\beta_z L}\frac{[\mathrm{e}^{-\mathrm{j}(\beta_x x_k+\beta_y y_k)}-1]}{-\mathrm{j}(\beta_x x_k+\beta_y y_k)} \\ &= \boldsymbol{E}_0[e_x x_k + e_y y_k]\frac{\sin(\psi_k)}{\psi_k}\mathrm{e}^{-\mathrm{j}(\psi_k+\beta_z L)}\end{aligned} \tag{9-23}$$

式中：$\psi_k = \dfrac{\beta_x x_k + \beta_y y_k}{2}$；$x_k$、$y_k$ 为第 k 个导体的横截面坐标。

入射电场纵向分量产生的等效电源为

$$\begin{aligned}\boldsymbol{E}_{Lk}(z) &= \boldsymbol{E}^{\mathrm{inc}}(x_k,y_k,z) - \boldsymbol{E}^{\mathrm{inc}}(0,0,z) = \boldsymbol{E}_0 e_z \mathrm{e}^{-\mathrm{j}\beta_z z}[\mathrm{e}^{-\mathrm{j}(\beta_x x_k+\beta_y y_k)}-1] \\ &= -\mathrm{j}E_0(\beta_x x_k+\beta_y y_k)e_z\frac{\sin(\psi_k)}{\psi_k}\mathrm{e}^{-\mathrm{j}(\psi_k+\beta_z z)}\end{aligned} \tag{9-24}$$

代入式(9-19)，可得

$$\begin{aligned}\boldsymbol{V}_F(L) = &\int_0^L 0.5\,\boldsymbol{Y}^{-1}\boldsymbol{T}(\mathrm{e}^{\gamma(L-\tau)} + \mathrm{e}^{-\gamma(L-\tau)})\,\boldsymbol{T}^{-1}\boldsymbol{Y}\begin{bmatrix}\vdots \\ \boldsymbol{E}_{Lk}(\tau) \\ \vdots\end{bmatrix}\mathrm{d}\tau - \\ &\begin{bmatrix}\vdots \\ \boldsymbol{E}_{Tk}(L) \\ \vdots\end{bmatrix} + 0.5\,\boldsymbol{Y}^{-1}\boldsymbol{T}(\mathrm{e}^{\gamma L} + \mathrm{e}^{-\gamma L})\,\boldsymbol{T}^{-1}\boldsymbol{Y}\begin{bmatrix}\vdots \\ \boldsymbol{E}_{Tk}(0) \\ \vdots\end{bmatrix}\end{aligned} \tag{9-25}$$

$$\begin{aligned}\boldsymbol{I}_F(L) = &-\int_0^L 0.5\boldsymbol{T}\boldsymbol{\gamma}^{-1}(\mathrm{e}^{\gamma(L-\tau)} + \mathrm{e}^{-\gamma(L-\tau)})\,\boldsymbol{T}^{-1}\boldsymbol{\gamma}\begin{bmatrix}\vdots \\ \boldsymbol{E}_{Lk}(\tau) \\ \vdots\end{bmatrix}\mathrm{d}\tau - \\ &0.5\boldsymbol{T}\,\boldsymbol{\gamma}^{-1}(\mathrm{e}^{\gamma L} + \mathrm{e}^{-\gamma L})\,\boldsymbol{T}^{-1}\boldsymbol{\gamma}\begin{bmatrix}\vdots \\ \boldsymbol{E}_{Tk}(0) \\ \vdots\end{bmatrix}\end{aligned} \tag{9-26}$$

令

$$[\boldsymbol{M}^{\pm}]_i = E_0 e_z \left\{ e^{\gamma_i L} \frac{[1 - e^{-(\gamma_i + j\beta_z)L}]}{\gamma_i + j\beta_z} \pm e^{-\gamma_i L} \frac{[e^{(\gamma_i - j\beta_z)L} - 1]}{\gamma_i - j\beta_z} \right\} \cdot$$
$$\sum_{k=1}^{n} \left\{ -j(\beta_x x_k + \beta_y y_k) \frac{\sin(\psi_k)}{\psi_k} e^{-j\psi_k} [\boldsymbol{T}^{-1}\boldsymbol{Y}]_{ik} \right\} \tag{9-27}$$

$$[\boldsymbol{N}^{\pm}]_i = E_0 (e^{\gamma_i L} \pm e^{-\gamma_i L}) \cdot$$
$$\sum_{k=1}^{n} \left\{ (e_x x_k + e_y y_k) \frac{\sin(\psi_k)}{\psi_k} e^{-j\psi_k} [\boldsymbol{T}^{-1}\boldsymbol{Y}]_{ik} \right\} \tag{9-28}$$

则式(9-25)、式(9-26)可改写为

$$V_F(L) = 0.5\,\boldsymbol{Y}^{-1}\boldsymbol{T}\,\boldsymbol{M}^{+} - \begin{bmatrix} \vdots \\ \boldsymbol{E}_{Tk}(L) \\ \vdots \end{bmatrix} + 0.5\,\boldsymbol{Y}^{-1}\boldsymbol{T}\,\boldsymbol{N}^{+} \tag{9-29}$$

$$I_F(L) = 0.5\boldsymbol{T}\,\boldsymbol{\gamma}^{-1}\boldsymbol{M}^{-} - 0.5\boldsymbol{T}\,\boldsymbol{\gamma}^{-1}\boldsymbol{N}^{-} \tag{9-30}$$

式中:$\boldsymbol{Y}$ 为多导体传输线的 $n \times n$ 的导纳矩阵;$\boldsymbol{T}$ 为 $n \times n$ 阶的非奇异矩阵,用以对角化一个 n 阶矩阵 $\boldsymbol{A}$,即

$$\boldsymbol{T}^{-1}\boldsymbol{A}\boldsymbol{T} = \boldsymbol{\Lambda} \tag{9-31}$$

则 $\boldsymbol{\Lambda}$ 为 $n \times n$ 阶对角矩阵。

结合戴维南等值形式可得

$$\begin{bmatrix} (\boldsymbol{Z}_c + \boldsymbol{Z}_s)T & (\boldsymbol{Z}_c - \boldsymbol{Z}_s)\boldsymbol{T} \\ (\boldsymbol{Z}_c - \boldsymbol{Z}_s)Te^{-\gamma L} & (\boldsymbol{Z}_c + \boldsymbol{Z}_s)\boldsymbol{T}e^{rL} \end{bmatrix} \begin{bmatrix} I_m^+ \\ I_m^- \end{bmatrix} = \begin{bmatrix} 0 \\ -\boldsymbol{V}_F(L) + \boldsymbol{Z}_L\boldsymbol{I}_F(L) \end{bmatrix} \tag{9-32}$$

式中:I_m^+、I_m^- 为两个待定常数,与入射行波和反射行波有关。$\boldsymbol{Z}_c$、$\boldsymbol{Z}_s$ 为多导体传输线端接阻抗矩阵。从而终端电压解为

$$\boldsymbol{V}(0) = \boldsymbol{Z}\boldsymbol{T}\boldsymbol{\gamma}^{-1}[I_m^+ + I_m^-] \tag{9-33}$$

$$\boldsymbol{V}(L) = \boldsymbol{V}_F(L) + \boldsymbol{Z}\boldsymbol{T}\boldsymbol{\gamma}^{-1}[e^{-\gamma L}I_m^+ + e^{\gamma L}I_m^-] \tag{9-34}$$

根据终端约束条件,由电压解可得电流解为

$$\boldsymbol{I}(0) = -\boldsymbol{V}(0)/\boldsymbol{Z}_S \tag{9-35}$$

$$\boldsymbol{I}(L) = \boldsymbol{V}(L)/\boldsymbol{Z}_L \tag{9-36}$$

需要注意的是式(9-33)~式(9-36)给出的都是多导体受到单一方向电磁波辐照后的响应结果。而混响室中的电磁场呈现出“全向辐照”的特点,因此,与双导体传输线相同,不能将以上表达式直接用于计算混响室条件下的辐射响应。根据蒙特卡洛思想,构造 M 组 N 列电磁波以模拟混响室内电磁环境特征。通过修正 MLT 方程,使其满足混响室内多径散射的辐射场特性。

式(9-33)和式(9-34)需改写为

$$V(0)=\frac{1}{M}\sum_{m=1}^{M}\sum_{n=1}^{N}ZT\gamma^{-1}[I_m^{+}+I_m^{-}] \tag{9-37}$$

$$V(L)=\frac{1}{M}\sum_{m=1}^{M}\sum_{n=1}^{N}\{V_F(L)+ZT\gamma^{-1}[e^{-\gamma L}I_m^{+}+e^{\gamma L}I_m^{-}]\} \tag{9-38}$$

根据改写后的式(9－37)和式(9－38)可计算出混响室全向辐照条件下多导体终端电压响应,再根据式(9－35)和式(9－36)便可得出多导体传输线终端电流响应。

9.1.2　平行多导体

选择平行排列多导体,如图9－3所示,一共4根传输线,其中0号为参考导体,其横截面半径 a 为0.001m,传输线间距 d 为0.1m,传输线长度 L 为1m,传输材料为铜导体,端接50Ω负载。

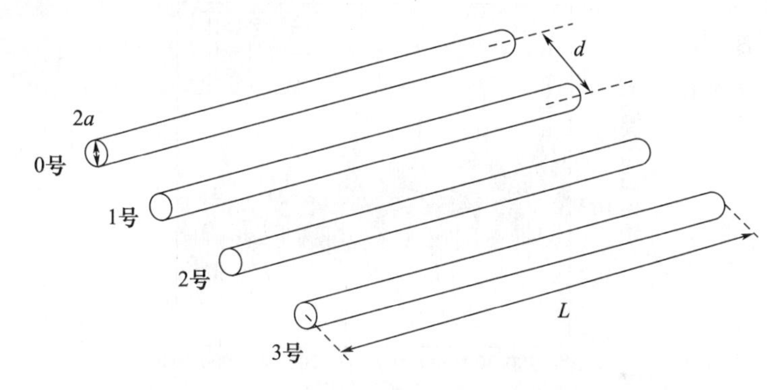

图9－3　具有4根导体的多导体传输线

平行排列情况下,假设导线间距是宽间隔的,既导线中电流和电荷分布是关于传输线轴对称的。多导体传输线单位长度参数由下列各式给出。其中,单位长度传输线的自感和互感为

$$l_{ii}=\frac{\mu}{2\pi}\ln\left(\frac{d_{i0}^2}{a_0a_i}\right)\quad l_{ij}=\frac{\mu}{2\pi}\ln\left(\frac{d_{i0}d_{j0}}{a_0d_{ij}}\right) \tag{9-39}$$

式中:a_0 为参考导体半径;a_i 为其他各导体半径;d_{i0}、d_{j0} 分别为各导体距离参考导体距离;d_{ij} 为各导体间距离。如图9－3所示平行排列多导体组合,其单位长度电感矩阵为

$$L=\begin{bmatrix} l_{11} & l_{12} & l_{13}\\ l_{21} & l_{22} & l_{23}\\ l_{31} & l_{32} & l_{33}\end{bmatrix}=\begin{bmatrix} 1.849\times10^{-6} & 1.063\times10^{-6} & -1.756\times10^{-6}\\ 1.063\times10^{-6} & 2.127\times10^{-6} & 1.283\times10^{-6}\\ -1.756\times10^{-6} & 1.283\times10^{-6} & 2.289\times10^{-6}\end{bmatrix} \tag{9-40}$$

假设多导体传输线系统为均匀介质,则单位长度电容可由单位长度电感矩阵得出

$$C=\mu\xi L^{-1}=\begin{bmatrix} 6.006\times10^{-12} & 1.044\times10^{-11} & -6.323\times10^{-12} \\ 1.044\times10^{-11} & 5.223\times10^{-12} & 8.657\times10^{-12} \\ -6.323\times10^{-12} & 8.657\times10^{-12} & 4.853\times10^{-12} \end{bmatrix} \quad (9-41)$$

图 9-4 给出了多导体终端频域感应电流,由图可知,多导体传输线终端频域感应电流响应与双导体传输线终端感应电流分布规律类似,谐振频率满足$f=nc/(2L)$关系,其中 $n=1,2,\cdots,L$ 为传输线长度,c 为真空中光速。且随着频率的增加,感应电流幅值有降低的趋势。其终端时域感应电流信号由图 9-5 给出,相较于双导体传输线,由于导体间互扰增强,其谐振效应明显增强。

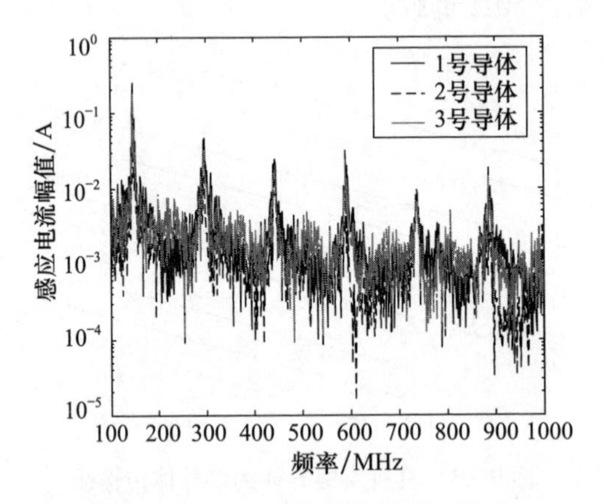

图 9-4　多导体终端频域感应电流

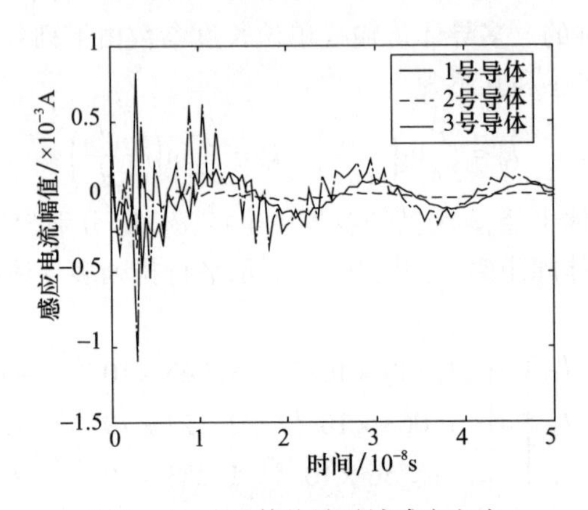

图 9-5　多导体终端时域感应电流

9.2　不规则导线终端感应电流及其分布规律

在大型武器装备中，存在大量系统互联导线及信号传输线。这些线缆不会像仿真计算中的理想模型为均匀直导线。在现实装备中，线缆排列存在大量弯曲、重叠等现象。这些不规则姿态线缆在电磁波辐照下的响应信号如何？在已发表的文献并没有对此进行研究，本节利用电磁仿真软件 FEKO，结合统计理论构建“全向辐照”的电磁环境。设置 4 种导线模型：夹角为 90°的铜导线、夹角为 45°的铜导线、半圆形及规则直铜导线，如图 9－6 所示。4 种导体的长度都为 1m，半径为 0.001m，端接不匹配负载，研究同样参数的导线在不同姿态条件下的响应规律。

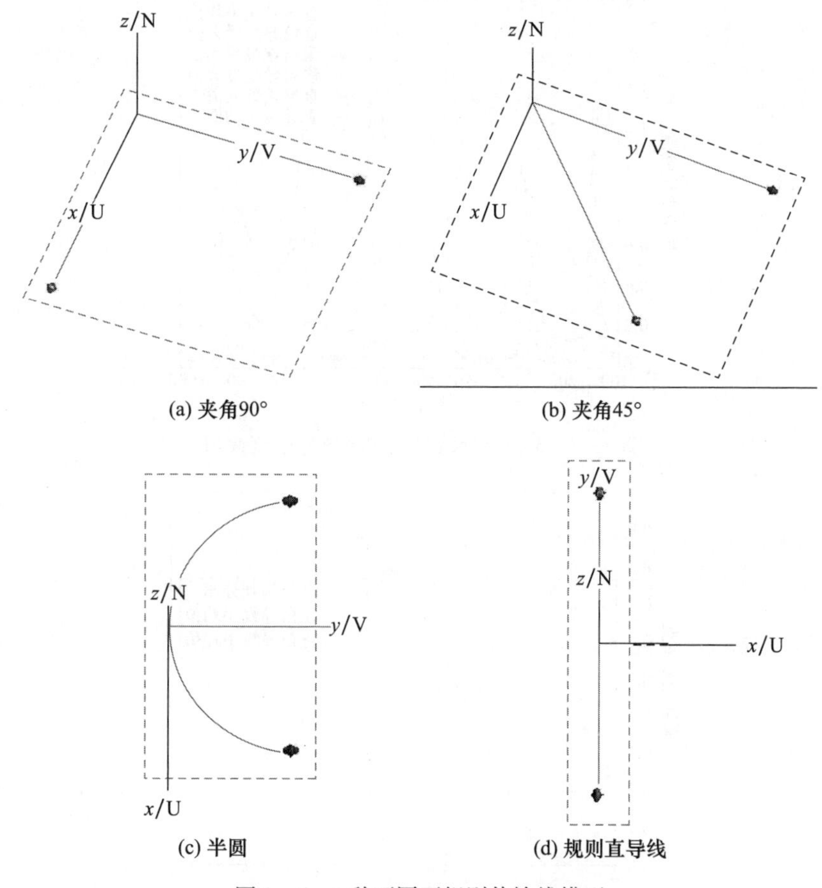

(a) 夹角90°　(b) 夹角45°

(c) 半圆　(d) 规则直导线

图 9－6　4 种不同不规则传输线模型

图9-7给出了2种不规则直导线和规则直导线终端感应电流幅值的平均值和最大值，由图可知，2种有方向改变的铜直导线的谐振频率没有受到影响，依然是150MHz、300MHz、450MHz、600MHz、750MHz、900MHz，服从$f = nc/(2L)$关系。感应电流幅值方面，除了第一个谐振频率150MHz处，其余谐振频点处锐角直导线的感应电流平均值和最大值都大于相应的直角导线的感应电流幅值。因此，当导线中出现折点后，其终端感应电流幅值要大于规则直导线终端感应电流幅值。

图9-8给出了2种不规则直导线终端感应电流幅值分布规律与理想瑞利分布对比曲线，由图可知，无论是锐角导线还是直角导线，其终端感应电流平均值都服从瑞利分布。这与平行直导线的结论是相同的，说明导线上出现折角并不会影响其终端感应电流的分布规律，但折角大小的改变会影响其幅值。

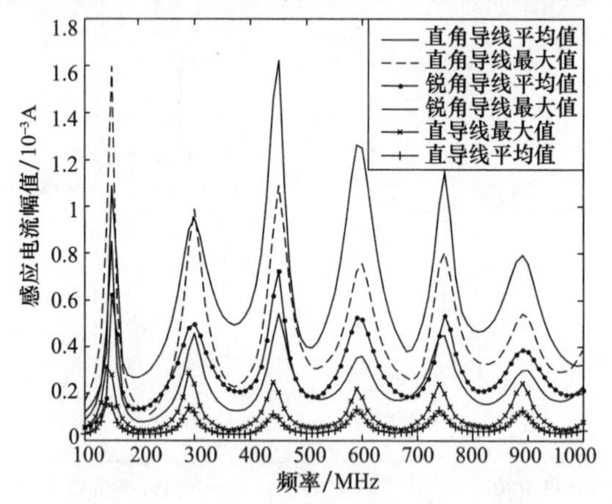

图9-7　3种直导线终端频域感应电流幅值

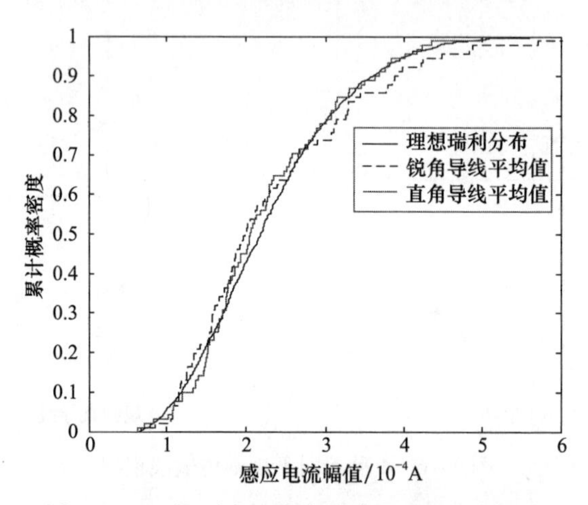

图9-8　不规则直导线终端感应电流分布规律

图9－9给出了半圆形导线与规则直导线终端感应电流幅值，由图可知，无论是最大值还是平均值，半圆形导线的终端感应电流幅值都要大于规则直导线的终端感应电流。图9－10给出了终端感应电流幅值的分布规律与理想瑞利分布的对比曲线，可知，半圆形导线的终端感应电流也是服从瑞利分布的。结合图9－8，说明无论传输线形状如何，其在混响室环境下的终端感应电流幅值分布规律与混响室内电场强度幅值服从相同的分布规律。

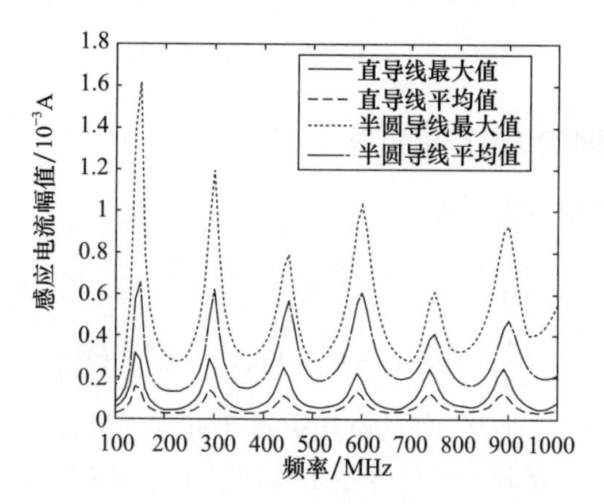

图9－9　半圆形导线终端频域感应电流幅值

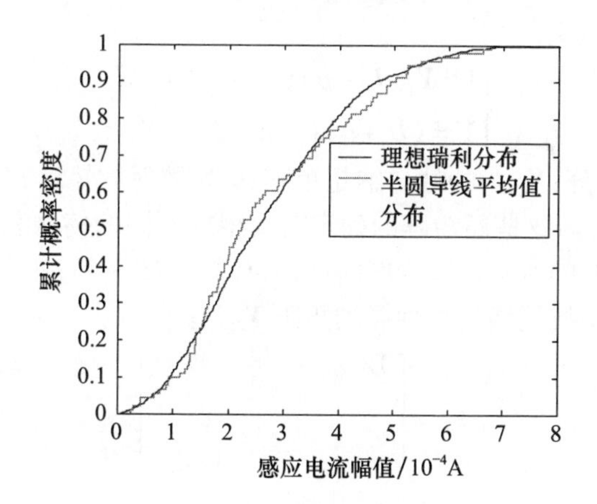

图9－10　半圆形导线终端感应电流分布规律

9.3　传输线网络

本节研究传输线网络各节点处的响应规律。图9－11给出了一种传输线网络结构。

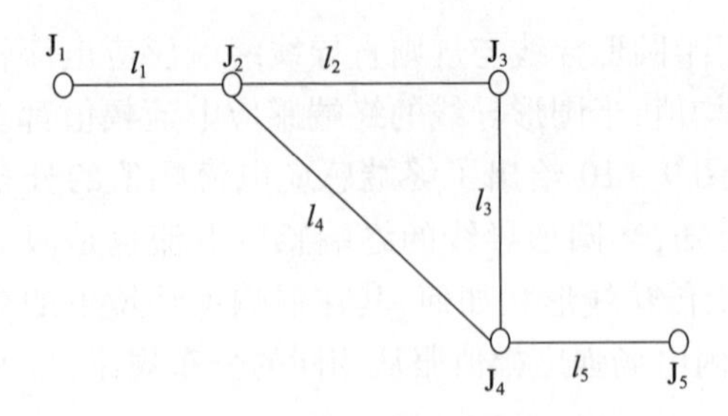

图 9-11　传输线网络电磁拓扑模型

9.3.1　传输线网络 BLT 超矩阵方程

频域多导体传输线方程为

$$\begin{cases}\dfrac{d}{\mathrm{d}z}\boldsymbol{V}_n(z) = -\boldsymbol{Z'}_{n,m}\boldsymbol{I}_n(z) + \boldsymbol{V}_n^{(S)}(z)\\ \dfrac{d}{\mathrm{d}z}\boldsymbol{I}_n(z) = -\boldsymbol{Y'}_{n,m}\boldsymbol{V}_n(z) + \boldsymbol{I}_n^{(S)}(z)\end{cases} \tag{9-42}$$

式中：$\boldsymbol{V}_n(z)$ 和 $\boldsymbol{I}_n(z)$ 分别为 z 处的电压矢量和电流矢量；$\boldsymbol{Z'}_{n,m}$ 和 $\boldsymbol{Y'}_{n,m}$ 分别为传输线网络的单位阻抗矩阵和单位导纳矩阵；$\boldsymbol{V}_n^{(S)}(z)$ 和 $\boldsymbol{I}_n^{(S)}(z)$ 分别为电压源矢量和电流源矢量。

方程通解为

$$\begin{cases}\boldsymbol{I} = \boldsymbol{Y}_C(\boldsymbol{U} - \boldsymbol{\rho})(-\boldsymbol{\rho} + \boldsymbol{\Gamma})^{-1}\boldsymbol{S}\\ \boldsymbol{V} = (\boldsymbol{U} + \boldsymbol{\rho})(-\boldsymbol{\rho} + \boldsymbol{\Gamma})^{-1}\boldsymbol{S}\end{cases} \tag{9-43}$$

式中：$\boldsymbol{U}$ 为单位矩阵；$\boldsymbol{Y}_C$ 为特性导纳超矩阵；$\boldsymbol{\rho}$ 为散射超矩阵；$\boldsymbol{\Gamma}$ 为传播超矩阵；$\boldsymbol{S}$ 为激励源超矩阵。这些超矩阵的确定需要根据不同的传输线网络结构确定。

根据图 9-11 中所示传输线网络结构，计算式(9-43)中各超矩阵。

对于无损传输线网络的特性导纳矩阵 $\boldsymbol{Y}_C$，有

$$\boldsymbol{Y}_C = \begin{bmatrix} 1/Z_{C_1} & & \\ & \ddots & \\ & & 1/Z_{C_n} \end{bmatrix} \tag{9-44}$$

式中：Z_C 为传输线网络各管道的特性阻抗。

传输线网络各节点处的电压散射矩阵为

$$[\boldsymbol{S}_{n,m}] = \begin{bmatrix} [-C_{V_{n,m}}] \\ [C_{I_{n,m}}][Y_{c_{n,m}}] \end{bmatrix}^{-1} \cdot \begin{bmatrix} [C_{V_{n,m}}] \\ [C_{I_{n,m}}][Y_{c_{n,m}}] \end{bmatrix} \tag{9-45}$$

对于节点 J$_1$，有 $(\boldsymbol{S}_{n,m})_{\mathrm{J}_1} = 0$。

对于节点 J$_2$，有

$$
(\boldsymbol{S}_{n,m})_{\mathrm{J}_2}=\begin{bmatrix} -1 & 1 & 0 \\ 0 & -1 & 1 \\ (Y_{C_{n,m}})_{T_0} & (Y_{C_{n,m}})_{T_1} & (Y_{C_{n,m}})_{T_3} \end{bmatrix}^{-1}\cdot
\begin{bmatrix} 1 & -1 & 0 \\ 0 & 1 & -1 \\ (Y_{C_{n,m}})_{T_0} & (Y_{C_{n,m}})_{T_1} & (Y_{C_{n,n}})_{T_3} \end{bmatrix}
=\begin{bmatrix} -\frac{1}{3} & \frac{2}{3} & \frac{2}{3} \\ \frac{2}{3} & -\frac{1}{3} & \frac{2}{3} \\ \frac{2}{3} & \frac{2}{3} & -\frac{1}{3} \end{bmatrix} \tag{9-46}
$$

对于节点 J_3 和节点 J_4，有

$$
(\boldsymbol{S}_{n,m})_{\mathrm{J}_3}=\begin{bmatrix} 0 & 1 \\ 1 & 0 \end{bmatrix},(\boldsymbol{S}_{n,m})_{\mathrm{J}_4}=\begin{bmatrix} -\frac{1}{3} & \frac{2}{3} & \frac{2}{3} \\ \frac{2}{3} & -\frac{1}{3} & \frac{2}{3} \\ \frac{2}{3} & \frac{2}{3} & -\frac{1}{3} \end{bmatrix} \tag{9-47}
$$

对于节点 J_5，采用匹配阻抗法可得

$$
(\boldsymbol{S}_{n,m})_{\mathrm{J}_5}=\frac{\boldsymbol{Z}_L-\boldsymbol{Z}_c}{\boldsymbol{Z}_L+\boldsymbol{Z}_c}=0 \tag{9-48}
$$

综合 5 个节点处散射矩阵，可得整个传输线网络的散射超矩阵为

$$
\boldsymbol{\rho}=(\boldsymbol{S}_{n,m})=\begin{bmatrix}
0 & 0 & 0 & 0 & 0 & 0 & 0 & 0 & 0 & 0 \\
-\frac{1}{3} & 0 & 0 & 0 & \frac{2}{3} & 0 & \frac{2}{3} & 0 & 0 & 0 \\
\frac{2}{3} & 0 & 0 & 0 & -\frac{1}{3} & 0 & \frac{2}{3} & 0 & 0 & 0 \\
\frac{2}{3} & 0 & 0 & 0 & \frac{2}{3} & 0 & -\frac{1}{3} & 0 & 0 & 0 \\
0 & 0 & 0 & 0 & 0 & 0 & 0 & 1 & 0 & 0 \\
0 & 0 & 1 & 0 & 0 & 0 & 0 & 0 & 0 & 0 \\
0 & 0 & 0 & -\frac{1}{3} & 0 & \frac{2}{3} & 0 & 0 & 0 & \frac{2}{3} \\
0 & 0 & 0 & \frac{2}{3} & 0 & -\frac{1}{3} & 0 & 0 & 0 & \frac{2}{3} \\
0 & 0 & 0 & \frac{2}{3} & 0 & \frac{2}{3} & 0 & 0 & 0 & -\frac{1}{3} \\
0 & 0 & 0 & 0 & 0 & 0 & 0 & 0 & 0 & 0
\end{bmatrix} \tag{9-49}
$$

传播超矩阵的各子矩阵为传输线网络中各管道的传输常数，定义为

$$\boldsymbol{\Gamma}=\begin{bmatrix} \mathrm{e}^{\gamma_1 l_1} & & 0 \\ & \ddots & \\ 0 & & \mathrm{e}^{\gamma_i l_i} \end{bmatrix} \tag{9-50}$$

激励源采用 Agrawal 散射电压公式，式(9－51)给出了传输线网络在外部电磁波辐照下的激励源超矩阵。其中：$V^i(x)$ 为各管道上的分布激励源；$V^i{}_1$ 和 V_2^i 分别为各管道终端的集总激励源；$\boldsymbol{T}$ 为 $n\times n$ 阶的非奇异矩阵，用以对角化一个 n 阶矩阵。

$$\boldsymbol{S}=\begin{bmatrix} 0.5\int_0^{l_1}\boldsymbol{T}\mathrm{e}^{\gamma_1 x}\boldsymbol{T}^{-1}V^1(x)\mathrm{d}x-0.5V_1^1+0.5V_2^1\boldsymbol{T}\mathrm{e}^{\gamma_1 l_1}\boldsymbol{T}^{-1} \\ -0.5\int_0^{l_1}\boldsymbol{T}\mathrm{e}^{\gamma_1(l_1-x)}\boldsymbol{T}^{-1}V^1(x)\mathrm{d}x+0.5V_1^1\boldsymbol{T}\mathrm{e}^{\gamma_1 l_1}\boldsymbol{T}^{-1}-0.5V_2^1 \\ \vdots \\ 0.5\int_0^{l_i}\boldsymbol{T}\mathrm{e}^{\gamma_i x}\boldsymbol{T}^{-1}V^i(x)\mathrm{d}x-0.5V_1^i+0.5V_2^i\boldsymbol{T}\mathrm{e}^{\gamma_i l_i}\boldsymbol{T}^{-1} \\ -0.5\int_0^{l_i}\boldsymbol{T}\mathrm{e}^{\gamma_i(l_i-x)}\boldsymbol{T}^{-1}V^i(x)\mathrm{d}x+0.5V_1^i\boldsymbol{T}\mathrm{e}^{\gamma_i l_i}\boldsymbol{T}^{-1}-0.5V_2^i \end{bmatrix} \tag{9-51}$$

至此，多导体传输线频域方程中所需的各超矩阵参数都已经给出。式(9－43)的通解只适用于单一平面波辐照，对其进行补充修正以满足混响室内“全向辐照”电磁环境，修正后为

$$\begin{cases} \boldsymbol{I}_t=\dfrac{1}{M}\displaystyle\sum_{m=1}^{M}\sum_{n=1}^{N}\boldsymbol{Y}_C(\boldsymbol{U}-\boldsymbol{\rho})(-\boldsymbol{\rho}+\boldsymbol{\Gamma})^{-1}\boldsymbol{S} \\ \boldsymbol{V}_t=\dfrac{1}{M}\displaystyle\sum_{m=1}^{M}\sum_{n=1}^{N}(\boldsymbol{U}+\boldsymbol{\rho})(-\boldsymbol{\rho}+\boldsymbol{\Gamma})^{-1}\boldsymbol{S} \end{cases} \tag{9-52}$$

式中：N 为混响室一个边界条件下的入射电磁波数量；M 为混响室一个搅拌周期内的边界条件数量。

9.3.2 环形网络

本节中，环形传输线网络采用图 9－11 中所示结构，各管道长度分别为 $l_1=1\mathrm{m}$，$l_2=2\mathrm{m}$，$l_3=2\mathrm{m}$，$l_4=2\mathrm{m}$，$l_5=1\mathrm{m}$。节点 J_1、节点 J_5 端接 50Ω 负载。环形传输线网络采用规则铜导体直导线，半径为 0.001m。图 9－12 给出了传输线网络结构中 5 个节点的频域响应。

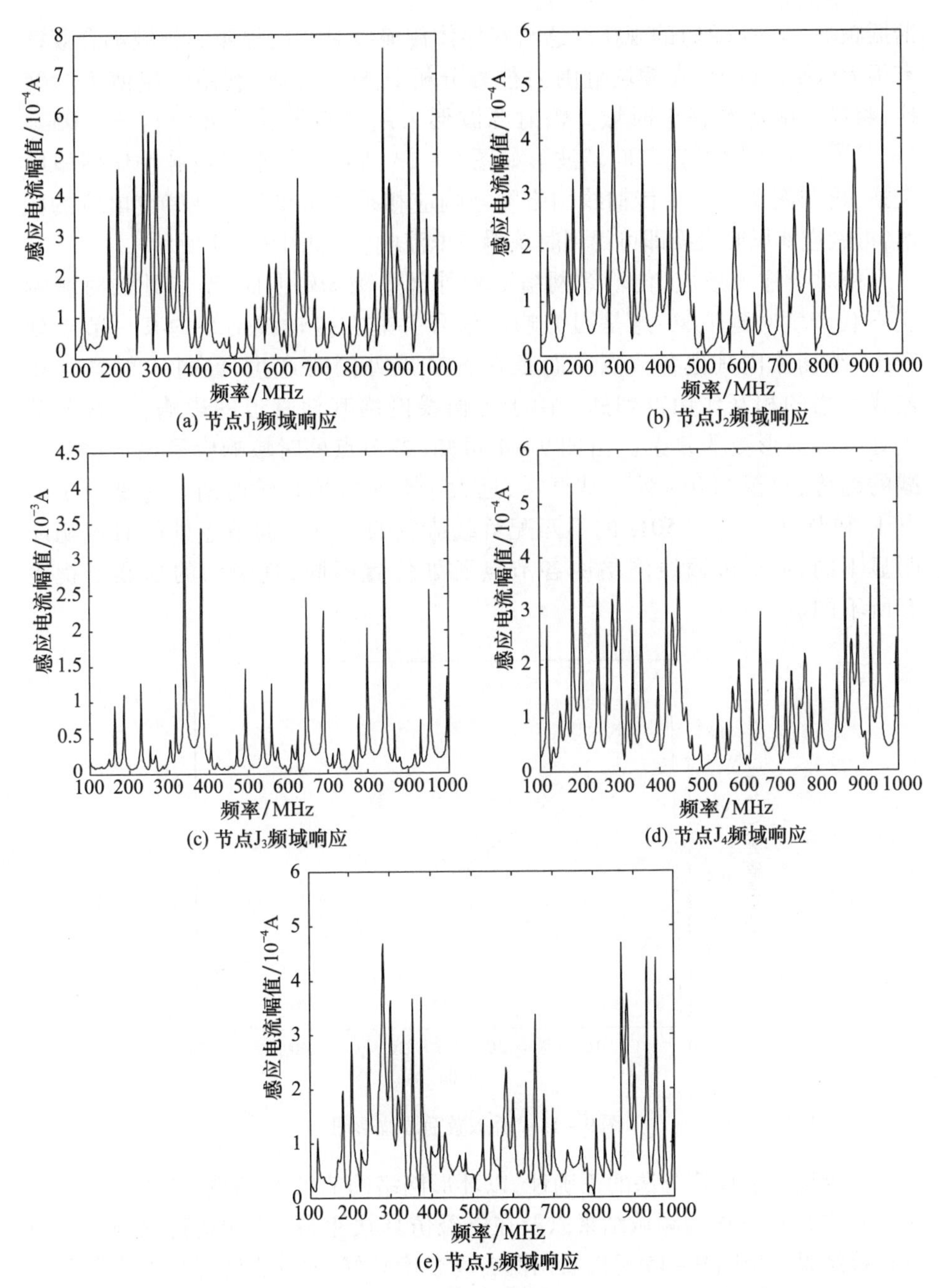

图 9－12 端接 50Ω 负载环形传输线网络各节点处频域响应

由图 9－12 可以看出，各节点处的频域响应含有多个谐振频点，由于各线缆管道相互作用，谐振频点位置与传输线网络各管道长度无明显联系，不存在谐振频率$f=nc/(2L)$的规律。这与双导体传输线对全向辐照的频域耦合规律有很大区别。因此,在频域范围内很难分析其响应规律,利用快速傅里叶变换,将频域响应转换至时域。辐射源波形采用双指数脉冲$E^{\text{inc}}(t)=1.05\times(e^{-4\times10^{6}t}-e^{-4.76\times10^{8}t})$,其时域波形如图9-13所示。将双指数脉冲做傅里叶变换,再与图9-12中传输线网络频域响应相乘便可得到时域感应电流的频谱,再做逆傅里叶变换即可得到时域瞬态电流响应,如图9-14所示。

相对于注入效应,传输线网络受到外部电磁场辐照时,节点处的时域响应不会产生时延现象,这是因为响应信号并非在传输线网络的某一节点处产生,继而流向其他各节点。而是在各节点处同时产生,经过入射场与传输线网络的相互作用得到的。由于传输线网络其他管道的影响,导致各节点处响应波形更为复杂。由图9-4可知,各节点处时域响应呈现出振荡衰减的趋势,直至600ns处衰减至零,远大于激励波形持续时间。这是由于节点J_1和节点J_5端接50Ω的不匹配负载造成的。且不同节点处的时域响应明显不同,环形传输线网络中各节点所处位置不同,其受到的辐照干扰也有所不同。

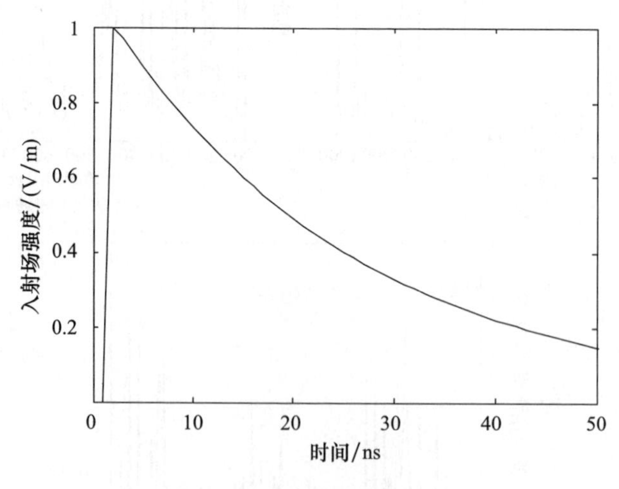

图9-13　瞬态激励源波形图

为验证以上计算方法的正确性,以环形网络的节点J_3为例,图9-15给出了本章中计算方法的频域结果以及在电磁仿真软件FEKO中构建混响室模型的计算结果。由图9-15可以看出两者吻合度较好,两种方法都是以蒙特卡洛统计方法为基础,出现的误差在可接受范围之内,从而说明在研究传输线网络对混响室内电磁环境的响应规律方面所运用的理论与计算方法是可行,且有效的。

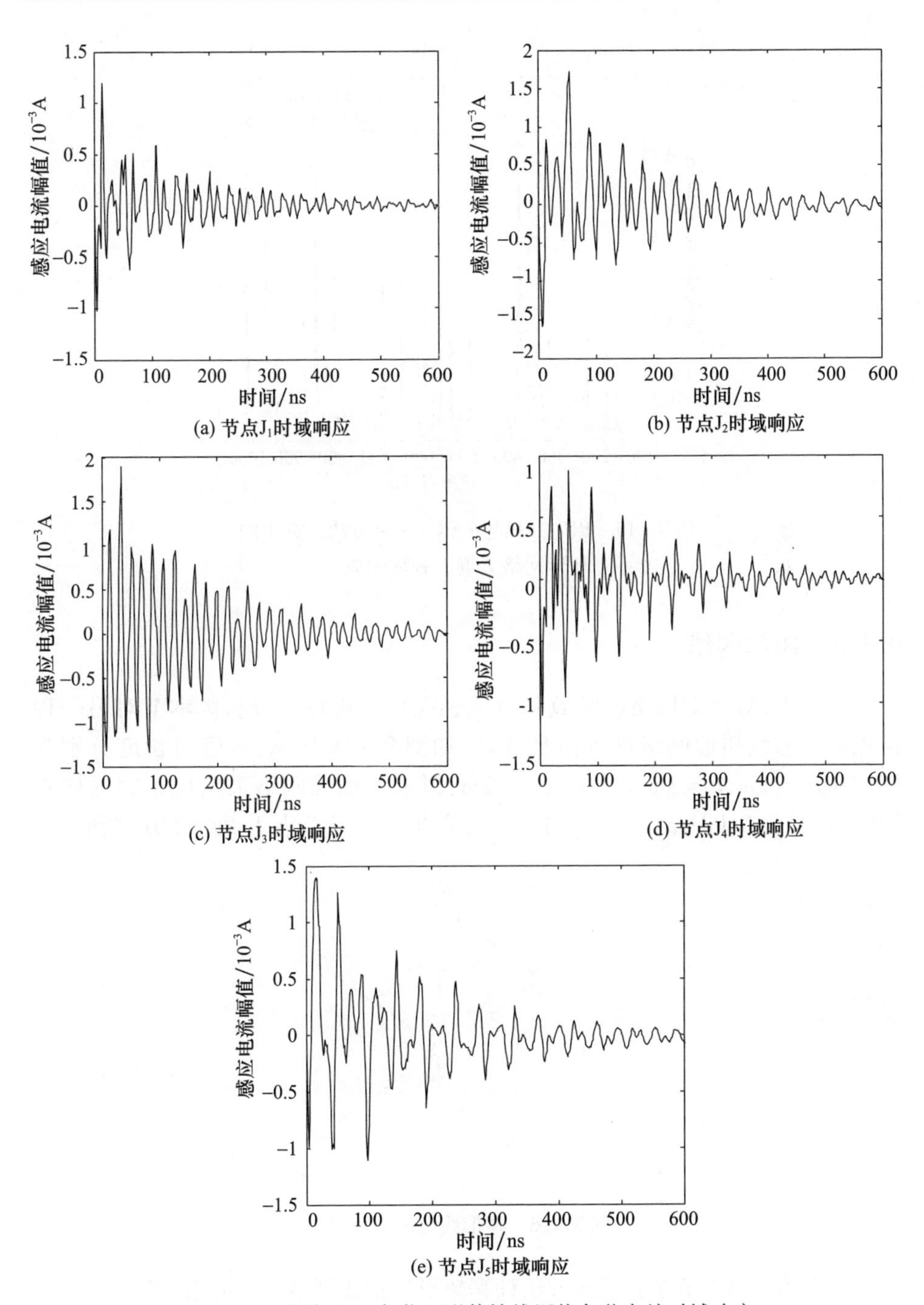

图 9－14　端接 50Ω 负载环形传输线网络各节点处时域响应

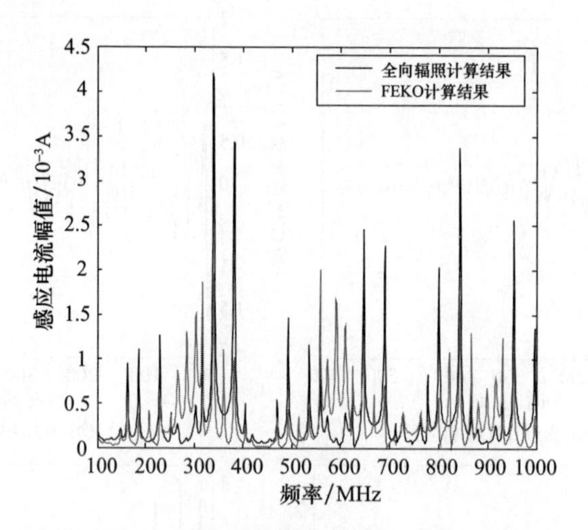

图 9－15　BLT 方程与 FEKO 两种方法计算出的环形网络节点 J_3 频域响应

9.3.3　树形网络

上节中，对环形网络的频域和时域感应信号进行了分析。本节对另一种常见的传输线树形网络进行仿真计算，如图 9－16 所示，各管道长度分别为 $l_1=1\mathrm{m}$，$l_2=2\mathrm{m}$，$l_3=3\mathrm{m}$，$l_4=1\mathrm{m}$，$l_5=2\mathrm{m}$，树形传输线网络采用规则铜导体直导线，半径为 0.001m，节点 J_1、节点 J_3、节点 J_5 以及节点 J_6 端接 50Ω 负载。

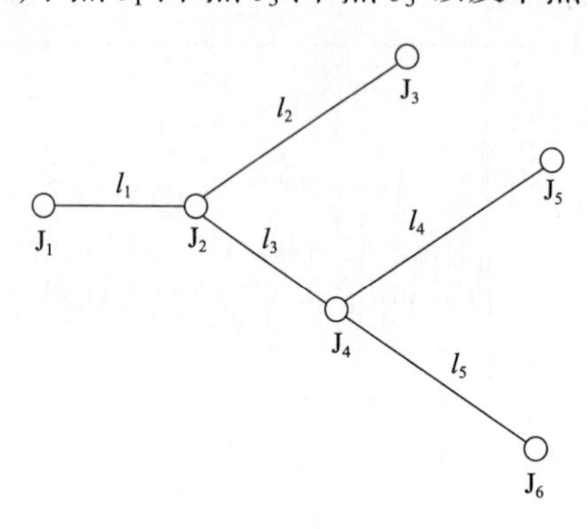

图 9－16　树形线缆网络模型

根据第 9.3.1 节中介绍的方法计算树形传输线网络的散射超矩阵为

$$\boldsymbol{\rho} = (\boldsymbol{S}_{n,m}) = \begin{bmatrix} 0 & \boldsymbol{s}_1 & 0 & 0 & 0 & 0 & 0 & 0 & 0 & 0 \\ -\frac{1}{3} & 0 & 0 & 0 & \frac{2}{3} & \frac{2}{3} & 0 & 0 & 0 & 0 \\ \frac{2}{3} & 0 & 0 & 0 & -\frac{1}{3} & \frac{2}{3} & 0 & 0 & 0 & 0 \\ \frac{2}{3} & 0 & 0 & 0 & \frac{2}{3} & -\frac{1}{3} & 0 & 0 & 0 & 0 \\ 0 & 0 & \boldsymbol{s}_3 & 0 & 0 & 0 & 0 & 0 & 0 & 0 \\ 0 & 0 & 0 & -\frac{1}{3} & 0 & 0 & 0 & 0 & \frac{2}{3} & \frac{2}{3} \\ 0 & 0 & 0 & \frac{2}{3} & 0 & 0 & 0 & 0 & -\frac{1}{3} & \frac{2}{3} \\ 0 & 0 & 0 & \frac{2}{3} & 0 & 0 & 0 & 0 & \frac{2}{3} & -\frac{1}{3} \\ 0 & 0 & 0 & 0 & 0 & 0 & \boldsymbol{s}_5 & 0 & 0 & 0 \\ 0 & 0 & 0 & 0 & 0 & 0 & 0 & \boldsymbol{s}_6 & 0 & 0 \end{bmatrix} \tag{9-51}$$

式中:$\boldsymbol{s}_1$、$\boldsymbol{s}_3$、$\boldsymbol{s}_5$、$\boldsymbol{s}_6$ 分别为相应节点的电压散射矩阵。

图 9-17 给出了树形网络中各节点处的频域响应。可以看出,树形传输线网络中各节点处的频域响应与其所在管道的长度无明显关联,这与环形传输线网络的频域响应相同。

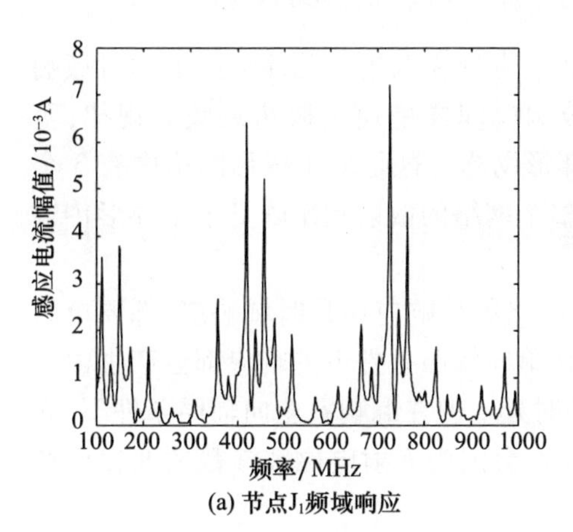

(a) 节点J_1频域响应

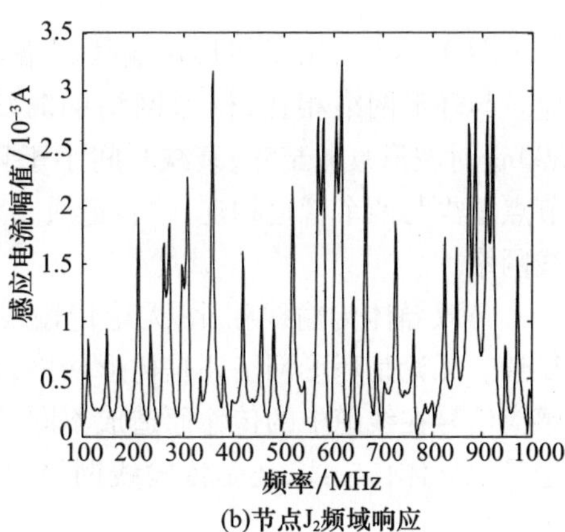

(b)节点J_2频域响应

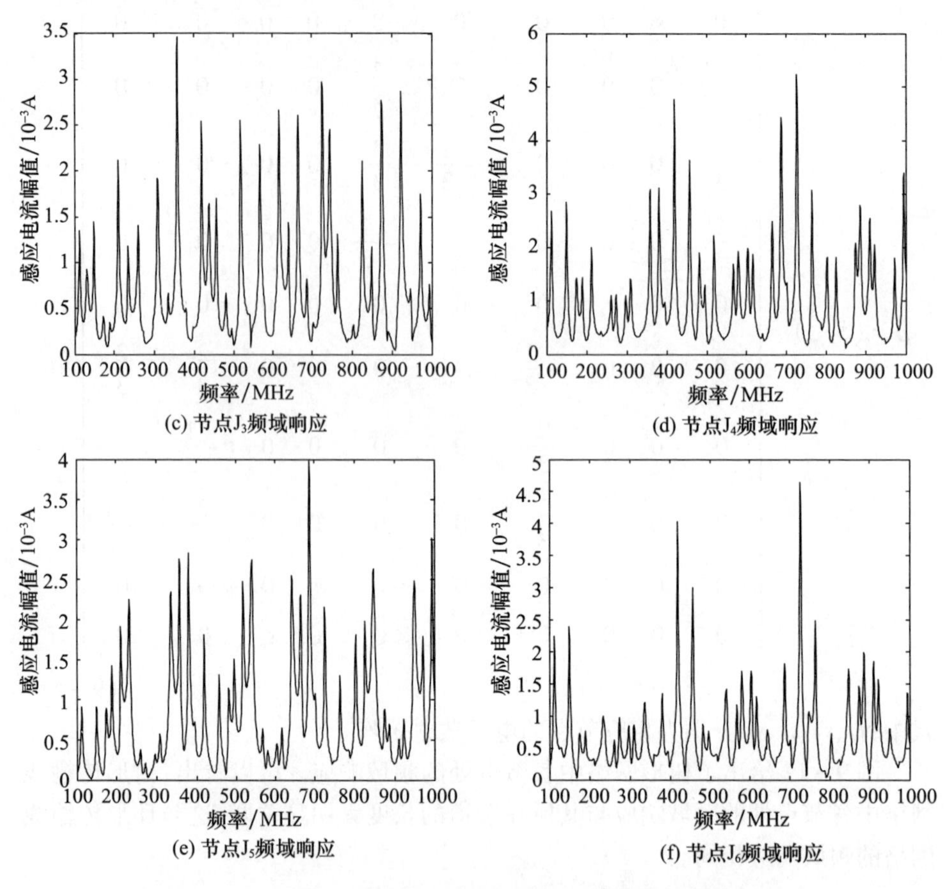

图 9-17 端接 50Ω 负载时树形传输线网络各节点处频域响应

图 9-18 给出了树形传输线网络各节点处在双指数脉冲辐照下的时域响应。与环形网络相比,树形网络的时域响应同样呈现出振荡衰减的规律,至 300ns 时波形衰减至零,衰减时间小于环形网络。这是由于树形网络中有 3 个节点至少与两个管道相连,这就造成了整个网络的散射超矩阵复杂于环形传输线网络。

与双导体传输线相比,无论传输线网络频域响应还是时域响应,都要更为复杂。无论是环形网络还是树形网络,在单向辐照条件下的响应都会产生由于感应信号在线缆中的传输而造成不同的时延。但在混响室全向辐照条件下,无论是双导体传输线,还是传输线网络,都不会因为入射电磁波参数的变化而产生时延。

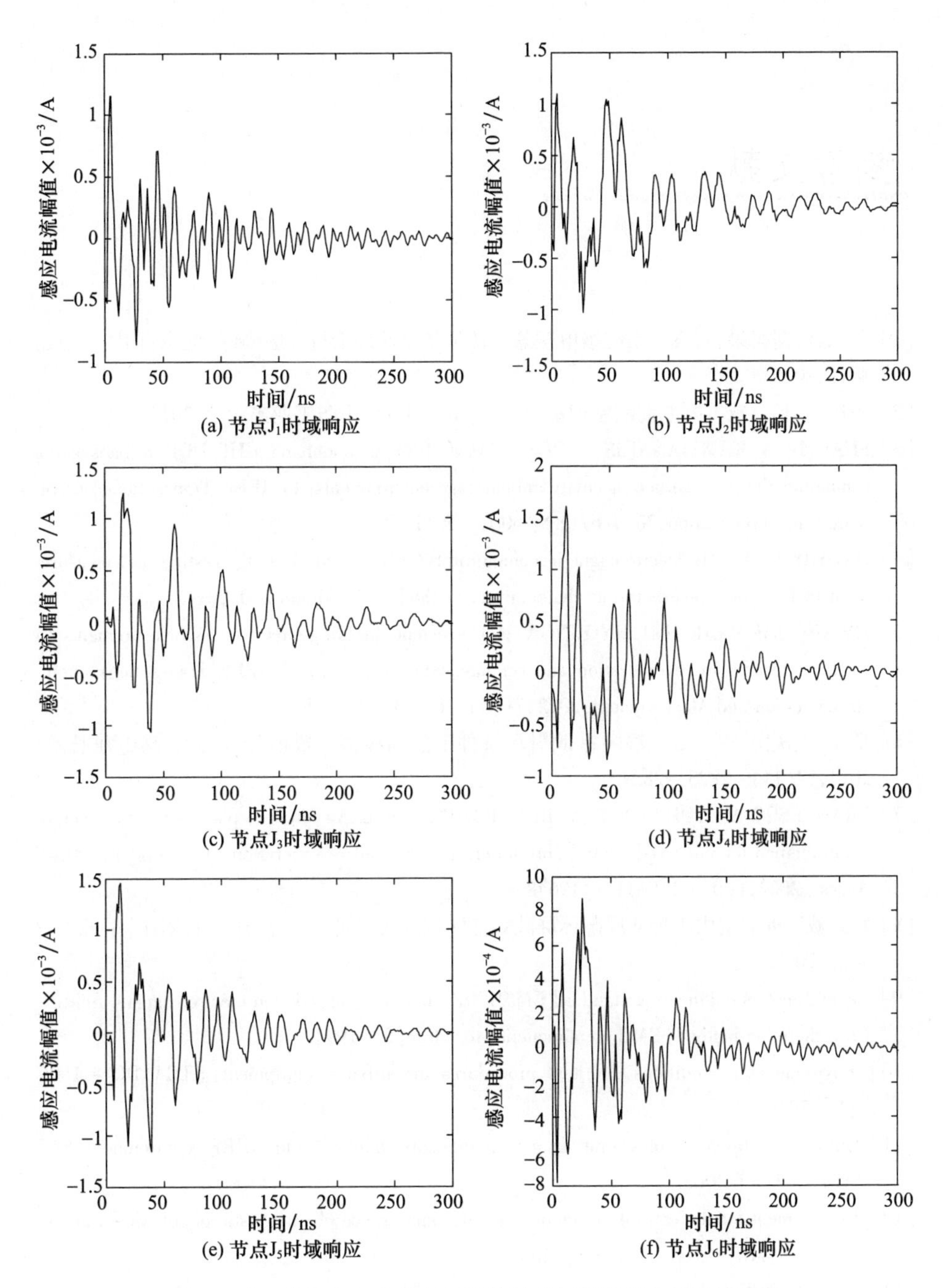

图 9－18　端接 50Ω 负载时树形传输线网络各节点处时域响应

参考文献

[1] 苏东林,谢树果,戴飞．系统级电磁兼容性量化设计理论与方法[M]．北京:国防工业出版社,2015.

[2] 王庆国,程二威．电波混响室理论与应用[M]．北京:国防工业出版社,2013.

[3] SHARMA A, KAMPIANAKIS E, ROSENTHAL J, et al. Wideband UHF DQPSK backscatter communication in reverberant cavity animal cage environments[J]. IEEE Transactions on Antennas and Propagation, 2019, 67(8): 5002 - 5011.

[4] IEC 61000 - 4 - 21. Electromagnetic compatibility(EMC): part 4 - 21: Testing and measurement techniques - reverberation chamber test methods[S]. Edition 2.0, 2011.

[5] HWANG J H, PARK H H, HYOUNG C H. Consistent shielding effectiveness measurements for small enclosures in reverberation and semianechoic chambers[J]. IEEE Transactions on Instrumentation and Measurement, 2022, 71(6): 1 - 13.

[6] 贾锐,王庆国,程二威．混响室散射场条件下的场线耦合数值计算[J]．高电压技术,2014,38(11):2823 - 2827.

[7] FRANCESCO A D, DE SANTIS V, BIT - BABIK G, et al. An efficient plane - waves superposition method for improved spatial correlation in simulated reverberation Chambers[J]. IEEE Access, 2022, (10): 119641 - 119648.

[8] 程二威．混响室内小尺寸屏蔽体屏蔽效能测试方法与实验研究[D]．石家庄:军械工程学院,2008.

[9] General motors engineering standard GM 9120P: Immunity to radiated electromagnetic fields - (reverberation method) EMC - component procedure[S], 1993.

[10] Environmental conditions and test procedures for airborne equipment: RTCA DO - 160G [S]. 2010.

[11] Guide to certification of aircraft in a high intensity radiated field(HIRF) environment: SAE ARP5583[S]. 2003.

[12] Requirement for the control of electromagnetic interference characteristic of subsystem and equipment: MIL - STD - 461F[S]. 2007.

[13] LEFERINK F. In - SITU EMI testing of large naval radar systems using a vibrating intrinsic reverberation chamber(VIRC) [C]. IEEE 6th International Symposium on Electromagnetic Compatibility and Electromagnetic Ecology, 2005: 307 - 310.

[14] GEERARTS J,SERRA R. Wave chaos in the vibrating intrinsic reverberation chamber[C]. IEEE International Joint EMC/SI/PI and EMC Europe Symposium,2021:368.

[15] SERRA R,RODRIGUEZ A C. The Ljung – Box test as a performance indicator for VIRCs[C]. International Symposium on Electromagnetic Compatibility – EMC EUROPE,2012:1 –6.

[16] Mahfouz M Z,VOGT – ARDATJEW R,KOKKELER A B J,et al. Measurement and estimation methodology for EMC and OTA testing in the VIRC[J]. IEEE Transactions on Electromagnetic Compatibility,2023,65(1): 3 –16.

[17] CHENG Erwei,WANG Pingping,XU Qian,et al. Design and measurement of a vibrating intrinsic reverberation chamber working in tuned mode[J]. International Journal of Antennas and Propagation,2023:1 –6.

[18] 程二威,王平平,赵敏,等. 边界形变混响室设计与性能评估[J]. 强激光与粒子束,2021,33(12):17 –23.

[19] GIFUNI A,GRADONI G,SERRA R,et al. On the improvement of shielding effectiveness measurements of materials and gaskets in reverberation chambers[J]. IEEE Transactions on Electromagnetic Compatibility,2022,64(5): 1653 –1664.

[20] IZZO D,VOGT – ARDATJEW R,LEFERINK F. Efficient use of a hybrid chamber for radiated susceptibility tests[J]. IEEE Letters on Electromagnetic Compatibility Practice and Applications,2022,4(4): 97 –102.

[21] SCHIPPER H,LEFERINK F. Degradation of dynamic range for shielding effectiveness measurements due to Long – Term use of a dual vibrating intrinsic reverberation chamber[J]. IEEE Transactions on Electromagnetic Compatibility,2022,64(5): 1718 –1724.

[22] MENDES H. A new approach to electromagnetic field strength measurements in shielded enclosures[C]. Western Electronic Show and Convention,IRE News and Radio Notes,August 21 –24,1956.

[23] CUMMINGS J. Translational Electromagnetic Environment Chamber – A new method for measuring radiated susceptibility and emissions[C]. International Symposium on Electromagnetic Compatibility. San Antonio,United States,1975:1 –5.

[24] CORONA P,LATMIRAL G,PAOLINI E,et al. Use of a reverberating enclosure for measurements of radiated power in the microwave range[J]. IEEE Transactions on Electromagnetic Compatibility,1976(2):54 –59.

[25] CRAWFORD M L,KOEPKE G H. Design,evaluation,and use of a reverberation chamber for performing electromagnetic susceptibility/vulnerability measurements[R]. US Department of Commerce National Bureau of Standards,1986.

[26] KOSTAS J G,BOVERIE B. Statistical model for a mode – stirred chamber[J]. IEEE Transactions on Electro magnetic Compatibility,1991,33(4):366 –370.

[27] HILL D A. Plane wave integral representation for fields in reverberation chambers[J]. IEEE Transactions on Electromagnetic Compatibility,1998,40(3):209 –217.

[28] LEFERINK F. Using reverberation chambers for EM measurements[C]. SoftCOM 2010,18th International Conference on Software,Telecommunications and Computer Networks,2010:1 –5.

[29] TERESHCHENKO O V,BUESINK F J K,LEFERINK F B J. Radiated emission of various PDN designs[C]. International Symposium on Electromagnetic Compatibility,Tokyo,2014:334 –337.

[30] LEFERINK F,HILVERDA G,BOERLE D G,et al. Radiated electromagnetic fields of actual devices measured in different test environments[C]. IEEE Symposium on Electromagnetic Compatibility. Symposium Record,2003:558 –563.

[31] LEFERINK F,BOUDENOT J,ETTEN W. Experimental results obtained in the vibrating intrinsic reverberation chamber[C]. IEEE International Symposium on Electromagnetic Compatibility. Symposium Record,2000:639 –644.

[32] KOUVELIOTIS N K,TRAKADAS P T,CAPSALIS C N. Examination of field uniformity in vibrating intrinsic reverberation chamber using the FDTD method[J]. Electronics Letters,2002,38(3):109 –110.

[33] SERRA R,LEFERINK F,CANAVERO F. Good – But – Imperfect electromagnetic reverberation in a virc[C]. IEEE International Symposium on Electromagnetic Compatibility. Long Beach,CA,USA: IEEE,2011:14 –19.

[34] SERRA R,RODRIGUEZ A. Vibrating intrinsic reverberation chamber for electromagnetic compatibility measurements[J]. IEEE Latin America Transactions,2013,11(1): 389 –395.

[35] ARDATJEW R V,LEFERINK F. Observation of maximal and average field values in a Reverberation chamber[C]. International Symposium on Electromagnetic Compatibility,2013: 508 –513.

[36] BARAKOS D,SERRA R. Performance characterization of the oscillating wall stirrer[C]. International Symposium on Electromagnetic Compatibility,2017:1 –4.

[37] HARA M,TAKAHASHI Y,VOGT – ARDATJEW R,et al. Statistical analysis for reverberation chamber with flexible shaking walls with various amplitudes[C]. Proc. of the 2018 International Symposium on Electromagnetic Compatibility. Singapore: IEEE,2018:694 –698.

[38] HARA M,TAKAHASHI Y,ARDATJEW R V,et al. Validation of vibrating intrinsic reverberation chamber using computational electromagnetics[C]. International Symposium on Electromagnetic Compatibility,Sapporo and Asia – Pacific International Symposium on Electromagnetic Compatibility,2019:593 –596.

[39] ANDRIEU G,MEDDEB N,JULLIEN C,et al. Complete framework for frequency and Time – Domain performance assessment of vibrating intrinsic reverberation chambers[J]. IEEE Transactions on Electromagnetic Compatibility,2020,62(5): 1911 –1920.

[40] 谭武端,余志勇,庄信武. 振动型本征混响室场均匀性仿真分析[J]. 高电压技术,2014,40(9):2764 –2769.

[41] KIM J H,PARK J I. TEM horn antenna for the time domain shielding effectiveness measurement[C]. Proceedings of International Symposium on Electromagnetic Compatibility. Beijing,

China: IEEE,1997: 265 - 269.

[42] WILSON P F,MA M T,DAMS J W A. Techniques for measuring the electromagnetic shielding effectiveness of materials,part : far - field source simulation[J]. IEEE Transactions on Electromagnetic Compatibility,1988,30(3): 239 - 250.

[43] URBAN L. Characterization of components and materials for EMC barriers[D]. Lulea: Lulea University of Technology,2004.

[44] 全国电磁兼容标准化技术委员会. 电磁屏蔽室屏蔽效能的测量方法: GB/T 12190—2021[S],2021:12.

[45] 电磁屏蔽材料屏蔽效能测量方法:GJB 6190—2008[S]. 北京:国防科学技术委员会,2008.

[46] LANGLEY R S. A reciprocity approach for computing the response of wiring systems to diffuse electromagnetic fields[J]. IEEE Transactions on Electromagnetic Compatibility,2010,52(4): 102 - 107.

[47] GRECO S,SARTO M S. Low - Q reverberation chamber to reproduce aircraft - like EM environment[C]. Electromagnetic Compatibility Europe. Barcelona,Spain: IEEE,2006: 502 - 507.

[48] AKERMARK H,JANSSON L,LEPPALA S. On the measurement of shielding effectiveness in a mode stirred chamber[C]. IEEE International Symposium on Electromagnetic Compatibility. Minneapolis,United States ,2002:383 - 388.

[49] BUNTING C F,YU S. Statistical shielding effectiveness—an examination of the field penetration in a rectangular box using modal MoM[C]. IEEE International Symposium on Electromagnetic Compatibility. Minneapolis,United States,2002:210 - 215.

[50] KRZYSZTOFIK W J,BOROWIEC R,BIEDA B. Design consideration of nested reverberation chambers for shielding effectiveness testing[C]. Applied Electromagnetics and Communications. Dubrovnik,Croatia,2010:1 - 4.

[51] LOUGHRY T A,GURBAXANI S H. The effects of intrinsic test fixture isolation on material shielding effectiveness measurements using nested mode - stirred chambers[J]. IEEE Transactions on Electromagnetic Compatibility,1995,37(3):449 - 452.

[52] HOLLOWAY C L,HILL D A,Ladbury J,et al. Shielding effectiveness measurements of materials using nested reverberation chambers[J]. IEEE Transactions on Electromagnetic Compatibility,2003,45(2):350 - 356.

[53] 刘逸飞,陈永光,程二威,等. 基于能量守恒原理的嵌套混响室法材料屏蔽效能计算[J]. 高电压技术,2014,40(3):945 - 950.

[54] GIFUNI A,MIGLIACCIO M. Use of nested reverberating chambers to measure shielding effectiveness of nonreciprocal samples taking into account multiple interactions[J]. IEEE transactions on electromagnetic compatibility,2008,50(4):783 - 786.

[55] CODER J B,LADBURY J M,HOLLOWAY C L. Using nested reverberation chambers to determine the shielding effectiveness of a material: Getting back to the basics with a "Lei" - Per-

son's approach[C]. IEEE International Symposium on Electromagnetic Compatibility. Honolulu,USA,2007:1 -6.

[56] HOLLOWAY C L,HILL D A,LADBURY J,et al. Shielding effectiveness measurements of materials using nested reverberation chambers [J]. IEEE Transactions on Electromagnetic Compatibility,2003,45(2):350 -356.

[57] BEEK S, VOGT - ARDATJEW R, SCHIPPER H, et al. Vibrating intrinsic reverberation chambers for shielding effectiveness measurements[C]. International Symposium in Electromagnetic Compatibility EMC Europe. Rome,Italy,2012:1 -6.

[58] SCHIPPER H,LEFERINK F. Shielding effectiveness measurements of materials and enclosures using a dual vibrating intrinsic reverberation chamber[C]. IEEE International Symposium on Electromagnetic Compatibility,2015:23 -28.

[59] HARA M,YOSHIKAI T,TAKAHASHI Y,et al. Numerical Analysis of Vibrating Intrinsic Reverberation Chamber between Various Shielding Effectiveness Measurement Techniques[C]. International Symposium on Electromagnetic Compatibility. Rome,Italy,2020:1 -6.

[60] GKATSI V,ARDATJEW R V,SCHIPPER H,et al. Board Level Shielding Effectiveness Measurements using the dual VIRC[C]. Asia - Pacific International Symposium on Electromagnetic Compatibility,Nusa Dua - Bali,Indonesia,2021: 1 -4.

[61] 刘逸飞,陈永光,程二威,等. 频率搅拌嵌套混响室场分布的统计特性[J]. 强激光与粒子束,2014,26(2): 023202.

[62] 刘逸飞. 混响室频率搅拌技术及其在屏蔽效能测试中的应用研究[D]. 石家庄: 军械工程学院,2014.

[63] CHENG E W,WANG Q G,LIU Y F. The overview of measuring the shielding effectiveness of the materials in complex electromagnetic environment[C]. Proceeding of 7th International Conference on Applied Electrostatics. Dalian,China,2012:92 -95.

[64] SKRZYPCZYNSKI J. Dual vibrating intrinsic reverberation chamber used for shielding effectiveness measurements [C]. 10th Int. Symposium on Electromagnetic Compatibility. York: IEEE,2011:26 -30.

[65] LEFERINK F,SERRA R,SCHIPPER H. Microwave - range shielding effectiveness measurements using a dual vibrating intrinsic reverberation chamber[C]. European Microwave Conference. Amsterdam,Netherlands,2012:344 -347.

[66] MANDARIS D,VOGT - ARDATJEW R,SUTHAU E,et al. Simultaneous multi - probe measurements for rapid evaluation of reverberation chambers[C]. IEEE International Symposium on Electromagnetic Compatibility and 2018 IEEE Asia - Pacific Symposium on Electromagnetic Compatibility,2018:590 -594.

[67] LEFERINK F. In - situ high field strength testing using a transportable reverberation chamber [C]. International Zurich Symposium on Electromagnetic Compatibility. Singapore, 2008: 379 -382.

[68] RODRíGUEZ A,MUñOZ C,NAPAL G,et al. Evaluación y validación de Cámara VIRC[C]. IEEE Biennial Congress of Argentina(ARGENCON),2014:275 -280.

[69] ARDATJEW R V,BEEK S V,LEFERINK F. Influence of reverberation chamber loading on extreme field strength[C]. International Symposium on Electromagnetic Compatibility. Tokyo, 2014: 685 -688.

[70] ARDATJEW R V,BEEK S V,LEFERINK F. Experimental extreme field strength investigation in reverberant enclosures[C]. International Symposium on Electromagnetic Compatibility,2014: 332 -336.

[71] FERRARA G,GIFUNI A,MIGLIACCIO M,et al. Probability density function for the quality factor of vibrating reverberation chambers[C]. IEEE Metrology for Aerospace(MetroAeroSpace),2015: 230 -234.

[72] IZZO D,ROMMEL A,ARDATJEW R V,et al. Validation and use of a vibrating intrinsic reverberation chamber for radiated immunity tests[C]. IEEE International Symposium on Electromagnetic Compatibility & Signal/Power Integrity(EMCSI),2020: 56 -60.

[73] IZZO D,ROMMEL A,AIDAM M,et al. A Cosed - Loop calibration method for the vibrating intrinsic reverberation chamber[C]. International Symposium on Electromagnetic Compatibility - EMC Euope,2020: 1 -6.

[74] IZZO D,ARDATJEW R V,LEFERINK F. Experimental observations of the minimum dwell time for radiated immunity tests in a vibrating intrinsic reverberation chamber[C]. Asia - Pacific International Symposium on Electromagnetic Compatibility(APEMC),2021: 1 -4.

[75] IZZO D,ARDATJEW R V,LEFERINK F. Considerations on the dwell time for a vibrating intrinsic reverberation chamber[C]. IEEE International Joint EMC/SI/PI and EMC Europe Symposium,2021: 355 -360.

[76] BORGNIS F E,PAPPAS C H. Electromagnetic waveguides and resonators electromagnetic fields and waves[M]. Berlin: Springer - Verlag,1958.

[77] ARGENCE E,KAHAN T. Theory of waveguides and cavity resonators[M]. New York: Hart Publishing Co. ,1968.

[78] PAPOULIS A. Probability, random variables and stochastic processes[M]. New York: McGraw - Hill Book Co. ,1965.

[79] ARNAUT L R,BESNIER P,SOL J,et al. On the uncertainty quantification of the quality factor of reverberation chambers[J]. IEEE Transactions on Electromagnetic Compatibility, 2019,61(3): 823 -832.

[80] DUNN J M. Local high - frequency analysis of the fields in a mode - stirred chamber[J]. IEEE Trans actions on Electromag netic Compat. 1990,(32):53 -58.

[81] HILL D A,MA M T,ONDREJKA A R,et al. Aperture excitation of electrically large,lossy cavities[J]. IEEE Trans actions on Electromag netic Compat ibility,1994,(36):169 -178.

[82] HILL D A. A reflection coefficient derivation for the Q of a reverberation chamber[J]. IEEE

Transactions on Electromagnetic Compatibility,1996,38(4): 591 - 592.

[83] STRATTON J A. Electromagnetic theory[M]. New York: McGraw - Hill,1941,sec. 9. 5.

[84] 袁智勇. 电磁混响室设计及测试技术研究[D]. 北京: 清华大学,2006.

[85] HARRINGTON R F. 计算电磁场的矩量法[M]. 北京:国防工业出版社,1981.

[86] 宋开宏,张庆华,吴先良. 提高电场积分方程求解精度的有效方法[J]. 系统工程与电子技术,2009,31(11): 2553 - 2555.

[87] COLLIN R E. Field theory of guided waves[M]. 2nd ed. Piscataway: IEEE Press,1991.

[88] XU Q,HUANG Y,XING L,et al. Extract the decay constant of a reverberation chamber without satisfying Nyquist criterion[J]. IEEE Microwave and Wireless Components Letters, 2016,26(3): 153 - 155.

[89] CUI Y,WEI G,WANG S,et al. Fast calculation of reverberation chamber Q - factor[J]. Electronics Letters,2012,48(18):1116 - 1117.

[90] WANG S,WU Z,WEI G,et al. A new method of estimating reverberation chamber Q - factor with experimental validation[J]. Progress in Electromagnetic Research Letter, 2013, 36:103 - 112.

[91] CLEGG J,MARVIN A C,DAWSON J F,et al. Optimization of stirrer designs in a reverberation chamber[J]. IEEE Transactions on Electromagnetic Compatibility,2005,47(4): 824 - 832.

[92] NOGUEIRA C L,REMLEY K A,CATTEAU S,et al. A fast procedure for total isotropic sensitivity measurements of cellular iot devices in reverberation chambers[J]. IEEE Transactions on Instrumentation and Measurement,2022,71(11): 1 - 11.

[93] QI W,CHEN K,SHEN X,et al. Statistical analysis for shielding effectiveness measurement of materials using reverberation chambers[J]. IEEE Transactions on Electromagnetic Compatibility,2023,65(1): 17 - 27.

[94] 全国电磁兼容标准化技术委员会. 电磁兼容 试验和测量技术 混波室试验方法:GB/T 17626. 21—2014[S]. 北京:中国标准出版社,2015:3.

[95] HU P,ZHOU Z,ZHOU X,et al. Universal statistical tradeoffs for shielding effectiveness evaluation of electrically large enclosures in reverberation chambers[J]. IEEE Transactions on Instrumentation and Measurement,2022,71(7): 1 - 9.

[96] BOYES S J,HUANG Y. Reverberation chambers: theory and applications to EMC and antenna measurements[M]. Chichester: John Wiley & Sons,2016.

[97] 丁坚进,沙斐. EMC 混响室电磁场模态研究[J]. 电波科学学报,2005,20(5): 557 - 560.

[98] TANG S,ZHOU Z,ZHOU X,et al. The Electromagnetic field distribution in electrically large reflective cavities[C]. IEEE MTT - S International Conference on Numerical Electromagnetic and Multiphysics Modeling and Optimization(NEMO). Hangzhou,2020:1 - 4.

[99] TAIT G B,RICHARDSON R E,SLOCUM M B,et al. Reverberant microwave propagation in coupled complex cavities[J]. IEEE Transactions on Electromagnetic Compatibility,2011,53(1): 229 - 232.